UG NX 11.0 工程设计

主　编　张国福　李博杨
副主编　丁永丽　冷家融　陈有权
参　编　张振

华中科技大学出版社
中国·武汉

内 容 简 介

本书以 UG NX 11.0 软件为基础,在充分调研各高校开课情况的基础上编写而成。本书分为十章:UG NX 基础知识、草图设计、实体建模、钣金设计、曲面建模、空间曲线、装配设计、运动仿真、同步建模、工程图设计。每章包含应用案例,使读者既能接受系统的理论学习,又能掌握一定的应用技能。此外,本书还配备了大量的数字资源,可通过扫描书中的二维码获取。

本书可作为转型院校、独立学院和职业院校相关专业的教材,也可用作在生产一线从事 CAX 应用方面工作的技术人员的自学教程或参考书籍。

图书在版编目(CIP)数据

UG NX 11.0 工程设计/张国福,李博杨主编.—武汉:华中科技大学出版社,2020.1
普通高等教育"新工科"系列规划教材暨智能制造领域人才培养"十三五"规划教材
ISBN 978-7-5680-5609-0

Ⅰ.①U… Ⅱ.①张… ②李… Ⅲ.①工程设计-计算机辅助设计-应用软件-高等学校-教材
Ⅳ.①TB21-39

中国版本图书馆 CIP 数据核字(2019)第 292922 号

UG NX 11.0 工程设计   张国福 李博杨 主编
UG NX 11.0 Gongcheng Sheji

策划编辑:余伯仲
责任编辑:姚同梅
封面设计:原色设计
责任监印:周治超
出版发行:华中科技大学出版社(中国·武汉)   电话:(027)81321913
         武汉市东湖新技术开发区华工科技园   邮编:430223
录   排:武汉三月禾文化传播有限公司
印   刷:武汉科源印刷设计有限公司
开   本:787mm×1092mm 1/16
印   张:23
字   数:587 千字
版   次:2020 年 1 月第 1 版第 1 次印刷
定   价:64.00 元

前　　言

按照教育部改革发展相关要求，我国大部分本科高校将向应用技术类、职业教育类转型，这既是解决新增劳动力就业结构性矛盾的迫切需求，也是优化我国高等教育结构、建设现代教育体系的重大举措。发展应用技术型大学是大势所趋，为适应转型发展以及新经济发展对人才提出的新要求，我们编写了本书。

本书按照"新工科"建设要求而编写，以落实"坚持'以本为本'，推进'四个回归'"精神为指引开展教材建设，定位准确、教育理念清楚、教育目标明晰。

在编写过程中，我们力求博采众长，同时又融入了本书作者团队在长期从事CAX相关技术学习、研究、教学、软件培训与产品设计研发过程中累积的经验。本书配备资源丰富，便于学生学习和掌握各知识点，注重培养学生创新能力和工程实践能力。此外，本书内容选取与安排符合学生认知过程与求知心理。

本书由长春工业大学人文信息学院张国福、李博杨任主编；杭州萧山技师学院丁永丽、长春工业大学人文信息学院冷家融、陈有权任副主编；参加本书编写的还有浙江绍兴苏泊尔生活电器有限公司张振。具体编写分工如下：第1章全部内容以及第7章、第8章案例部分由李博杨编写；第2章由陈有权编写；第3章、第5章由丁永丽编写；第4章、第6章、第10章全部内容以及第7章理论知识介绍部分由张国福编写；第8章理论知识介绍部分由冷家融编写；第9章由张振编写。全书由张国福安排编写分工与统稿。此外，本书还配备了大量的数字资源，可通过扫描书中的二维码获取。二维码使用说明见书末。

在本书编写过程中，得到了许多专家、企业的朋友和教师们的支持，在此深表感谢！

由于编者水平有限，书中难免有不足和错误之处，恳请广大读者批评指正。

编　者
2019 年 8 月

目　　录

第 1 章　UG NX 基础知识 ……………………………………………………… (1)

　1.1　UG NX 软件简介 ………………………………………………………… (1)

　1.2　UG NX 11.0 基本工作环境 …………………………………………… (1)

　　1.2.1　启动与退出 UG NX 11.0 ………………………………………… (1)

　　1.2.2　UG NX 11.0 主操作界面 ………………………………………… (3)

　　1.2.3　用户定制界面 ……………………………………………………… (3)

　　1.2.4　切换应用模块 ……………………………………………………… (8)

　1.3　UG NX 11.0 软件基本操作 …………………………………………… (8)

　　1.3.1　文件管理 …………………………………………………………… (8)

　　1.3.2　视图的基本操作 …………………………………………………… (11)

　　1.3.3　模型显示的基本操作 ……………………………………………… (13)

　　1.3.4　对象选择的基本操作 ……………………………………………… (14)

　1.4　图层应用基础 …………………………………………………………… (14)

　　1.4.1　查找来自对象的图层 ……………………………………………… (15)

　　1.4.2　指定工作图层 ……………………………………………………… (15)

　　1.4.3　指定图层范围 ……………………………………………………… (16)

　　1.4.4　设置过滤器方式、类别显示及图层可见性 ……………………… (16)

　1.5　首选项设置 ……………………………………………………………… (17)

　1.6　UG NX 坐标系 ………………………………………………………… (17)

　　1.6.1　绝对坐标系(ACS) ………………………………………………… (17)

　　1.6.2　工作坐标系(WCS) ………………………………………………… (18)

　　1.6.3　基准坐标系(CSYS) ……………………………………………… (18)

第 2 章　草图设计 ……………………………………………………………… (24)

　2.1　草图的创建 ……………………………………………………………… (24)

　　2.1.1　草图设计一般步骤 ………………………………………………… (24)

　　2.1.2　草图参数预设置 …………………………………………………… (24)

　　2.1.3　进入和退出草图环境 ……………………………………………… (25)

2.2　创建草图对象 ……………………………………………………………………… (26)

　　2.2.1　绘制点 …………………………………………………………………………… (27)

　　2.2.2　绘制多边形 ……………………………………………………………………… (28)

　　2.2.3　其他曲线命令 …………………………………………………………………… (29)

　　2.2.4　镜像曲线 ………………………………………………………………………… (30)

　　2.2.5　阵列曲线 ………………………………………………………………………… (30)

　　2.2.6　偏置曲线 ………………………………………………………………………… (32)

2.3　编辑曲线对象 ……………………………………………………………………… (33)

　　2.3.1　快速修剪与快速延伸 …………………………………………………………… (33)

　　2.3.2　制作拐角 ………………………………………………………………………… (34)

　　2.3.3　倒斜角与圆角 …………………………………………………………………… (35)

　　2.3.4　缩放曲线 ………………………………………………………………………… (35)

　　2.3.5　移动曲线 ………………………………………………………………………… (37)

　　2.3.6　删除曲线 ………………………………………………………………………… (38)

　　2.3.7　调整曲线尺寸 …………………………………………………………………… (39)

　　2.3.8　调整倒斜角曲线尺寸 …………………………………………………………… (39)

2.4　草图约束 …………………………………………………………………………… (39)

　　2.4.1　尺寸约束 ………………………………………………………………………… (39)

　　2.4.2　几何约束 ………………………………………………………………………… (41)

　　2.4.3　约束工具设置 …………………………………………………………………… (43)

第 3 章　实体建模 ……………………………………………………………………… (53)

3.1　基本体素 …………………………………………………………………………… (53)

　　3.1.1　长方体 …………………………………………………………………………… (53)

　　3.1.2　圆柱 ……………………………………………………………………………… (54)

　　3.1.3　圆锥 ……………………………………………………………………………… (55)

　　3.1.4　球 ………………………………………………………………………………… (55)

3.2　设计特征 …………………………………………………………………………… (57)

　　3.2.1　拉伸 ……………………………………………………………………………… (57)

　　3.2.2　旋转特征 ………………………………………………………………………… (60)

　　3.2.3　孔 ………………………………………………………………………………… (62)

　　3.2.4　凸台 ……………………………………………………………………………… (65)

　　3.2.5　腔 ………………………………………………………………………………… (67)

　　3.2.6　垫块 ……………………………………………………………………………… (69)

　　3.2.7　键槽 ……………………………………………………………………………… (70)

　　　3.2.8　槽 ……………………………………………………………… (71)

　　　3.2.9　筋板 ……………………………………………………………… (71)

　　　3.2.10　螺纹 …………………………………………………………… (72)

　　3.3　扫掠特征 ……………………………………………………………… (75)

　　　3.3.1　沿引导线扫掠 …………………………………………………… (75)

　　　3.3.2　管道 ……………………………………………………………… (76)

　　3.4　抽壳特征 ……………………………………………………………… (77)

　　3.5　细节特征 ……………………………………………………………… (78)

　　　3.5.1　倒圆角 …………………………………………………………… (78)

　　　3.5.2　倒斜角 …………………………………………………………… (80)

　　　3.5.3　拔模 ……………………………………………………………… (81)

第4章　钣金设计 ………………………………………………………………… (93)

　　4.1　钣金设计基础 …………………………………………………………… (93)

　　　4.1.1　进入钣金模块 …………………………………………………… (93)

　　　4.1.2　"NX钣金"模块首选项设置 …………………………………… (93)

　　4.2　基础钣金设计特征 ……………………………………………………… (97)

　　　4.2.1　突出块 …………………………………………………………… (97)

　　　4.2.2　弯边 ……………………………………………………………… (98)

　　　4.2.3　法向开孔 ………………………………………………………… (100)

　　　4.2.4　轮廓弯边 ………………………………………………………… (100)

　　4.3　高级钣金设计特征 ……………………………………………………… (101)

　　　4.3.1　冲压开孔 ………………………………………………………… (101)

　　　4.3.2　凹坑 ……………………………………………………………… (102)

　　　4.3.3　百叶窗 …………………………………………………………… (103)

　　　4.3.4　筋 ………………………………………………………………… (104)

　　　4.3.5　实体冲压 ………………………………………………………… (105)

　　4.4　钣金的折弯与展开 ……………………………………………………… (106)

　　　4.4.1　折弯 ……………………………………………………………… (106)

　　　4.4.2　伸直 ……………………………………………………………… (107)

　　　4.4.3　重新折弯 ………………………………………………………… (108)

　　　4.4.4　实体特征转换为钣金 …………………………………………… (108)

　　4.5　测量钣金数据 …………………………………………………………… (109)

　　　4.5.1　测量面 …………………………………………………………… (109)

　　　4.5.2　测量体 …………………………………………………………… (110)

第 5 章　曲面建模 …………………………………………………………………… (116)

5.1　一般曲面创建 ………………………………………………………………… (116)

5.1.1　四点曲面 ………………………………………………………………… (116)

5.1.2　有界平面 ………………………………………………………………… (116)

5.2　网格曲面 ……………………………………………………………………… (117)

5.2.1　直纹面 …………………………………………………………………… (117)

5.2.2　通过曲线组 ……………………………………………………………… (118)

5.2.3　通过曲线网格 …………………………………………………………… (121)

5.2.4　艺术曲面 ………………………………………………………………… (123)

5.2.5　N 边曲面 ………………………………………………………………… (125)

5.3　扫掠曲面 ……………………………………………………………………… (126)

5.3.1　扫掠 ……………………………………………………………………… (126)

5.3.2　变化扫掠 ………………………………………………………………… (129)

第 6 章　空间曲线 …………………………………………………………………… (143)

6.1　空间曲线生成 ………………………………………………………………… (143)

6.1.1　点 ………………………………………………………………………… (143)

6.1.2　基本曲线 ………………………………………………………………… (144)

6.1.3　螺旋线 …………………………………………………………………… (144)

6.1.4　规律曲线 ………………………………………………………………… (145)

6.1.5　文本曲线 ………………………………………………………………… (147)

6.1.6　其他曲线 ………………………………………………………………… (147)

6.2　空间曲线操作 ………………………………………………………………… (148)

6.2.1　偏置 ……………………………………………………………………… (148)

6.2.2　桥接 ……………………………………………………………………… (148)

6.2.3　投影曲线 ………………………………………………………………… (150)

6.2.4　抽取曲线 ………………………………………………………………… (151)

6.2.5　等参数曲线 ……………………………………………………………… (152)

6.3　空间曲线绘制编辑 …………………………………………………………… (152)

第 7 章　装配设计 …………………………………………………………………… (163)

7.1　装配基础 ……………………………………………………………………… (163)

7.1.1　新建装配文件 …………………………………………………………… (164)

7.1.2　进入装配模式 …………………………………………………………… (164)

7.2　引用集 ………………………………………………………………………… (165)

7.2.1　创建引用集 ……………………………………………………………… (166)

　　　7.2.2　删除引用集　……………………………………………………　(167)

　　　7.2.3　编辑引用集　……………………………………………………　(167)

　　　7.2.4　使用引用集　……………………………………………………　(168)

　　　7.2.5　替换引用集　……………………………………………………　(168)

　7.3　装配方法　……………………………………………………………　(169)

　　　7.3.1　自底向上装配　…………………………………………………　(169)

　　　7.3.2　自顶向下装配　…………………………………………………　(170)

　　　7.3.3　装配约束　………………………………………………………　(172)

　7.4　爆炸装配图　…………………………………………………………　(176)

　　　7.4.1　新建爆炸视图　…………………………………………………　(176)

　　　7.4.2　自动爆炸组件　…………………………………………………　(176)

　　　7.4.3　取消爆炸组件　…………………………………………………　(177)

　　　7.4.4　编辑爆炸　………………………………………………………　(177)

　　　7.4.5　删除爆炸　………………………………………………………　(178)

　　　7.4.6　切换爆炸　………………………………………………………　(179)

　　　7.4.7　创建追踪线　……………………………………………………　(179)

　7.5　替换组件　……………………………………………………………　(181)

　7.6　移动组件　……………………………………………………………　(182)

　7.7　新建父对象　…………………………………………………………　(183)

　7.8　装配干涉检查　………………………………………………………　(184)

　7.9　阵列组件　……………………………………………………………　(187)

　7.10　镜像装配　……………………………………………………………　(188)

　7.11　设置工作部件与显示部件　…………………………………………　(193)

　7.12　装配设计步骤　………………………………………………………　(194)

　　　7.12.1　自底向上装配的步骤　…………………………………………　(194)

　　　7.12.2　自顶向下装配的步骤　…………………………………………　(197)

　7.13　装配序列　……………………………………………………………　(199)

第8章　运动仿真　……………………………………………………………　(240)

　8.1　概述　…………………………………………………………………　(240)

　　　8.1.1　UG NX 11.0 运动仿真概述　……………………………………　(240)

　　　8.1.2　UG NX 11.0 运动仿真的工作界面　……………………………　(240)

　　　8.1.3　运动仿真模块的参数设置　……………………………………　(243)

　8.2　UG NX 11.0 运动仿真基础　…………………………………………　(246)

　　　8.2.1　UG NX 11.0 运动仿真流程　……………………………………　(246)

　　　8.2.2　进入运动仿真模块 ································· (246)

　　　8.2.3　新建运动仿真数据 ································· (247)

　　　8.2.4　定义连杆 ··· (249)

　　　8.2.5　定义运动副 ······································· (250)

　　　8.2.6　定义驱动 ··· (252)

　　　8.2.7　定义解算方案并求解 ······························· (254)

　　　8.2.8　生成动画 ··· (255)

第 9 章　同步建模 ··· (279)

　9.1　移动面 ··· (280)

　9.2　删除面 ··· (282)

　9.3　替换面 ··· (283)

　9.4　偏置区域 ··· (284)

　9.5　调整圆角大小 ··· (285)

　9.6　调整面的大小 ··· (286)

　9.7　约束面 ··· (286)

第 10 章　工程图设计 ··· (292)

　10.1　进入"制图"环境 ······································· (292)

　10.2　制图标准与相关首选项设置 ······························· (294)

　10.3　图纸创建与管理 ······································· (296)

　　　10.3.1　新建图纸页 ····································· (296)

　　　10.3.2　图纸页打开/切换 ······························· (297)

　　　10.3.3　图纸页删除 ····································· (298)

　　　10.3.4　图纸页编辑 ····································· (298)

　10.4　视图的创建与管理 ····································· (298)

　　　10.4.1　基本视图 ······································· (299)

　　　10.4.2　投影视图 ······································· (300)

　　　10.4.3　局部放大图 ····································· (302)

　　　10.4.4　剖视图 ··· (302)

　　　10.4.5　断开视图 ······································· (317)

　　　10.4.6　自定义视图 ····································· (320)

　　　10.4.7　视图管理 ······································· (329)

　10.5　图纸标注 ··· (330)

　　　10.5.1　尺寸标注 ······································· (330)

　　　10.5.2　几何公差标注 ··································· (331)

10.5.3　表面粗糙度标注 ……………………………………… (332)

10.5.4　中心线 ………………………………………………… (333)

10.5.5　图像 …………………………………………………… (333)

10.5.6　文本标注 ……………………………………………… (334)

10.5.7　标题栏制作 …………………………………………… (335)

10.5.8　图纸模板 ……………………………………………… (335)

10.6　零件明细表 ……………………………………………… (338)

10.7　表格注释 ………………………………………………… (338)

参考文献 ………………………………………………………… (354)

第 1 章 UG NX 基础知识

1.1 UG NX 软件简介

UG NX 基础知识

　　UG NX(Unigraphics NX)的开发始于 1969 年,它是基于 C 语言而实现的。

　　UG NX 是 Siemens PLM Software 公司出品的一个产品工程解决方案,它支持从概念设计到工程和制造的产品开发的各个方面,为用户提供了一套集成的工具集,用于协调不同学科知识、保持数据完整性、实现设计意图以及简化整个流程。

　　这是一个交互式 CAD/CAM/CAE 系统,它功能强大,可以轻松实现各种复杂实体造型的建构。

　　UG NX 包括了世界上最强大、最广泛的产品设计应用模块。它具备强大的机械设计和制图功能,具有高性能和灵活性特点,以满足客户设计复杂产品的需要。

　　NX 优于通用的设计工具,它具有专业的管路和线路设计系统、钣金模块、专用塑料件设计模块和其他行业设计所需的专业应用程序。它可以通过过程变更来驱动产品更新。UG NX 的独特之处是其知识管理基础,它使得工程专业人员能够推动产品更新以创造出更大的利润。UG NX 可以管理生产和系统性能知识,根据已知准则来确认每一设计决策。UG NX 有助于全面地改善设计过程的效率,削减成本,并缩短新产品进入市场的时间。再加上全范围产品检验应用和过程自动化工具,UG NX 把产品制造从概念到生产的过程都集成到一个实现了数字化管理和协同的框架中。

1.2 UG NX 11.0 基本工作环境

1.2.1 启动与退出 UG NX 11.0

　　以 Windows 10 计算机操作系统为例,正常安装 UG NX 11.0 的情况下,若想启动软件,有以下方法:

　　方法一:双击计算机桌面上的 UG NX 11.0 快捷方式图标👆。

　　方法二:单击计算机视窗左下角"开始"按钮▮,在所有应用里找到并单击"Siemens NX 11.0",然后单击展开栏中的"NX 11.0";

　　方法三:单击固定到任务栏中的 UG NX 11.0 图标👆。

　　启动 UG NX 11.0 时,系统会弹出图 1-1 所示的 UG NX 11.0 启动界面,该启动界面显示片刻后消失,然后弹出图 1-2 所示的 UG NX 11.0 初始操作界面。

图 1-1　UG NX 11.0 启动界面

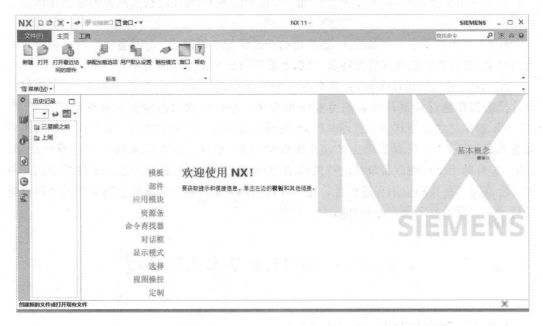

图 1-2　UG NX 11.0 初始操作界面

　　在 UG NX 11.0 初始操作界面中,提供了关于"模块"、"部件"、"应用模块"、"资源条"、"命令查找器"、"对话框"、"显示模式"、"选择"、"视图操控"、"定制"、"快捷方式"和"帮助"的简要信息。

　　要退出 UG NX 11.0,有以下方法:

　　方法一:在 UG NX 11.0 标题栏的右侧单击"关闭"按钮 ✕;

　　方法二:在功能区中单击"文件(F)"选项并选择"退出(X)"命令。

1.2.2　UG NX 11.0 主操作界面

在 UG NX 11.0 初始操作界面"主页"选项卡的功能区,单击"新建"按钮 🗋 创建新文件,或者单击"打开"按钮 📂,打开模型文件,便可以进入 UG NX 11.0 的主操作界面进行设计工作。图 1-3 所示为装配模型的主操作界面,该主操作界面包括标题栏、快速访问工具条(包括选项卡)、选择组、功能区、视图工具组、资源条、资源板、图形窗口和信息提示区等部分。

图 1-3　主操作界面

1.2.3　用户定制界面

在使用 UG NX 11.0 时,用户可以根据自己的使用习惯定制主操作界面。

1. 启用或停用选项卡

进入主操作界面后,在功能区空白区域单击鼠标右键,弹出对话框,如图 1-4 所示,通过鼠标左键点选的方式即可中启用或者停用某个功能选项卡。当启用某个功能选项卡时,该选项卡名称前面会出现"✓"。当停用某个功能选项卡时,该选项卡名称前面的"✓"会消失。

2. 显示或隐藏某一组中的命令

功能区中包含若干个选项卡,选项卡中包括若干个组,每个组中包含若干个命令。单击组右下角的"工具条选项"倒三角按钮 ▾,将弹出命令列表对话框。选择要显示或隐藏的命令,即可将命令显示或隐藏在当前组中。命令前出现"✓"表示该命令已经添加到当前组中;命令前"✓"消失,表示该命令已在当前组中隐藏,可通过鼠标左键单击方式,恢复命令前的"✓",将该命令显示在对应的组中。

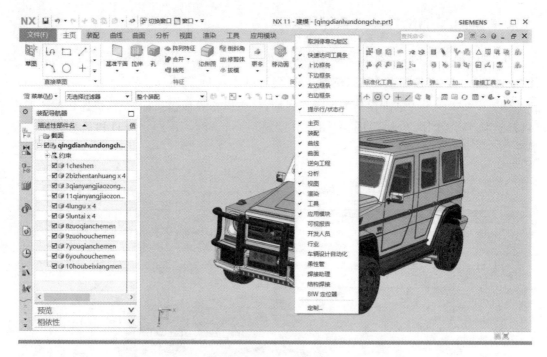

图 1-4　启用或停用选项卡

3. 显示模式工具

当需要较大的图形窗口来显示图像时,可以使用显示模式工具在标准模式和全屏模式之间切换。单击屏幕右上角处的"全屏显示"按钮 回 ,进入全屏模式,如图 1-5 所示。在全屏模式下,系统将隐藏标题栏、功能区和资源条等,使图形显示窗口最大化。将鼠标移动到屏幕顶部"手柄条" ▨▨▨▨▨▨▨▨▨▨▨ 上即可展开标题栏和功能区等。

图 1-5　全屏模式

在标准模式下单击屏幕右上角"最小化功能区"按钮 ∧ ,可以仅显示选项卡名称。在此模式下，单击"展开功能区"按钮 ，可以显示标准模式下的功能区内容。

4. 使用"定制"命令

在系统主操作界面中单击"菜单"按钮 菜单(M)▼ 并选择"工具"→"定制"命令，或者按〈Ctrl＋1〉快捷键，系统会弹出"定制"对话框，利用此对话框可以定制菜单命令和工具命令，设置需要显示的工具栏和功能区选项卡，设置图标大小和工具提示以制定相关的快捷工具条或圆盘工具条等。在"定制"对话框的"选项卡/条"选项卡（见图 1-6）中，可以决定是否在界面上显示快速访问工具条、上边框条、左边框条、提示行/状态行等。也可以通过勾选或取消勾选功能区选项卡名称前面的复选框，以设置在功能区是否启用该选项卡；还可以单击"新建"按钮新建一个自定义的功能区选项卡，如图 1-7 所示。单击"图标/工具提示"选项卡，可以设置有关图标大小、工具提示等。

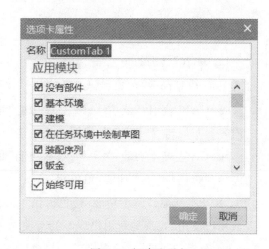

图 1-6　"选项卡/条"选项卡　　　　　　　　图 1-7　新建选项卡

如果想将需要的工具命令添加到指定工具栏或功能区某选项卡的某个组中，可在"定制"对话框中切换到"命令"选项卡，从"类别"列表框中选择某一类别（以在"项"列表框中显示该类别下的所有命令），并在"项"列表框中选择需要添加的命令，如图 1-8 所示，然后将该命令从"命令"列表拖至指定工具栏或功能区某选项卡某组中放置，然后在"定制"对话框中单击"关闭"按钮。定制菜单选项的操作也与以上操作类似。

5. 更改角色

"角色"是 UG NX 根据用户的经验水平、行业或公司标准而提供的一种先进的界面控制方式，使用角色可以简化用户界面，仅保留当前角色所需的命令。

在资源条中单击"角色"按钮 ，可打开"内容"和"演示"类别的角色集。

"内容"类别的角色集包括"高级"角色、"CAM 高级功能"角色、"CAM 基本功能"角色、"基本功能"角色、"布局"角色，如图 1-9 所示。

"演示"类别的角色集包括"默认"角色、"高清"角色、"触摸屏"角色、"触摸板"角色，如图 1-10 所示。

图 1-8　添加工具命令

1）"内容"类别的角色集

高级："高级"角色提供了一组更广泛的工具,以支持简单和高级任务。

CAM 高级功能:"CAM 高级功能"角色用于互操作 Solid Edge 文件。此角色提供的内容和布局与"高级"角色相同。

CAM 基本功能:"CAM 基本功能"角色用于互操作 Solid Edge 文件。此角色提供的内容和布局与"基本功能"角色相同。

基本功能:"基本功能"角色提供了完成简单任务所需要的全部工具。此角色适合大多数用户使用,尤其是新用户或不经常使用 UG NX 的用户。

布局:"布局"角色提供了一组更广泛的工具,以支持制图环境中的 2D 概念设计。

图 1-9　"内容"类别的角色集　　　　　　图 1-10　"演示"类别的角色集

2）"演示"类别的角色集

默认："默认"角色将用户界面显示优化，以适合传统非触控式显示器。应用该角色不更改功能区、边框条的内容。

4K 高清："高清"角色可优化用户界面演示，以完美匹配 4K 分辨率显示器。它可以显示更大的位图。应用该角色不会更改功能区、边框条的内容。

触摸屏："触摸屏"角色将用户界面显示优化，以适应触摸屏显示器。它将显示更大的位图，并在底部有一个不停靠的功能区。应用该角色不会更改功能区、边框条的内容。

触摸板："触摸板"角色将用户界面显示优化以适合小型触摸板。它将显示更大的位图、无文本的窄功能区，并去掉了边框条和标题栏。应用该角色不会更改功能区的内容。

用户可以根据实际情况选用适合自己的角色操作界面，也可以按使用功能定制操作界面并在指定的命名角色下保存用户界面设置。在导航区的资源条上单击"角色"按钮，从资源板上的"角色"列表框中展开"内容"类别的角色集或"演示"类别的角色集，然后从中选择所需要的命令角色即可快速加载该角色。例如加载"高级"角色，可在导航区的资源条上单击"角色"按钮，从资源板上的"角色"列表框中展开"内容"类别的角色集，然后选择"高级"角色，此时会弹出"加载角色"对话框，单击"确定"按钮即可快速加载该角色。

如果系统预设的角色操作界面都不适合用户使用，则可以新建用户角色：在资源板的"角色"列表框的空白区域右击，弹出快捷菜单（见图 1-11），在快捷菜单中选择"新建用户角色"命令，弹出"角色属性"对话框（见图 1-12），在该对话框中根据自己的需要确定角色名称、位图、描述、角色类型和要启用的应用模块等，然后单击"确定"按钮即可。

图 1-11　快捷菜单　　　　　　图 1-12　"角色属性"对话框

1.2.4　切换应用模块

在新建模型文件时，选择文件的模型模板，进入相应的应用模块进行设计工作。用户在设计过程中也可以根据设计需要切换应用模块。切换应用模块时，在当前的工作界面单击功能区"文件"选项卡，在"启动"项中选择需要的应用模块即可，如图 1-13 所示。"所有应用模块"子菜单中提供了所有的应用模块，如图 1-14 所示。

图 1-13　选择"所有应用模块"　　　　　　图 1-14　"所有应用模块"子菜单

1.3　UG NX 11.0 软件基本操作

1.3.1　文件管理

1. 新建文件

启动 UG NX 11.0 软件，在初始操作界面的功能区单击"文件"选项，选择"新建"命令，也可以在"主页"选项卡中选择"新建"按钮 。在主操作界面工作时，若需要新建文件，可在功能区单击"文件"选项卡，选择"新建"命令或〈Ctrl＋N〉快捷键。

选择"新建"命令后，会弹出"新建"对话框（见图 1-15），该对话框包含了"模型"、"图纸"、"仿真"、"加工"、"检测"、"机电概念设计"、"船舶结构"、"自动化设计"和"生产线设计"选项

卡。用户可以根据需要选择其中一个选项卡新建文件,如选择"模型"选项卡,新建模型文件,具体步骤如下:

(1)在"新文件名"面板的"名称"文本框中输入新建文件的文件名或接受默认文件名。

(2)在"文件夹"文本框中输入目录位置;也可以单击文本框后面的"打开"按钮,在弹出的"选择目录"对话框中浏览并选择所需的目录;或者单击"创建新文件夹"按钮创建所需的目录,也可以在空白区域单击右键,在弹出的快捷菜单中选"新建"命令,然后在子菜单中选择"新建文件夹"并为新文件夹命名,然后选择目录,在"选择目录"对话框中单击"确定"按钮。

图 1-15　"新建"对话框

2. 打开文件

启动 UG NX 11.0 软件后,在初始操作界面或者在主操作界面工作时,若需要打开一个文件,可在功能区"文件"选项卡中选择"打开"命令(或者按〈Ctrl＋O〉快捷键),或者在快速访问工具栏单击"打开"按钮,此时会弹出"打开"对话框(见图 1-16)。可以通过单击"快速访问"、"桌面"、"库"、"此电脑"和"网络"图标选择文件,也可以在"查找范围"文本框中输入文件位置,或单击可输入文本框右侧的下拉列表按钮 ▼ 选择文件位置,加载目标目录的目标文件。

选择好需要加载的目录后,单击"文件类型"文本框右侧的下拉列表按钮 ▼ ,此时会展开支持加载的文件格式列表(见图 1-17),系统默认的格式为 prt 文件格式,用户根据要加载文件的类型选择相对应的格式后,系统会自动过滤掉其他格式的文件。选择目标文件后单击"OK"按钮,即可加载文件。

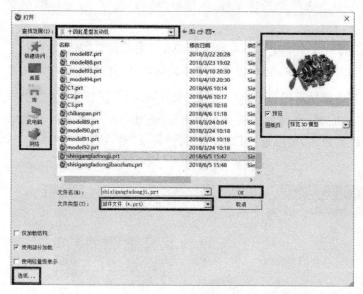

图 1-16　"打开"对话框　　　　　　　图 1-17　文件格式列表

　　在"打开"对话框的右侧可以设置是否打开预览图和更改图纸页类型：单击"打开"对话框左下角"选项"按钮，此时会弹出"装配加载选项"对话框，以供用户设置装配加载选项。

3. 保存文件

　　UG NX 11.0 提供了五种保存操作命令，如表 1-1 所示。

表 1-1　UG NX 11.0 的保存操作命令

序号	命令	功能用途
1	保存	保存工作部件和任何已修改的组件。可利用〈Ctrl＋S〉快捷键调用此命令
2	仅保存工作部件	仅将工作部件保存起来
3	另存为	使用其他名称在指定目录中保存当前工作部件
4	全部保存	保存所有已修改的部件和所有的顶层装配部件
5	保存书签	在书签文件中保存装配关联，包括组件可见性、加载选项和组件组

　　当需要保存工作部件时，如果是第一次保存则使用"保存"命令。如果该部件文件在创建时使用的是默认的文件名，在首次执行"保存"命令时，会弹出"命名部件"对话框，如图 1-18 所示。用户可以重新确定要保存的文件名称和储存路径，然后单击"确定"按钮。当需要保存经过修改或编辑的已保存过的部件文件时，不会弹出"命名部件"对话框，原文件内容会被新保存的文件覆盖。如果要以其他名称保存工作部件或更改储存位置，则需要使用"另存为"命令。

　　利用"另存为"命令不仅可以将保存的部件文件以其他名称保存或更改储存位置，还可以根据用户需要更改保存的格式。

　　在功能区的"文件"选项卡中选择"保存"命令，在其子菜单中选择"保存选项"命令，在弹出的"保存选项"对话框中设置相关的内容，即可自定义保存部件文件时要执行的操作。对于初学者，建议接受默认的保存选项。

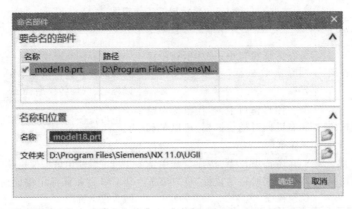

图 1-18　"命名部件"对话框

4. 关闭文件

功能区的"文件"选项卡中的"关闭"功能选项提供了八种关闭文件的命令,用户可以根据实际情况选用其中一种命令来关闭文件,也可以单击当前操作界面的"关闭"按钮 ✖ 来关闭文件。如果当前的部件文件经过编辑或修改之后并没有保存,则会弹出"关闭所有文件"对话框(见图 1-19),此时根据需要进行操作即可。

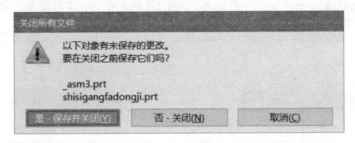

图 1-19　"关闭所有文件"对话框

5. 导入与导出文件

除 UG NX 外,还有其他与其功能相类似的软件,每个软件都有各自的优势。UG NX 能与其他一些设计软件共享数据并提供了强大的数据交换接口,为了能够充分发挥不同软件的优势。

用户可以将 UG NX 的模型数据转化为多种数据格式文件以便被其他设计软件调用,也可以读取由其他一些设计软件所生成的特定类型的数据文件。

在启动软件时,初始操作界面功能区"文件"选项卡中的"导出"功能选项并没有被激活,而"导入"功能选项中的"仿真"命令被激活。只有主操作界面的"文件"选项卡中"导入"和"导出"功能选项的所有操作命令被激活。其中"导入"功能选项的所有操作命令和"导出"功能选项的所有操作命令,用户可以根据需要进行选择。

1.3.2　视图的基本操作

1. 鼠标操控工作视图

在使用 UG NX 工作时,巧妙地使用鼠标可以快捷地对视图进行操作(见表 1-2),不但节省时间,还方便用户使用软件工作。

表 1-2　鼠标操控工作视图

序号	视图操作	操作说明	备注
1	旋转模型视图	在图形窗口中,按住鼠标中键同时拖动鼠标,可以旋转模型视图	当需要围绕模型上某一位置旋转时,可以先在该位置按住鼠标中键一会儿,然后拖动鼠标,实现旋转模型视图
2	平移模型视图	在图形窗口中,按住鼠标中键和右键同时拖动鼠标,可以平移模型视图	也可以按住 Shift 键和鼠标中键同时拖动鼠标,实现平移模型视图
3	缩放模型视图	在图形窗口中,按住鼠标中键和左键同时拖动鼠标,可以缩放模型视图	也可以使用鼠标滚轮前后滚动,还可以按住 Ctrl 键和鼠标中键同时拖动鼠标,实现缩放模型视图

2. 预定义视图

UG NX 11.0 提供了多种预定义的命名视图,以方便用户使用。

如果需要使用正交视图或其他预定义命名视图,在功能区"视图"选项卡的"方位"组中选择相应的定向视图选项,如图 1-20 所示。其中定向视图选项有正三轴测图、俯视图、正等测图、左视图、前视图、右视图、后视图和仰视图。也可以在上边框条"视图"工具栏的定向视图下拉菜单中选择所需要的定向视图选项,如图 1-21 所示。还可以使用快捷键来调整视图方位。

图 1-20　"方位"组

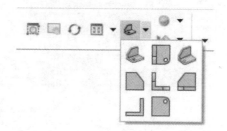

图 1-21　"视图"工具栏

单击"菜单"→"视图"→"操作"→"缩放"(或"旋转"),可弹出"缩放视图"(或"旋转视图")对话框,如图 1-22(或图 1-23)所示。

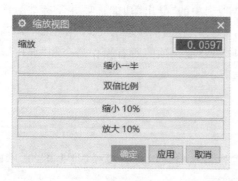

图 1-22　"缩放视图"对话框

图 1-23　"旋转视图"对话框

1.3.3　模型显示的基本操作

当需要查看模型部件或装配体的显示效果时,会用到显示样式。可以在功能区"视图"选项卡的"样式"组中选择显示样式,也可以在上边框条的"视图"工具栏的下拉列表(见图 1-24)中设置显示样式,还可以在图形窗口的空白区域中右击,在弹出的快捷菜单中展开"渲染样式"的子菜单,如图 1-25 所示,然后从中选择一个渲染样式即可。还能通过在图形窗口空白区域按住鼠标右键并拖动,在弹出的快捷切换显示样式的选择框中选择显示样式(见图 1-26),此时的鼠标右键一直处于按住状态。显示样式图例如图 1-27 所示。

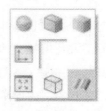

图 1-24　"显示样式"下拉列表　　　图 1-25　快捷菜单中的"渲染样式"子菜单　　　图 1-26　快捷切换
显示样式选择框

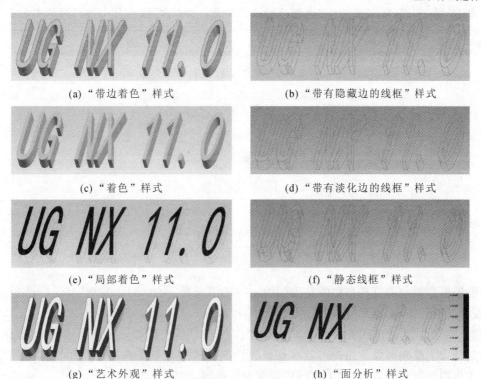

(a)"带边着色"样式　　　　　　　　　　(b)"带有隐藏边的线框"样式

(c)"着色"样式　　　　　　　　　　　　(d)"带有淡化边的线框"样式

(e)"局部着色"样式　　　　　　　　　　(f)"静态线框"样式

(g)"艺术外观"样式　　　　　　　　　　(h)"面分析"样式

图 1-27　显示样式图例

1.3.4 对象选择的基本操作

在设计工作中,选择对象是经常使用的操作。将鼠标指针移动到某一对象上单击鼠标左键,即可选中该对象。需要继续选择其他对象时,重复此操作即可。需取消选择对象时,可按住 Shift 键并单击该对象或按 Esc 键将所有选中对象全部取消。注意:当选中某一对象时,该对象会变成红色;取消选择某一对象,该对象恢复原色。

图 1-28 "快速拾取"对话框

使用"快速拾取"对话框可以选择多个距离很近的对象。将鼠标指针置于要选择的对象上,当该对象变为红色时,单击鼠标右键,在弹出的快捷菜单中点选"从列表中选择"命令,此时会弹出"快速拾取"对话框,如图 1-28 所示;或用鼠标左键单击需要选择的对象,该对象会变成黄色,然后单击鼠标右键,在弹出的快捷菜单中选择"从列表中选择"命令,此时会弹出"快速拾取"对话框;也可以将鼠标指针置于要选择的对象上保持不动,大约 2 s 后会出现"快速拾取"指针("十字"光标右下角有三个点),此时单击鼠标左键会弹出"快速拾取"对话框。然后在"快速拾取"对话框的列表中选择对象即可。

在使用"快速拾取"对话框时,可以灵活运用该对话框中的过滤按钮,包括"所有对象"按钮 ⊕ 、"构造对象"按钮 ⌒ 、"特征"按钮 ⬚ 、"体对象"按钮 ⬚ 、"组件"按钮 ⬚ 等,这些按钮有着不同类型的选择过滤作用,可方便用户在列表中快速选择相应的对象。

也可以在位于上边框条的"选择条"工具栏(见图 1-29)选择需要过滤的类型。需要选择多个对象时,可使用"选择条"工具栏中"矩形"、"套索"和"圆圈"功能。或在图形窗口的空白区域单击鼠标右键,此时会弹出"选择过滤条"(见图 1-30),可以在其中选择过滤类型。

图 1-29 "选择条"工具栏

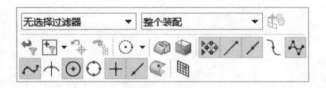

图 1-30 选择过滤条

1.4 图层应用基础

便于模型对象的管理和组织是图层的主要应用原则。在 UG NX 中,有工作图层、可选层、仅可见层和不可见层共四种图层状态。系统默认一个 UG NX 部件有 256 个图层,其中只能有一个图层为当前工作图层。对象创建于工作图层,它是可见而且可选的,类似在一张透明的纸张上绘制对象。用户可以根据设计情况更改或设置工作图层、可见层、不可见层。更改工作图层时,之前选择的工作图层会变为可选层。

当需要进行图层设置时,在功能区"视图"选项卡的"可见性"选项组中单击"图层设置"按钮 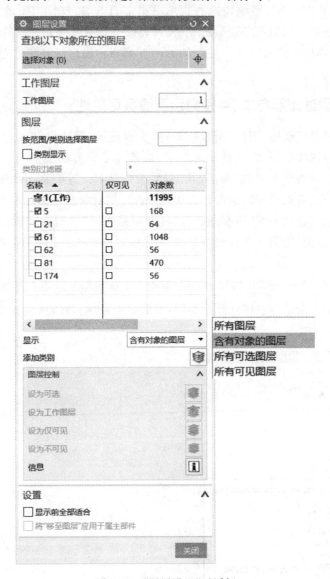,或者按〈Ctrl+L〉快捷键,将弹出"图层设置"对话框(见图 1-31),可以利用该对话框设置工作图层、可见层和不可见层,定义图层的类别和名称等。

图 1-31 "图层设置"对话框

1.4.1 查找来自对象的图层

在"图层设置"对话框的"查找以下对象所在的图层"面板中单击"选择对象"按钮 ⊕,可以查找来自对象的图层,即选择对象后可显示该对象所在的图层。

1.4.2 指定工作图层

在"图层设置"对话框的"工作图层"文本框中输入一个所需要的图层号并按 Enter 键,该图层就会被设置为工作图层。图层号必须介于 1~256 之间(包括 1 和 256)。

1.4.3　指定图层范围

在"图层设置"对话框的"图层"面板中的"按范围/类别选择图层"文本框中,输入一个图层号或范围,可以让 UG NX 系统快速查找用户指定的图层。利用"显示"下拉列表框可以指定显示选项的限制。例如:设置"显示"下拉列表框中显示选项为"所有图层",在"按范围/类别选择图层"文本框中输入"6-19"并按 Enter 键,则指定用户所需图层为 6 号图层至 19 号图层。

1.4.4　设置过滤器方式、类别显示及图层可见性

在"图层设置"对话框的"图层"面板中勾选"类别显示"复选框,即可在"类别过滤器"列表框中选择过滤器图层类别,默认选项为" ＊ ",表示接受所有图层的类别,如图 1-32 所示。位于"类别过滤器"列表框下方的"图层/状态"列表框显示设置类别下的图层名称及其相关属性描述(如可见性、对象数等),也可在其中设置选定层对象的可见性和类别等。

在"显示"下拉列表框中有"所有图层"、"所有可见图层"、"所有可选图层"和"含有对象的图层"选项可供选择,使用该下拉列表框中的选项可设置"图层/状态"列表框中显示的图层范围。

单击"添加类别"按钮 ![btn]，可以添加一个新类别;如果要删除不需要的图层类别,在"图层/状态"列表框中单击鼠标左键选择该类别,然后单击鼠标右键,从快捷菜单中选择"删除"命令即可,如图 1-33 所示。

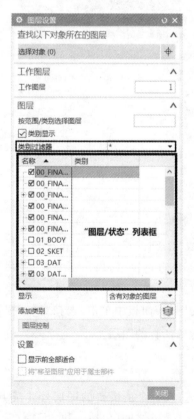

图 1-32　"图层/状态"列表框　　　　　　　　图 1-33　删除图层类别

展开"图层"选项组的"图层控制"子选项组,可以将选定的图层设为工作图层、仅可见或不可见等;鼠标左键单击("信息"按钮) ℹ️,此时弹出"信息"对话框,可以从中查询相关图层的信息,如图 1-34 所示。

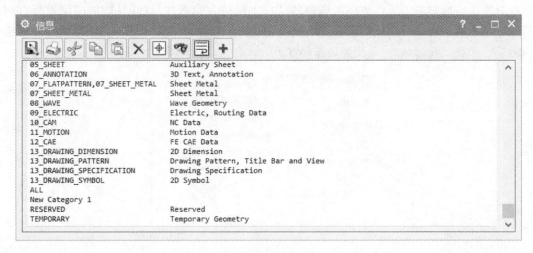

图 1-34　"信息"对话框

在功能区"视图"选项卡的"可见性"选项组中还可以使用其他图层工具。其中有:"工作图层"下拉列表框 1 ▼,用于定义创建时对象所在的图层;"图层类别"按钮 ≋,用于创建命名的图层组;"移动至图层"按钮 ≋,用于将对象从一个图层移到另一个图层;"复制至图层"按钮 ≋,用于将对象从一个图层复制到另一个图层;"视图中可见图层"按钮 ≋,用于设置视图的可见和不可见图层。

1.5　首选项设置

首选项涉及许多方面,不同应用模块的首选项也不相同。首选项设置主要用于各功能模块环境下的一些预设置,如建模模块、制图模块、装配模块等环境下的设置。

单击"菜单"→"首选项",可进入各功能模块的首选项设置。

1.6　UG NX 坐标系

坐标系是设计零件图和创建模型的参照,在不同的模块中具有不同的作用。UG 系统中包含三种坐标系:绝对坐标系、工作坐标系和基准坐标系。

1.6.1　绝对坐标系(ACS)

绝对坐标系(ACS)是系统默认的坐标系,可作为工作坐标系和基准坐标系的参考,它位于绘图区的左下方。绝对坐标系的原点位于绘图区最中心的位置。

1.6.2　工作坐标系(WCS)

工作坐标系(WCS)是系统提供给用户的坐标系,为便于绘图,用户可根据需要移动或者自行设置工作坐标系。工作坐标系在新建文件中默认为隐藏状态,并且默认的位置与方向与基准坐标系一致。可通过单击"菜单"→"格式"→"WCS"→"显示"显示出来,也可通过快捷键"W"来显示和隐藏。"工作坐标系(WCS)"子菜单如图 1-35 所示。

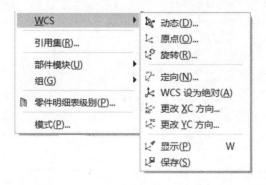

图 1-35　"工作坐标系(WCS)"子菜单

对工作坐标系可以按照需要进行调整,如改变原点位置或坐标轴的方位。

1.6.3　基准坐标系(CSYS)

基准坐标系(CSYS)是在绘图时为图形对象提供参考的一个坐标系。

系统默认在第 61 个图层设置了一个基准坐标系。

单击"菜单"→"插入"→"基准/点"→"基准 CSYS",将弹出"基准坐标系"对话框,如图 1-36 所示,可以通过"类型"选项设置完成基准坐标系(CSYS)创建。

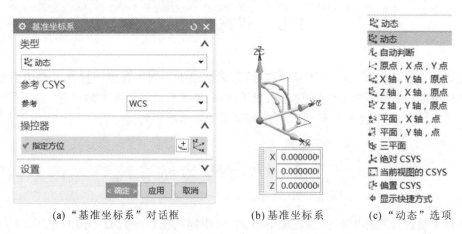

(a)"基准坐标系"对话框　　　(b)基准坐标系　　　(c)"动态"选项

图 1-36　"基准坐标系"创建

对基准坐标系可以通过鼠标右键双击等方式进行重新编辑调整。

三种坐标系及其默认关系如图 1-37 所示。可见,系统默认的工作坐标系(WCS)与基准坐标系(CSYS)的原点位置、坐标轴方位重合。

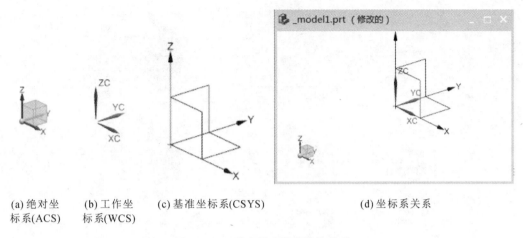

(a) 绝对坐
标系(ACS)
(b) 工作坐
标系(WCS)
(c) 基准坐标系(CSYS)
(d) 坐标系关系

图 1-37 三种坐标系及其默认关系

【基础操作案例】

案例 1-1：工作坐标系调整

本例要求通过调整工作坐标系来创建模型，调整坐标系前后的模型分别如图 1-38(a)、(b)所示。

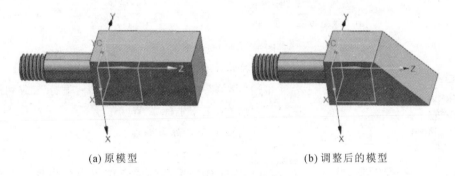

(a) 原模型

(b) 调整后的模型

图 1-38 通过调整坐标系来创建模型

设计步骤：

（1）打开本章配套资源"素材"文件夹中的"工作坐标系调整原模型 1. prt"文件。

（2）打开本章配套资源"素材"文件夹中的"工作坐标系调整原模型 2. prt"文件。在打开的模型"工作坐标系调整原模型 1. prt"中，单击左上角"文件"→"打开"，查找选择"工作坐标系调整原模型 2. prt"文件，单击"OK"按钮，打开模型"工作坐标系调整原模型 2. prt"文件。

（3）测量角度。单击"分析"选项卡"测量"选项组中的"测量角度"按钮，弹出"测量角度"对话框（见图 1-39(a)）。选择角度测量的两个参考对象即面 1 与面 2，在"评估平面"下拉列表框中选择"真实角度"。测量操作如图 1-39(b)所示。获得测量角度为 45°。

（4）切换到"工作坐标系调整原模型 1. prt"模型文件。

单击快速访问工具条中的"窗口"按钮，弹出下拉菜单，如图 1-40 所示。将光标放到"工作坐标系调整原模型 1. prt"位置，单击鼠标左键，即可切换到"工作坐标系调整原模型 1. prt"文件建模环境下。

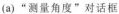

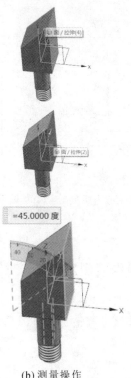

(a)"测量角度"对话框　　　　　　　(b)测量操作

图 1-39　测量角度

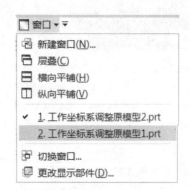

图 1-40　窗口下拉菜单

（5）显示工作坐标系。

单击"菜单"→"格式"→"WCS"→"显示"，或利用快捷键"W"，显示出工作坐标系 WCS。

（6）调整工作坐标系原点。

单击"菜单"→"格式"→"WCS"→"原点"，弹出"点"对话框，此时在工作坐标系的原点位置也会出现一个点用来指定新的坐标系原点。

在"点"对话框的"类型"下拉列表中选择"端点"。按照激活的"点位置"按钮要求，选择模型边线作为端点附近的曲线。选择后，发现坐标系原点发生了移动，单击"确定"按钮，完成工作坐标系原点的移动。"点"对话框设置与调整原点后的工作坐标系分别如图 1-41、图 1-42 所示。

注意：移动坐标原点时 UG NX 默认输入的坐标是相对原来的工作坐标系而确定的。

（7）调整工作坐标系角度。

单击"菜单"→"格式"→"WCS"→"旋转"，弹出如图 1-43 所示的对话框。勾选"-YC 轴：XC --> ZC"，单击"确定"按钮，完成旋转。旋转 45°后的工作坐标系如图 1-44 所示。

图 1-41　移动工作坐标系原点操作

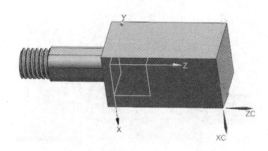

图 1-42　调整原点后的工作坐标系

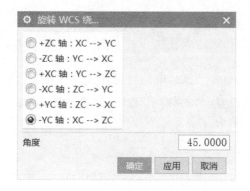

图 1-43　旋转工作坐标系角度操作

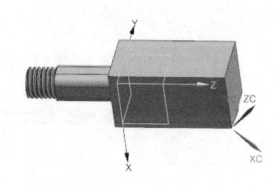

图 1-44　旋转 45°后的工作坐标系

（8）创建草图平面。

　　单击"草图"按钮 ，弹出创建草图对话框，如图 1-45(a)所示。采用默认设置，单击"确定"按钮，完成草图平面创建操作，如图 1-45(b)所示。利用"直接草图"组中的"直线"按钮 ，绘制一条经过原点，与 YC 轴重合的直线，如图 1-46 所示。单击"完成草图"按钮 ，退出草图环境。

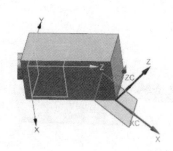

(a)　"创建草图"对话框　　　　　　　　(b) 完成草图平面创建

图 1-45　创建草图平面

（9）拉伸。

单击"主页"选项卡"特征"组中的"拉伸"按钮 ▦，在弹出的"拉伸"对话框中，"指定矢量"栏选择"-XC"，在"结束"文本框中输入"35"（见图 1-47），其他项采用默认设置。单击"确定"按钮，完成拉伸操作。

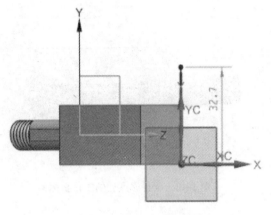

图 1-46　草图曲线

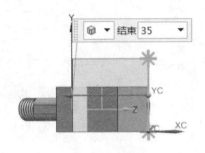

图 1-47　拉伸操作

（10）修剪模型。

单击"主页"选项卡"特征"组中的"修剪体"按钮 ▦，选择对应的目标和工具平面（注意反向按钮的应用），如图 1-48 所示，其他项采用默认设置，单击"确定"按钮，完成修剪操作。

(a)"修剪体"设置

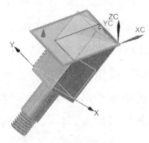

(b) 修剪操作

图 1-48　修剪模型

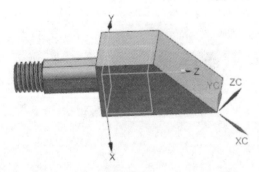

图 1-49　隐藏不需要显示的对象后的模型

（11）隐藏不需显示的对象。

单击"视图"选项卡"可见性"组中的"隐藏"按钮 ▦，弹出"类选择"对话框，选择拉伸的片体以及草图曲线作为隐藏对象，单击"确定"按钮，完成不需要显示的对象的隐藏操作。完成案例模型创建工作，获得模型如图 1-49 所示。

（12）使基准坐标系与工作坐标系重合。

　　此时工作坐标系原点和角度调整已完成,但是基准坐标系未发生变化,需双击基准坐标系,弹出"基准坐标系"对话框,如图 1-50 所示。在"参考 CSYS"面板的"参考"下拉列表中选择"WCS",基准坐标系跳转到工作坐标系所在位置,并保持各轴方向一致,如图 1-51 所示。单击"确定"按钮,完成操作,如图 1-52 所示。

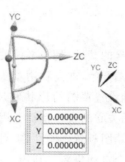

(a)"基准坐标系"对话框　　　　　　　(b)基准坐标系和工作坐标系

图 1-50　"基准坐标系"对话框与两个坐标系

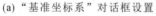
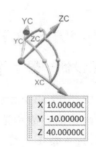

(a)"基准坐标系"对话框设置　　　　　(b)基准坐标系与工作坐标系重合

图 1-51　基准坐标系与工作坐标系原点位置和轴向重合操作

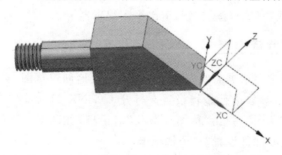

图 1-52　调整后的基准坐标系与工作坐标系方位

　　要使调整后的工作坐标系恢复至默认状态,与绝对坐标系重合,可单击"菜单"→"格式"→"WCS"→"WCS 设为绝对",使工作坐标系恢复至默认状态。

第2章 草图设计

草图设计

草图是建模的基础,是与零件关联的二维轮廓表示方式。一般情况下,用户的三维建模都是从创建草图开始,即先利用草图功能创建出特征的大略形状,再利用草图的几何和尺寸约束功能,精确设置草图的形状和尺寸。绘制草图完成后即可利用拉伸、回转或扫掠等功能,创建与草图关联的实体特征。用户可以对草图的几何约束和尺寸约束进行修改,从而快速更新模型。草图具有操作性强、可编辑修改的特点,是参数化的二维图形。草图修改后,关联的模型也会自动更新。利用草图功能建模是 UG NX 特征建模的一种重要方法,比较适合于截面较复杂特征的建模。

2.1 草图的创建

创建草图是指在用户指定的平面上创建点、线等二维图形的过程。

2.1.1 草图设计一般步骤

(1) 设定工作图层(草图所在层)。草图图层一般为第 21~40 号图层。
(2) 检查或修改草图参数预选项。
(3) 创建草图,进入草图环境,设置草图附着平面。
(4) 创建和编辑草图对象。
(5) 定义尺寸驱动和几何约束。
(6) 单击"完成"或"完成草图"按钮,退出草图编辑器。

2.1.2 草图参数预设置

在创建草图前,通常会根据需要或为了更准确有效地创建草图,对草图文本高度、原点、尺寸和默认前缀等基本参数进行编辑设置。打开 UG NX 11.0 软件,进入建模环境,单击"菜单"→"首选项"→"草图",弹出"草图首选项"对话框,如图 2-1 所示。该对话框包括"草图设置"、"会话设置"和"部件设置"三个选项卡。

在"草图设置"选项卡中,可对草图标注样式、文本高度等基本参数进行设置。"屏幕上固定文本高度"复选框用来控制草图上的文本高度,若勾选该复选框,绘图区草图缩放时,草图上的文本高度由"文本高度"列表框中输入的文本高度值确定,高度不发生变化。"创建自动判断约束"复选框用于确定绘图时是否进行系统自动判断约束。"连续自动标注尺寸"复选框用于确定绘图时系统是否自动标注尺寸。

在"会话设置"选项卡中,可对草图绘制时的角度捕捉精度、草图显示状态和默认的名称前缀等基本参数进行设置。"对齐角"栏用于设置捕捉允许的角度误差范围。"保持图层状态"复选框用于控制工作层是否在草图环境中保持不变或者返回到先前的值。

在"部件设置"选项卡中,可对绘图中的几何元素和尺寸的颜色进行设置。单击"继承自用户默认设置"将使"部件设置"选项卡中的设置恢复为系统默认设置。

2.1.3 进入和退出草图环境

打开 UG NX 11.0 软件进入建模环境后,单击"菜单"→"插入"→"草图"或"在任务环境中绘制草图",即可绘制草图。单击"菜单"→"插入"→"草图"或者在建模环境下单击"主页"选项卡"直接草图"面板中的"草图"按钮 ,弹出"创建草图"对话框,如图 2-2 所示。

图 2-1 "草图首选项"对话框

可在"创建草图"对话框中设置草图平面,即新草图在三维空间的放置位置。草图平面是用于进行草图创建、约束和定位、编辑等操作的平面,是创建草图的基础。

"草图类型"面板列表中包含两个选项:在平面上、基于路径。

在平面上:可以在绘图区选择任意平面作为草图平面。

基于路径:使系统在用户指定的曲线上建立一个与该曲线垂直的平面作为草图平面。

"草图 CSYS"面板"平面方法"下拉列表中包含两个选项:自动判断、新平面。

新平面:选择该选项,用户可通过设置"指定平面"、"草图方向"和"草图原点"来创建一个新平面作为草图平面。可利用"平面"按钮 ,进行新平面的创建。创建新平面时需打开"平面"对话框,如图 2-3 所示。在"平面"对话框中进行类型选择与参数设置,可完成一个新平面的创建。

图 2-2 "创建草图"对话框

图 2-3 "平面"对话框

当"创建草图"对话框中各项采用默认设置时,也可直接点选基准坐标系中的 XY 平面、

YZ 平面、ZX 平面,再单击"确定"按钮,完成草图平面的建立。例如光标放置到 YZ 平面上,当 YZ 平面被捕捉时,单击鼠标左键选择 YZ 平面,单击"确定"按钮,完成平面的建立。YZ 平面创建的操作过程如图 2-4 所示。

(a)　　　　　　　　　　　　　　　(b)　　　　　　　　　　　　　　　(c)

图 2-4　创建 YZ 平面作为草图平面的操作

当选择 XY 平面或直接单击"确定"按钮时,系统默认自动创建 XY 平面,如图 2-5 所示。

当选择"在任务环境中绘制草图"时,也可进入草图环境进行草图的绘制与编辑。此时,创建草图平面后,系统将自动打开"轮廓"对话框,并实时动态显示鼠标在绘图区的位置,以辅助绘图,如图 2-6 所示。草图的曲线和约束命令也全部可以在"曲线"选项卡中直接选择调用。

图 2-5　创建 XY 平面为草图平面　　　　　图 2-6　自动打开的"轮廓"对话框

点选"草图"和"在任务环境中绘制草图"命令都可以进行草图的绘制。可以通过"拉伸"、"旋转"等建模命令,利用绘制的草图进行模型的设计。

选择"草图"命令绘制草图时,单击"菜单"→"文件"→"完成草图"或单击"完成草图"按钮 █,可退出草图环境。

选择"在任务环境中绘制草图" 命令绘制草图时,单击"菜单"→"任务"→"完成草图"或单击"完成"按钮 █,可退出草图环境。

对草图还可进行编辑、删除、复制与粘贴等操作。

2.2　创建草图对象

建立草图平面后,可以在草图平面上创建草图对象。草图对象一般指草图中的曲线和点。

创建草图对象有两种方法：

（1）将绘图区已经存在的曲线或点添加到草图中。

（2）直接利用"曲线"命令绘制草图（常用方法）。

下面介绍以"在任务环境中绘制草图"方式创建草图对象的命令。

2.2.1　绘制点

单击"菜单"→"插入"→"基准/点"→"点"或在"主页"选项卡的"曲线"面板中单击"点"按钮 ＋，弹出"草图点"对话框，如图 2-7 所示。

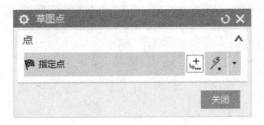

图 2-7　"草图点"对话框

在"指定点"选项中通过默认的"自动判断的点"或者在下拉列表中选择一种方式，可以创建对应的点。单击"草图点"对话框中"指定点"栏的点对话框按钮 ，弹出"点"对话框，如图 2-8（a）所示。

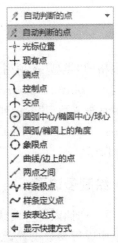

（a）"点"对话框　　　　　　　（b）"类型"下拉列表

图 2-8　"点"对话框和"类型"下拉列表

通过"点"对话框的"输出坐标"面板，输入对应的 X、Y 坐标值（这里的 Z 坐标值无意义，始终默认为 0），单击"确定"按钮，可通过坐标方式绘制一个新的点。也可以通过"类型"选项下拉列表（见图 2-8（b)）选择一种方式，创建对应的点。"类型"下拉列表中提供的创建点的方式有很多,常用的有以下几种。

(1) 现有点:在现有单个点的位置创建一个与原来的点重合的点。

(2) 控制点:在曲线控制点上创建一个点(曲线端点、中点、圆心点等)。

(3) 交点:在两条曲线的交点处创建一个点。

(4) 圆弧/椭圆上的角度:在圆、圆弧、椭圆的某一个角度上创建一个点,选择该选项后,需在面板中增加的"角度"文本框中输入角度值。

(5) 按表达式:按参数化建模中点的表达式创建点。

下面以按表达式创建点为例介绍创建点的方法。

单击"菜单"→"工具"→"表达式",弹出"表达式"对话框,如图 2-9 所示。

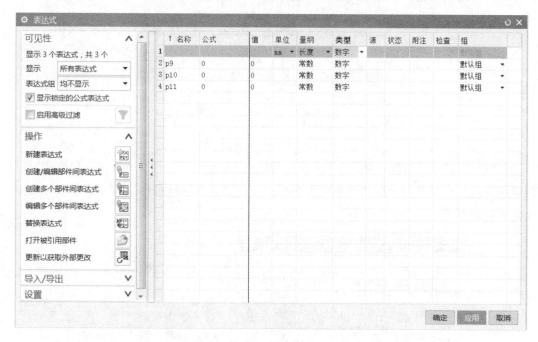

图 2-9 "表达式"对话框

在右边表格的"类型"选项列中选择"点",在"名称"栏中输入名称如"p8",在"公式"栏中输入点的坐标值 Point(100,100,0),单击"确定"按钮,就定义了 p8 点的表达式。

在"点"对话框"类型"下拉列表框中选择"按表达式"方式创建点时,在"选择表达式"列表框中点选"p8 Point(100,100,0)",单击"确定"按钮,即可在草图中创建坐标为(100,100,0)的点,如图 2-10 所示。

2.2.2 绘制多边形

单击"菜单"→"插入"→"曲线"→"多边形",弹出"多边形"对话框,如图 2-11 所示。可以在该对话框中进行参数设置,创建具有指定边数的多边形。

在"中心-点"面板的"指定点"栏中点击"点对话框"按钮 ，创建一个点作为多边形中心位置点,或者光标放到绘图区适当的位置上,直接单击鼠标左键,以"自动判断的点"方式创建一个点作为多边形中心位置点。中心点位置指定后,光标将动态显示"多边形"对话框中"大小"面板内设置的半径值与旋转角度值。

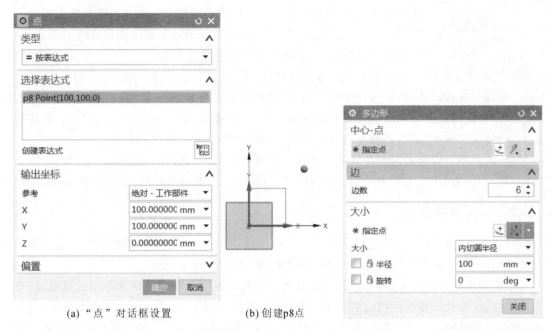

(a)"点"对话框设置　(b) 创建p8点

图 2-10　按表达式创建点　　　　图 2-11　"多边形"对话框

在"边"面板的"边数"文本框中输入多边形的边数（边数≥3）。

在"大小"面板下的"大小"选项下拉列表中可选择"内切圆半径"、"外接圆半径"或"边长"三种方式来指定多边形的大小。

内切圆半径：旋转角度值是中心点到多边形任一边的垂线与 X 轴的正向夹角。

外接圆半径：旋转角度值是中心点到多边形任一定点的连线与 X 轴的正向夹角。

以不同方式创建的多边形如图 2-12 所示。

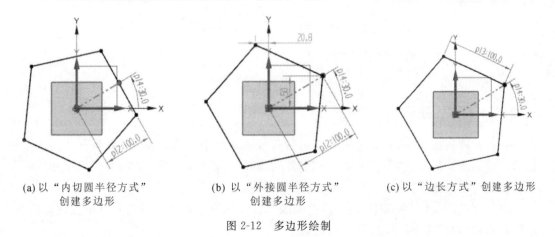

(a)以"内切圆半径方式"　　(b) 以"外接圆半径方式"　　(c)以"边长方式"创建多边形
　　创建多边形　　　　　　　　创建多边形

图 2-12　多边形绘制

2.2.3　其他曲线命令

单击"菜单"→"插入"→"曲线"，可以打开曲线命令菜单，选择其他曲线命令等，进行曲线绘制。

利用"直线"命令绘制直线时，输入模式有两种：坐标模式（默认的）、参数模式。

以坐标模式绘制直线时，在动态坐标框中输入 XC 与 YC 坐标值（按住 Tab 键进行切

图 2-13　动态对话框

换)，如图 2-13 所示。按 Enter 键进行确定点的输入。也可按照提示栏提示，在绘图区内适当的位置直接单击鼠标左键来确定直线的端点，从而绘制直线(该方法草图绘制中也经常应用)。

参数模式是极坐标模式，角度以 XC 轴正向为起点，逆时针为正。

"轮廓"、"圆弧"、"圆"以及"矩形"命令的输入模式均有坐标模式(默认的)、参数模式。"轮廓"命令是以线串模式创建一系列连接的直线和/或圆弧，上一条曲线终点为下一条曲线起点。通过在"轮廓"工具条中点选对象类型(直线或圆弧)来绘制对应曲线。

单击"菜单"→"插入"→"曲线"，可以打开曲线命令菜单，选择其他曲线命令(如"直线"、"圆角"、"倒斜角"、"艺术样条"、"拟合曲线"、"椭圆"、"二次曲线"命令)，进行曲线绘制。

2.2.4　镜像曲线

可以通过"镜像曲线"功能对曲线链进行对称复制。单击"菜单"→"插入"→"来自曲线集的曲线"→"镜像曲线"，弹出"镜像曲线"对话框，如图 2-14(a)所示。

按照操作界面左下方提示栏提示"选择要镜像的曲线"，点选需要镜像的曲线或通过"点对话框"按钮选择需要镜像的点，选择后按鼠标中键或直接单击"选择中心线"命令条，切换到(激活)"选择中心线"工具条，按照提示栏提示"选择中心线"，点选某一直线或基准轴为镜像中心线，单击"确定"按钮，完成曲线的镜像操作，如图 2-14(b)所示。

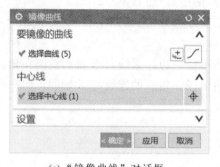

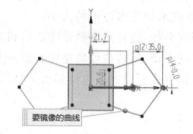

(a) "镜像曲线"对话框　　　　　　　　　(b) 镜像曲线操作

图 2-14　镜像曲线绘制

2.2.5　阵列曲线

可通过"阵列曲线"功能对草图曲线进行有规律的多重复制。单击"菜单"→"插入"→"来自曲线集的曲线"→"阵列曲线"，弹出"阵列曲线"对话框，如图 2-15(a)所示。"布局"下拉列表提供了"线性"、"圆形"、"常规"三种阵列方式。

在"要阵列的曲线"面板中点选"选择曲线"(已默认激活)，选取要进行阵列复制的曲线或通过"点对话框"按钮选择需要阵列的点。

在"阵列定义"面板的"布局"下拉列表框中选择阵列的方式并确定阵列参数。以绘制的一个内切圆半径为 10 mm 的五边形为例，创建五边形的线性阵列。在"布局"下拉列表中选择"线性"，在选择组的过滤器中选择"单条曲线"，选择五边形的五条边作为要阵列的曲线。激活"阵列定义"面板中"方向 1"区域中的"选择线性对象"按钮，点选 X 轴，并通过"反向"按钮调整方向，选择 X 轴正向为指定方向 1。若不勾选"使用方向 2"，则直接按方向 1 进行单一方向阵列布局。

　　方向 1 与方向 2 可以是坐标轴方向也可以是平面内任何两个方向。此处线性对象分别选择 X 轴和 Y 轴。所创建的线性阵列如图 2-15(b)所示。

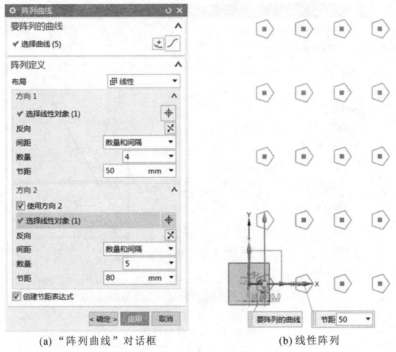

(a)"阵列曲线"对话框　　　　　　　　(b)线性阵列

图 2-15　线性阵列操作

　　单击"确定"或"应用"按钮完成线性阵列操作。

　　如在"布局"下拉列表中选择"圆形"选项,通过"指定点"栏的"点对话框"按钮来设置或创建圆形阵列的中心点,利用方向按钮来控制复制方向为顺时针还是逆时针。在"角度方向"区域中设置复制的数量以及尺寸。如指定点为(30,30,0),参数设置如图 2-16(a)所示。单击"确定"或"应用"按钮,完成圆形阵列操作,如图 2-16(b)所示。

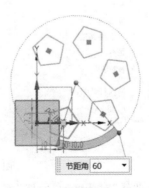

(a)圆形阵列参数设置　　　　　　　　(b)圆形阵列

图 2-16　圆形阵列操作

利用"阵列曲线"对话框"布局"下拉列表中的"常规"选项,还可以采用其他形式阵列图形,如图 2-17 所示。

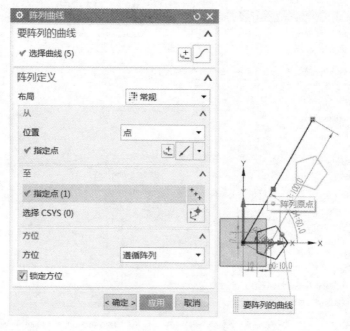

图 2-17　常规阵列操作

2.2.6　偏置曲线

利用"偏置曲线"功能可按一定方式偏置位于草图平面上的曲线链。单击"菜单"→"插入"→"来自曲线集的曲线"→"偏置曲线",弹出"偏置曲线"对话框,如图 2-18 所示。

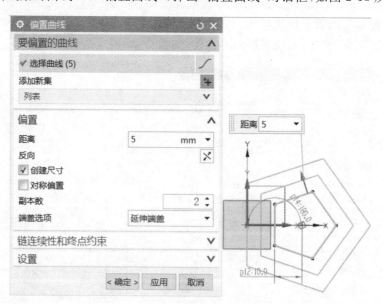

图 2-18　偏置曲线操作

在"偏置曲线"对话框的"偏置"面板中勾选"对称偏置"时,将向两个方向同时偏置相同数量的副本。"反向"按钮用于调整偏置的方向,偏置方向不符合设计意图时可单击反向按钮。"端盖选项"下拉列表中有两个选项：延伸端盖、圆弧帽形体。

　　选中要偏置曲线，在"偏置曲线"对话框"偏置"面板的"距离"文本框中输入"5"，"副本数"文本框中输入"2"，如图 2-18 所示。

　　单击"确定"按钮完成偏置操作，如图 2-19 所示。

　　在"偏置曲线"对话框取消勾选"创建尺寸"并在"端盖选项"下拉列表中选择"圆弧帽形体"时，创建的偏置图形如图 2-20 所示。

　　在"偏置曲线"对话框中，在"副本数"文本框输入 1，勾选"对称偏置"复选框并在"端盖选项"下拉列表中选择"圆弧帽形体"，获得偏置曲线如图 2-21 所示。

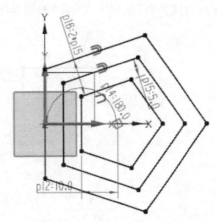

图 2-19　单侧偏置（副本数为 2）

　　"二次曲线"、"派生直线"以及"优化 2D 曲线"相关操作简单，在此不做介绍。"相交曲线"、"投影曲线"、"添加现有曲线"以及"交点"等命令在此也不做介绍。

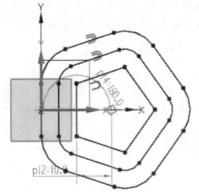

图 2-20　"圆弧帽形体"偏置示例

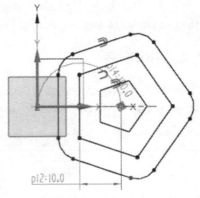

图 2-21　"圆弧帽形体"对称偏置示例（副本数为 1）

2.3　编辑曲线对象

2.3.1　快速修剪与快速延伸

　　"快速修剪"功能用于将绘制的曲线按边界修剪至最近的交点或选定的边界，从而很方便地把不需要的曲线擦除。单击"菜单"→"编辑"→"曲线"→"快速修剪"，弹出"快速修剪"对话框，如图 2-22 所示。

　　默认激活"要修剪的曲线"，直接点选要去掉的曲线部分即可。也可先激活"边界曲线"面板中的

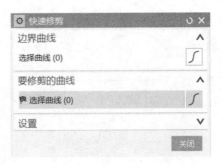

图 2-22　"快速修剪"对话框

"选择曲线"按钮,点选边界曲线后再选择要修剪的曲线,可快速地修剪掉连续的多段曲线。完成曲线修剪后,单击"关闭"按钮退出命令。快速修剪方式如图 2-23、图 2-24 所示。

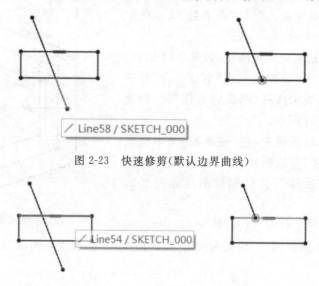

图 2-23　快速修剪(默认边界曲线)

图 2-24　快速修剪(指定边界曲线)

"快速延伸"与"快速修剪"操作一致,该功能用于对绘制的草图曲线按边界进行延伸。

2.3.2　制作拐角

"制作拐角"功能用于延伸或修剪两条曲线以制作拐角。单击"菜单"→"编辑"→"曲线"→"制作拐角",弹出"制作拐角"对话框,如图 2-25 所示。

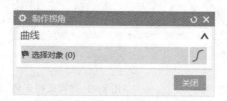

图 2-25　"制作拐角"对话框

按照提示栏提示要求,分别选择两条曲线(两平行直线除外)制作拐角。在拐角制作过程中,被点击选中的线段为保留的制作拐角的线段。制作拐角操作如图 2-26 所示。

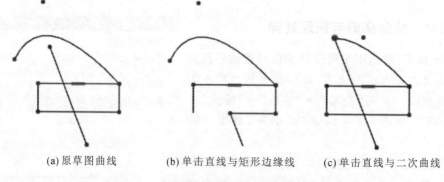

(a)原草图曲线　　　　(b)单击直线与矩形边缘线　　　　(c)单击直线与二次曲线

图 2-26　制作拐角(在两曲线黑点附近点击)

2.3.3 倒斜角与圆角

倒斜角是使相交曲线拐角处生成斜角。单击"主页"选项卡"编辑"组中的"倒斜角"按钮,弹出"倒斜角"对话框,如图 2-27 所示。

勾选"修剪输入曲线"复选框,则倒斜角后原来的直线被修剪,取消勾选则原来的直线保留。倒斜角位置通过"倒斜角位置"面板中"指定点"栏的设置控制。如采用默认设置,选择曲线如图 2-28 所示。当鼠标指定点分别在交点的上、下、左、右时,生成的倒斜角对象,如图 2-29 所示。

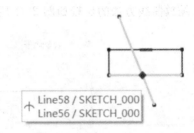

图 2-27 "倒斜角"对话框　　　图 2-28 选择两条交叉曲线为要倒斜角曲线

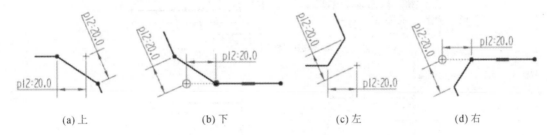

(a)上　　　(b)下　　　(c)左　　　(d)右

图 2-29 指定点位置不同时的倒斜角

"圆角"功能用于在相交的曲线拐角处以一定半径生成圆角。可以在两条或三条曲线之间创建圆角,相交曲线可以是直线或者曲线圆弧。绘制圆角操作类似于倒斜角,在此不做具体介绍。

2.3.4 缩放曲线

利用"缩放曲线"功能可以对一组曲线进行缩放操作,并调整相邻曲线以与其他适应。单击"菜单"→"编辑"→"曲线"→"缩放曲线",弹出"缩放曲线"对话框。

选择要缩放的曲线,然后在对话框中进行参数设置。在"比例"面板的"方法"下拉列表提供了两种缩放方法:动态、尺寸。

动态:通过拖放缩放手柄或者指定距离、比例因子缩放一组曲线。其中比例因子大于 1 时放大曲线,小于 1 时缩小曲线。

尺寸:通过编辑现有尺寸之一来缩放一组曲线。如在"缩放曲线"对话框中指定缩放点为基准坐标系原点,在"缩放"下拉菜单中选择"距离",在"距离"文本框中输入"50",其他项采用默认设置。单击"确定"按钮获得缩放曲线,如图 2-30 所示。

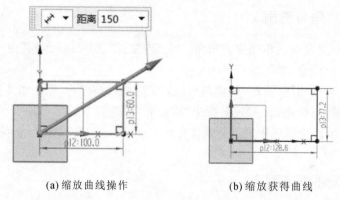

(a) 缩放曲线操作　　　　　　　　　(b) 缩放获得曲线

图 2-30　缩放曲线操作与缩放获得曲线

缩放曲线方法的比较如图 2-31 所示，指定缩放点比较如图 2-32 所示。

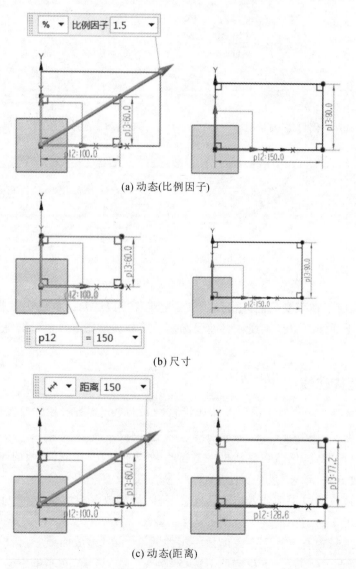

(a) 动态(比例因子)

(b) 尺寸

(c) 动态(距离)

图 2-31　缩放曲线方法比较

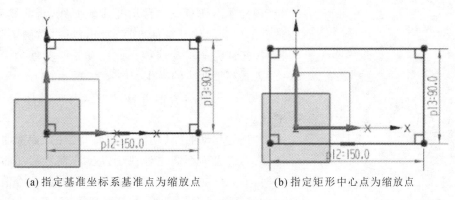

(a) 指定基准坐标系基准点为缩放点　　　　(b) 指定矩形中心点为缩放点

图 2-32　指定缩放点比较

2.3.5　移动曲线

"移动曲线"功能用于按照某一方式移动一组曲线,改变其原来的位置。单击"菜单"→"编辑"→"曲线"→"移动曲线",将弹出"移动曲线"对话框,可进行相应操作。

按照对话框提示,选择要移动的曲线。在"变换"面板"运动"下拉列表中选择移动方式。不同的移动方式选项比较如图 2-33 所示。

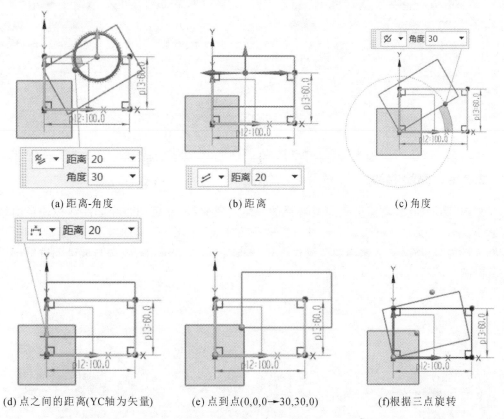

(a) 距离-角度　　　　　　(b) 距离　　　　　　　(c) 角度

(d) 点之间的距离(YC轴为矢量)　　(e) 点到点(0,0,0→30,30,0)　　(f)根据三点旋转

图 2-33　曲线移动方式的比较

"运动"下拉列表中"将轴与矢量对齐"方式是指按绕某一枢轴点转动轴来定义运动,该轴与某一参考矢量平行。"增量 XYZ"是使用相对于绝对或工作坐标系的 X、Y 和 Z 增量值确定变换,此变换是不关联的。在"运动"下拉列表中选择"动态"方式时,可通过"指定方

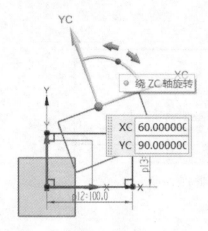

图 2-34　以"动态"方式移动曲线操作

位"操控器沿任意方向移动与旋转曲线,将曲线移动到适合的位置时放开鼠标左键,单击对话框"确定"或"应用"按钮即完成移动曲线。此运动是不关联的。以"动态"方式移动曲线的操作如图 2-34 所示。

图 2-35 所示为偏置移动曲线与缩放曲线功能的对比。

"偏置移动曲线"功能与前面介绍的"偏置曲线"功能类似,二者的不同之处在于:应用"偏置移动曲线"命令时,原来的曲线消失,但应用"偏置曲线"命令时,原来的曲线仍然存在。此外,在某些情况下,采用"偏置移动曲线"功能时不能完全按照原曲线进行偏置移动。如图 2-35(b)中,R10 圆角特征消失了,圆弧间没有圆角过渡。一般情况下优先使用"缩放曲线"功能。

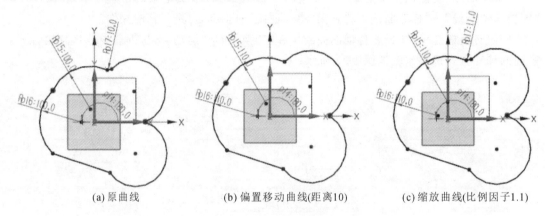

　　(a) 原曲线　　　　　(b) 偏置移动曲线(距离10)　　(c) 缩放曲线(比例因子1.1)

图 2-35　偏置移动曲线与缩放曲线功能对比

2.3.6　删除曲线

采用"删除曲线"功能可删除所选择的一组有效曲线,并可调整相邻曲线以使各曲线相互适应。单击"菜单"→"编辑"→"曲线"→"删除曲线",弹出"删除曲线"对话框,可利用该对话框进行参数设置,完成删除曲线操作。在"删除曲线"对话框中,勾选与取消勾选"修复"复选框时删除曲线的效果对比如图 2-36 所示。

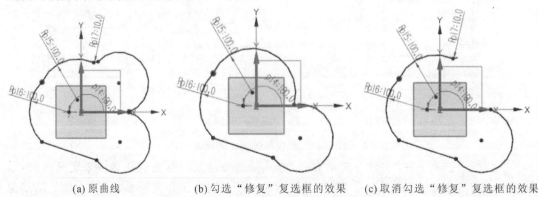

　(a) 原曲线　　　(b) 勾选"修复"复选框的效果　(c) 取消勾选"修复"复选框的效果

图 2-36　勾选与取消勾选"修复"复选框时删除曲线的效果对比

2.3.7　调整曲线尺寸

采用"调整曲线尺寸"功能,可通过改变半径或直径来调整一组曲线的大小,并调整相邻曲线以使其互相适应。

2.3.8　调整倒斜角曲线尺寸

采用"调整倒斜角曲线尺寸"功能可通过更改偏置距离,调整一个或多个同步倒斜角的尺寸。

2.4　草 图 约 束

草图约束分为尺寸约束和几何约束。

2.4.1　尺寸约束

尺寸分为线形尺寸和角度尺寸。利用"尺寸约束"功能可以完成草图元素自身的长、宽、直径、角度、周长等尺寸的确定,也可以实现元素之间水平距离、两相交直线间角度等位置尺寸的确定。在模型环境下,也可以实现草图曲线和其他特征间的尺寸约束。单击"菜单"→"插入"→"尺寸",可调出"快速"、"周长"、"线性"、"径向"和"角度"命令。单击"主页"选项卡"约束"组中"快速尺寸"按钮旁的倒三角号▾,会弹出"快速尺寸"、"周长尺寸"、"线性尺寸"等命令的按钮。

(1) 快速尺寸:基于选定的对象和光标的位置自动判断尺寸的类型来创建尺寸约束。

"快速尺寸"对话框如图 2-37 所示。

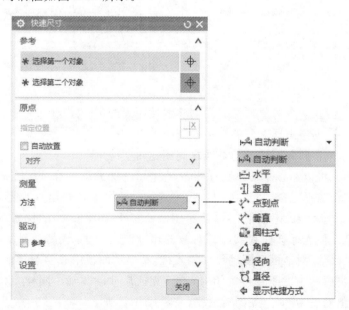

图 2-37　"快速尺寸"对话框

从"快速尺寸"对话框"测量"面板的"方法"下拉列表中选择一种测量方法,一般选择"自动判断"。当选择"自动判断"时,UG NX 软件将根据选择的参考对象和光标放置的位置自动判断需要的尺寸类型,单击鼠标左键确定放置位置,输入数值按 Enter 键即可完成标注;也可在对话框中勾选"自动放置"复选框,选择参考对象,输入尺寸之后按 Enter 键完成标注。在"快速尺寸"对话框的"设置"面板中,可以进行要创建尺寸的相关样式、公差等的设置。

(2) 周长尺寸:创建周长约束以控制选定直线和圆弧的集体长度。约束周长操作如图 2-38 所示。周长尺寸约束效果如图 2-39 所示。

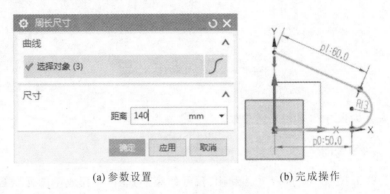

(a) 参数设置　　　　　　　　　　(b) 完成操作

图 2-38　约束周长操作

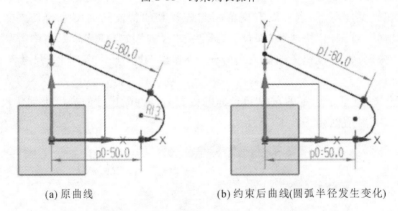

(a) 原曲线　　　　　　　　(b) 约束后曲线(圆弧半径发生变化)

图 2-39　约束周长尺寸

(3) 线性尺寸:在两个对象或点之间创建线性距离约束。

(4) 径向尺寸:创建圆形对象的半径或直径约束。

(5) 角度尺寸:在两条不平行的直线之间创建角度约束。

使用尺寸约束可以动态驱动草图元素的尺寸和位置关系。若对尺寸进行驱动,可以直接在标注线上双击鼠标左键。

如图 2-40(a)所示,绘制完曲线后,若希望圆心位于(30,30,0)的位置,则可通过尺寸驱动的方式来实现。使光标移动到"21.9"对应的尺寸线上,尺寸线高亮显示时连续双击鼠标左键,弹出"线性尺寸"对话框和驱动尺寸输入框,在驱动面板中或动态对话框中将 p15 的值修改为"30",单击鼠标中键或直接关闭对话框,完成尺寸的驱动。同样,双击尺寸"25.4"的尺寸线,将输入值修改为"50",关闭对话框,完成尺寸驱动。

完成尺寸动态驱动后的效果如图 2-40(b)所示。

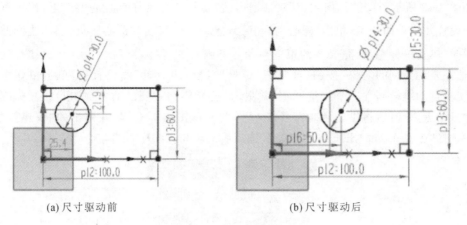

(a) 尺寸驱动前　　　　　　　　　　　(b) 尺寸驱动后

图 2-40　尺寸动态驱动

2.4.2　几何约束

"几何约束"功能用来定义草图对象之间的相互位置关系。将几何约束添加到草图几何图形中,可以指定并保持用于草图几何图形或内部草图几何图形之间的几何条件。单击"菜单"→"插入"→"几何约束",弹出"几何约束"对话框,如图 2-41 所示。"几何约束"对话框的"设置"列表如图 2-42 所示。

图 2-41　"几何约束"对话框　　　　　　图 2-42　几何约束"设置"列表

勾选"设置"栏中的某一约束类型,该约束项就会出现在约束面板中。

　　如图 2-43 所示,打开"几何约束"对话框后,若要使圆心落在直线的中点上,则可以在对话框中设置要启动的约束,单击"重合"按钮 ▱,此时光标移动到圆心附近位置,当圆曲线高亮显示时,单击鼠标左键,完成要约束的对象——圆心的选择,然后在"几何约束"对话框中单击"选择要约束到的对象"按钮(或完成"选择要约束的对象"的设置后,单击鼠标中键确认,系统将自动跳转到下一个带选择项,并激活"选择要约束到的对象"按钮)。光标移动到直线中点附近,延时后将出现延时符号"…"。此时单击鼠标左键,在弹出的"快速拾取"对话框中选择"中点-Line2/SKETCH_000",选择后圆心与直线中点将重合。

(a) "重合"约束中直线中点的选择　　　　　　　　　(b) "重合"几何约束后

图 2-43　使圆心落到直线中点的重合约束

　　也可利用"中点"和"点在曲线上"命令实现圆心和直线中点的重合。在"几何约束"对话框中点选"中点"按钮 ⊢,选择圆心和直线作为要约束的对象,完成约束。再点选"点在曲线上"按钮 ↑,分别点选圆心和直线完成约束。"中点"和"点在曲线上"约束分别如图2-44(a)、(b)所示。

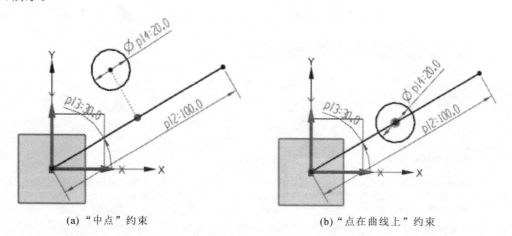

(a) "中点"约束　　　　　　　　　　　　(b) "点在曲线上"约束

图 2-44　"中点"与"点在曲线上"约束

　　又如:约束圆与直线相切,在"约束"选项组中单击"相切"按钮 ◔,分别点选圆曲线与直线作为要约束的对象,完成约束。

　　做相切约束时,需要注意点选位置,如果希望切点位于圆曲线的下部分,则选择圆曲线时要点选曲线的下部分,若点选圆曲线的上部分,则会出现另外一种情况,如图 2-45 所示。

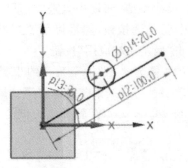
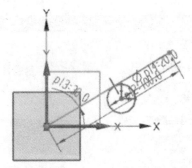

(a) 点选圆曲线下部分时的效果　　　　　(b) 点选圆曲线上部分时的效果

图 2-45　相切约束

2.4.3　约束工具设置

单击"菜单"→"工具"→"约束",弹出"约束"命令下拉菜单,总计有 11 种约束命令,如图 2-46 所示。

在 UG NX 11.0 中,系统默认激活的约束命令有:显示草图约束、显示草图自动尺寸、创建自动判断约束、连续自动标注尺寸。

（1）显示草图约束:设置是否在草图中显示几何约束的符号。激活后自动显示几何约束的符号。显示草图约束示例如图 2-47 所示。

（2）显示草图自动尺寸:显示活动草图的所有自动尺寸,如图 2-47(c)所示。

⚟	显示草图约束（D）
⚟	显示草图自动尺寸（P）
⚟	自动约束（A）...
⚟	自动标注尺寸（U）...
⚟	草图关系浏览器（B）...
⚟	动画演示尺寸（M）...
⚟	转换至/自参考对象（V）...
⚟	备选解（O）...
⚟	自动判断约束和尺寸（I）...
⚟	创建自动判断约束（C）
⚟	连续自动标注尺寸（N）

图 2-46　菜单栏下"约束"命令

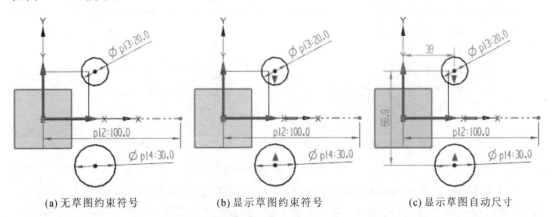

(a) 无草图约束符号　　　　　(b) 显示草图约束符号　　　　　(c) 显示草图自动尺寸

图 2-47　草图约束与草图自动尺寸约束示例

（3）自动约束:用于对草图自动施加几何约束。

将复杂的外部几何图形转换为草图曲线后,应用自动约束命令,就可以很好地给草图曲线创建约束。

（4）自动标注尺寸:自动标注尺寸是指根据设置的规则在曲线上自动创建尺寸。单击"菜单"→"工具"→"约束"→"自动标注尺寸",弹出"自动标注尺寸"对话框,如图 2-48 所示。选择要创建尺寸的曲线,并在"自动标注尺寸规则"列表框中设置自顶向下应用的尺寸规则,

图 2-48　"自动标注尺寸"对话框

并在"尺寸类型"面板中点选"自动"单选按钮或"驱动"单选按钮,然后可预览图形,也可直接单击"确定"或"应用"按钮。

(5) 备选解:当指定某一约束类型时,可能出现多种符合约束条件的结束结果,此时就要用到 UG NX 11.0 软件中提供的"备选解"命令。

单击"菜单"→"工具"→"约束"→"备选解",弹出"备选解"对话框,可左击选择具有相切约束的线性尺寸或几何体,在两个不同效果图形之间切换。

如对图 2-49 中线性尺寸"p17＝15.0"的约束应用"备选解"命令,所得结果将在两个图形间切换,如图 2-49(a)、(b)所示。

(6) 自动判断约束和尺寸:利用该命令可以设置自动判断和应用的约束,由捕捉点识别的约束,以及设置绘制草图时自动判断尺寸的相关选型和规则。

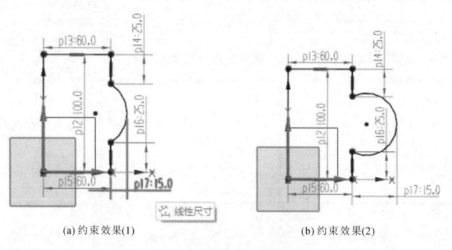

(a) 约束效果(1)　　　　　　　　　　　(b) 约束效果(2)

图 2-49　"备选解"命令应用效果

(7) 转换至/自参考对象:利用此命令可以将草图曲线(或草图尺寸)转换为参考曲线(或尺寸),或从参考曲线(或尺寸)转化为活动曲线(或尺寸)。单击"菜单"→"工具"→"约束"→"转换至/自参考对象",即弹出"转换至/自参考对象"对话框,如图 2-50(a)所示。选择对象时,若对象为参考对象,则在"转化为"面板中勾选"活动曲线或驱动尺寸",若对象为活动对象,则在"转化为"面板中勾选"参考曲线或尺寸",然后单击"确定"或"应用"按钮,完成转化。"转换至/自参考对象"命令应用如图 2-50(b)所示。

注意:参考曲线对实体建模操作如拉伸等不起作用。另外,参考尺寸不能被修改,因此不具备尺寸的动态驱动功能。

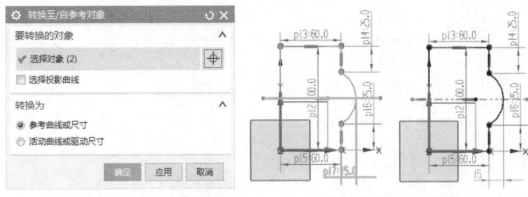

(a)"转换至/自参考对象"对话框　　　　(b)活动曲线或驱动尺寸转化操作

图 2-50　"转换至/自参考对象"命令应用

(8)动画演示尺寸:利用该命令可在指定的范围内变换给出的尺寸,并动态显示或动画显示其对草图的影响,查看草图中某些尺寸在指定的范围内变化时草图随之变化的情况。也可以利用此命令实现一个简单易操作的运动仿真。

单击"菜单"→"工具"→"约束"→"动画演示尺寸",弹出"动画演示尺寸"对话框。打开对话框时,草图尺寸将显示在对话框中,可对某个尺寸进行设置,输入对应参数,可观察运动情况。如对于图 2-51 所示的活塞连杆结构,在"动画演示尺寸"对话框中,点选"p13=45",设置"下限"值为 0,"上限"值为 360,"步数/循环"值为 20,单击"确定"或"应用"按钮,此时会弹出"动画"对话框,可查看机构运动情况(见图 2-51(b))。在"动画"对话框中单击"停止"按钮,则结束动画演示。勾选"显示尺寸"复选框,在演示过程中将实时动态显示角度尺寸的大小,如图 2-52 所示。

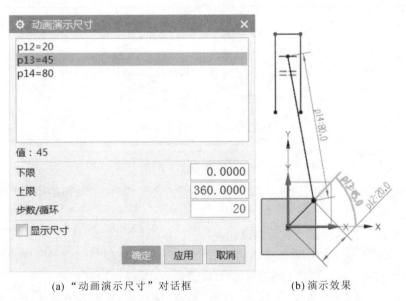

(a)"动画演示尺寸"对话框　　　(b)演示效果

图 2-51　"动画演示尺寸"操作

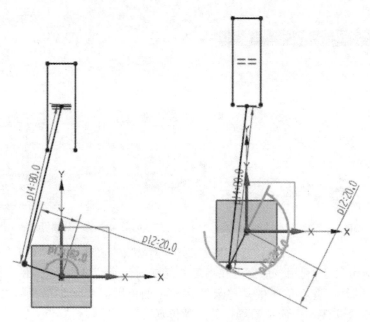

图 2-52　勾选"显示尺寸"复选框效果

【综合案例】

案例 2-1：草图设计 1

本案例的草图如图 2-53 所示。

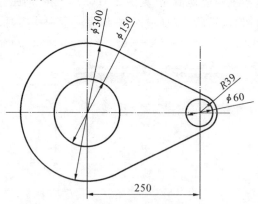

图 2-53　案例 2-1 草图

本案例主要应用了"圆"、"直线"、"快速尺寸"、"快速修剪"、"几何约束"等命令，设计过程如下。

（1）将绘图区背景颜色设置为白色。

在 UG NX 11.0 主操作界面菜单栏单击"文件"→"首选项"→"背景"，弹出"编辑背景"对话框，如图 2-54 所示。可以设置图形窗口背景特性，如颜色和渐变效果。

点选"纯色"，单击"普通颜色"按钮，弹出"颜色"选择框，在颜色选择框中选择白色。单击"确定"按钮，完成背景设置。

（2）取消草图工具的"连续自动标注尺寸"。

在"直接草图"工具栏中单击"更多"按钮或者点击"更多"按钮下方的倒三角号，出现功能栏,如图 2-55 所示。左键单击"连续自动标注尺寸",取消当前激活的状态,绘制图形时将不再出现"连续自动标注尺寸",从而使草图整洁,看图时感觉更舒适。

图 2-54　"编辑背景"对话框

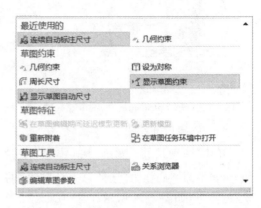

图 2-55　功能栏

（3）创建草图。

单击"草图"按钮 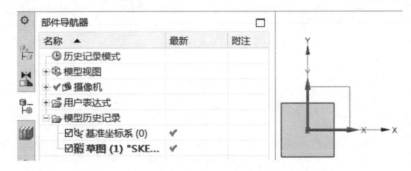,弹出"创建草图"对话框,利用对话框创建默认"X-Y"草图,单击"确定"按钮,完成草图创建。

（4）隐藏基准坐标系。

默认草图平面为 XY 平面。在部件导航器中将显示对应的模型历史记录,如图 2-56 所示。在部件导航器中取消勾选"基准坐标系",隐藏掉基准坐标系。

图 2-56　部件导航器

（5）绘制 $\phi150$ mm 和 $\phi300$ mm 圆。

单击"直接草图"工具栏中的"圆"按钮,通过"圆心和直径定圆"方式,单击左键将坐标系原点设置为圆的中心点。将直径值设置为 150,按回车键,关闭圆命令条,完成 $\phi150$ mm 圆的绘制。用同样的方法,完成 $\phi300$ mm 圆的绘制。所绘制圆曲线如图 2-57 所示。

（6）绘制 $\phi60$ mm 圆。

单击"直接草图"工具栏中的"圆"按钮,通过"圆心和直径定圆"方式,移动鼠标,当自动捕捉到水平坐标轴即 X 轴时,单击左键,在 X 轴上选择一点作为圆的中心点。将直径值设置为 60,按 Enter 键,关闭"圆"命令条,完成 $\phi60$ mm 圆的绘制,如图 2-58 所示。

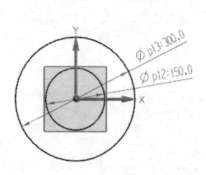

图 2-57　绘制 φ150 mm 和 φ300 mm 圆

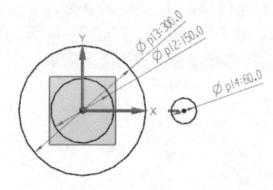

图 2-58　绘制 φ60 mm 圆

（7）创建尺寸约束。

单击"快速尺寸"按钮，弹出"快速尺寸"对话框。根据"参考"面板的提示点选 φ60 mm小圆圆心作为"选择第一个对象"的参考，点选基准坐标系原点作为"选择第二个对象"的参考，如图 2-59 所示。

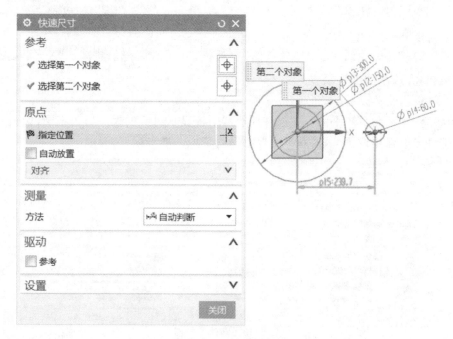

图 2-59　快速尺寸操作

移动鼠标，拖动尺寸线到适合的位置，单击左键，输入值"250"，按 Enter 键，完成尺寸约束，如图 2-60 所示。

（8）绘制 φ78 圆。

利用"圆"命令，完成 φ78 mm 圆的绘制。

（9）绘制直线。

单击"直接草图"工具栏中的"直线"按钮，默认坐标模式，避开自动捕捉的虚线，按照提示分别在适合位置单击，确定直线的端点坐标，绘制直线，如图 2-61 所示。

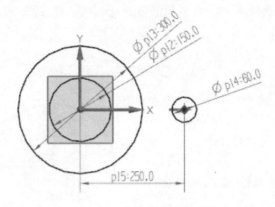

图 2-60　完成尺寸约束后

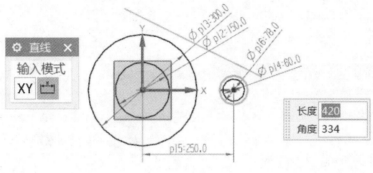

图 2-61　绘制直线

（10）创建约束操作。

在"直接草图"工具栏中单击"更多"按钮 ，或者单击该按钮下方的倒三角号，弹出"几何约束"对话框，在"约束"面板中点选"相切"图标。

按照提示栏要求，选择要约束的对象，分别选择直线和 ϕ300 mm 的圆作为要约束的几何体，完成直线和 ϕ300 mm 圆的相切约束。选择时，确定第一个约束对象后，需要单击鼠标中键进行确认，或者再用鼠标左键单击对话框中"选择要约束到的对象"项，当浅黄色覆盖"选择要约束到的对象"时，表示以后续点选的几何体为当前的对象。同样点选直线和 ϕ78 mm圆，完成直线和圆的相切约束，如图 2-62 所示。

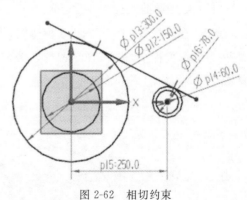

图 2-62　相切约束

（11）修剪操作。

单击"直接草图"工具栏"编辑曲线"组中的"快速修剪"按钮 ，弹出"快速修剪"对话框，按照提示栏提示，分别选择直线多余部分为要修剪的曲线，完成修剪。"编辑曲线"组如图 2-63 所示。修剪后的曲线如图 2-64 所示。

（12）曲线镜像。

单击"直接草图"工具栏右侧的倒三角号，显示"镜像"按钮 。按照提示栏提示，选择直线为要镜像的曲线,选择 X 轴作为镜像的中心线,单击"确定"按钮,完成直线镜像。镜像操作如图 2-65 所示。

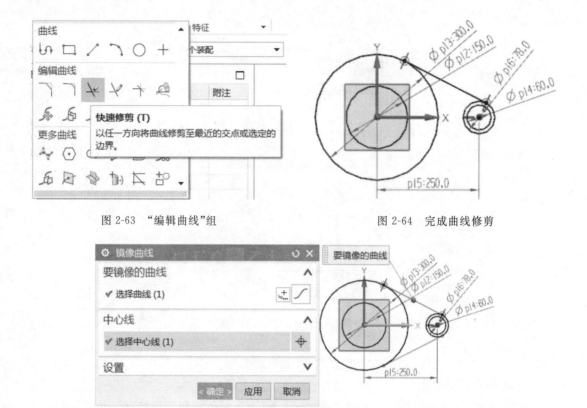

图 2-63　"编辑曲线"组　　　　　　　　　　　图 2-64　完成曲线修剪

图 2-65　镜像操作

(13) 修剪圆曲线。

单击"直接草图"工具栏中"编辑曲线"组中的"快速修剪"按钮 ，弹出"快速修剪"对话框,按照提示栏提示,选择 φ300 mm 圆和 φ78 mm 圆作为要修剪的曲线,完成修剪。完成修剪并已完全约束的草图如图 2-66 所示。单击"完成草图"按钮 ，结束草图设计。

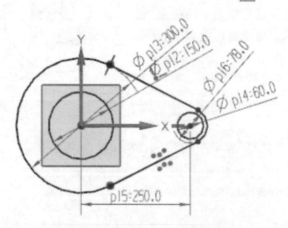

图 2-66　完成修剪并完全约束的草图

案例 2-2：草图设计 2

本案例的草图如图 2-67 所示。

本案例在设计中主要需应用"圆"、"矩形"、"直线"、"快速尺寸"、"快速修剪"、"编辑对象显示"、"圆角"、"阵列曲线"、"几何约束"等命令。注意"阵列曲线"命令和"编辑对象显示"命令的应用。

本案例的设计过程此处略，具体请参见本章配套资源"素材"文件夹内"1.4 发动机草图综合案例 2"子文件夹中的"草图设计综合案例 2.prt"文件。

案例 2-3：草图设计 3

本案例草图及立体图如图 2-68 所示。

本案例在设计中主要需应用"圆"、"矩形"、"直线"、"镜像曲线"、"几何约束"等命令。注意镜像曲线命令的应用。

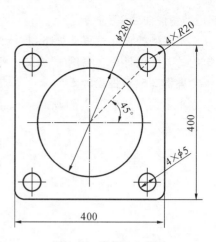

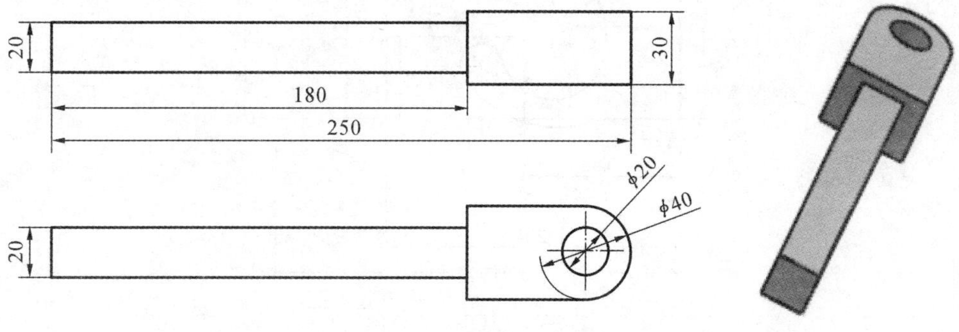

图 2-67　案例 2-2 草图

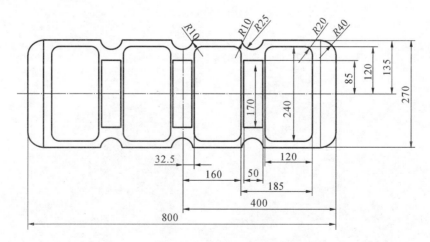

图 2-68　案例 2-3 草图

本案例的设计过程此处略，具体请参见本章配套资源"素材"文件夹内"沙发床里边的一草图综合设计案例 3"子文件夹中的"草图设计综合案例 3.prt"文件。

案例 2-4：草图设计 4

本案例 2-4 草图如图 2-69 所示。

图 2-69　案例 2-4 草图

本案例在设计过程中主要需应用"矩形"、"阵列曲线"、"圆角"、"直线"、"圆"、"快速修剪"、"镜像曲线"等命令。

　　本案例的设计过程此处略,具体设计过程请参见本章配套资源"素材"文件夹内"直列四矩中的草图设计综合案例 4"子文件夹中的文件"草图设计综合案例 4.prt"。

　　案例 2-5:草图设计 5

　　本案例草图如图 2-70 所示。

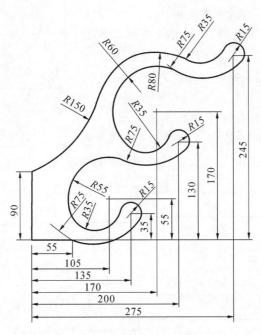

图 2-70　案例 2-5 草图

　　本案例在设计过程中主要需应用"圆"、"直线"、"轮廓"、"快速尺寸"、"快速修剪"等命令。注意"轮廓"命令的应用。

　　本例的设计过程此处略,具体设计过程请参见本章配套资源"素材"文件夹内"草图综合设计案例 5"子文件夹中的文件"草图设计综合案例 5.prt"。

第3章 实体建模

本章主要介绍 UG NX 11.0 的三维实体建模功能。三维实体建模是 UG 的核心功能，UG 正是以优秀的实体建模能力而著称。UG NX 11.0 提供了强大的特征建模功能，并能够实现特征参数的编辑和控制，通过这些可以高效创建产品模型。

3.1 基本体素

体素特征是组成零件的基本单元。长方体、圆柱体、圆锥体和球体四个基本体素特征常常作为零件模型的第一个特征使用，然后在基础特征之上通过添加新的特征以得到所需的模型，因此体素特征对零件的设计而言是最基本的特征。

3.1.1 长方体

在"主页"选项卡的"特征"组中选择"长方体"按钮 ，弹出如图 3-1 所示的"长方体"对话框。

在"长方体"对话框的"类型"下拉列表中一共有三个类型选项，分别为"原点和边长"、"两点和高度"和"两个对角点"，每一种类型所对应的参数设置是不同的，下面分别对其进行介绍。

1. 原点和边长

在"类型"下拉列表中选择"原点和边长"选项，如图 3-1 所示，定义长方体的原点（即长方体的一个顶点），定义长方体的"长度"、"宽度"、"高度"参数，单击"确定"按钮，可完成长方体的创建。

2. 两点和高度

在"类型"下拉列表中选择"两点和高度"选项，如图 3-2 所示，分别利用"原点"面板和"从原点出发的点 XC，YC"面板中设置底面的两个对角点（点 1 和点 2），并设置"高度"参数，单击"确定"按钮，完成长方体的创建。

3. 两个对角点

在"类型"下拉列表中选择"两个对角点"选项，如图 3-3 所示，分别利用"原点"面板和"从原点出发的点 XC，YC，ZC"面板设置两个对角点（点 1 和点 2），单击"确定"按钮，完成长方体的创建。

图 3-1 "长方体"对话框(1)

图 3-2　"长方体"对话框(2)　　　　　　　　图 3-3　"长方体"对话框(3)

3.1.2　圆柱

在"主页"选项卡的"特征"组中选择"圆柱"按钮 ,弹出图 3-4 所示的 "圆柱"对话框。在该对话框的"类型"下拉列表中一共有两个类型选项,分别为"轴、直径和高度"和"圆弧和高度",每一种类型对应的参数设置是不同的,下面分别对其进行介绍。

1. 轴、直径和高度

在"类型"下拉列表中选择"轴、直径和高度"选项,如图 3-4 所示。利用"轴"面板分别指定矢量和点;在"尺寸"面板中设置"直径"和"高度"参数;在"布尔"面板中设置"布尔"操作;设置创建的圆柱的关联性,即勾选"关联轴"。最后单击"确定"按钮,完成圆柱体的创建。

2. 圆弧和高度

在"类型"下拉列表中选择"圆弧和高度"选项,如图 3-5 所示。在"圆弧"面板中单击"选择圆弧(1)",选择模型中的圆弧;在"尺寸"面板中设置高度;在"布尔"面板中设置"布尔"操作。最后单击"确定"按钮,完成圆柱体的创建。

图 3-4　"圆柱"对话框(1)　　　　　　　　图 3-5　"圆柱"对话框(2)

3.1.3　圆锥

在"主页"选项卡的"特征"组中选择"圆锥"按钮 🔺，弹出图 3-6 所示的"圆锥"对话框。在该对话框的"类型"下拉列表框中一共有五个类型选项，下面分别对其中常用的三种类型进行介绍。

1. 直径和高度

在"类型"下拉列表中选择"直径和高度"选项，如图 3-6 所示。利用"轴"面板分别指定矢量和点；在"尺寸"面板中设置"底部直径"、"顶部直径"和"高度"参数；在"布尔"面板中设置"布尔"运算操作。最后单击"确定"按钮，完成圆锥的创建。

2. 直径和半角

在"类型"下拉列表中选择"直径和半角"选项，如图 3-7 所示。利用"轴"面板分别指定矢量和点，在"尺寸"面板中设置"底部直径"、"顶部直径"和"半角"参数，在"布尔"面板中设置"布尔"运算操作。最后单击"确定"按钮，完成圆锥的创建。

图 3-6　"圆锥"对话框（1）

图 3-7　"圆锥"对话框（2）

3. 底部直径、高度和半角

在"类型"下拉列表中选择"底部直径、高度和半角"选项，如图 3-8 所示。利用"轴"面板分别指定矢量和点；在"尺寸"面板中设置"底部直径"、"高度"和"半角"参数；在"布尔"面板中设置"布尔"运算操作。最后单击"确定"按钮，完成圆锥的创建。

3.1.4　球

在"主页"选项卡的"特征"组中选择"球"按钮 ⚪，弹出图 3-9 所示的"球"对话框。在该

图 3-8　"圆锥"对话框(3)

对话框的"类型"下拉列表中一共有"中心点和直径"和"圆弧"两个类型选项,下面分别对其进行介绍。

1. 中心点和直径

在"类型"下拉列表中选择"中心点和直径"选项,如图 3-9 所示。利用"中心-点"面板指定点,确定球心的位置;在"尺寸"面板中设置球的直径参数;在"布尔"面板中设置"布尔"运算操作。单击"确定"按钮,完成球的创建。

2. 圆弧

在"类型"下拉列表中选择"圆弧"选项,如图 3-10 所示。按提示栏中的提示选择圆弧电线,再设置"布尔"运算操作后,单击"确定"按钮,完成球的创建。

图 3-9　"球"对话框(1)　　　　　　　　　　图 3-10　"球"对话框(2)

3.2　设　计　特　征

设计特征命令是零件建模中最常用的命令,包括"拉伸"、"旋转"等命令。

3.2.1　拉伸

拉伸特征是将截面沿着垂直于草图平面的方向拉伸而形成的特征。拉伸是最常用的零件建模方法。

在"主页"选项卡的"特征"组中选择"拉伸"按钮 ,弹出图 3-11 所示的"拉伸"对话框。

在"拉伸"对话框里面主要有七个面板,分别为"截面线"、"方向"、"限制"、"布尔"、"拔模"、"偏置"、"设置",下面将分别对其进行介绍。

1)"截面线"面板

"截面线"面板用来选择拉伸截面曲线。在此面板中单击"选择曲线"按钮 ,再在模型中选择截面曲线即可。也可以单击"绘制截面"按钮 ,创建一个新的拉伸特征的截面草图。

2)"方向"面板

"方向"面板用来指定拉伸的方向。可单击对话框中的按钮 ,从弹出的下列列表中选取相应的方式,指定矢量方向。或者单击按钮 ,打开"矢量构造器"对话框来指定矢量。

3)"限制"面板

"限制"面板用来设置拉伸的起始点和终止点。在该栏中"开始"和"结束"下拉列表内选择用值或其他方式判断,然后在其对应的"距离"文本框中输入限制值即可。

图 3-11　"拉伸"对话框(1)

4)"布尔"面板

"布尔"面板用来设置创建的体和模型中已有体的布尔运算操作,共有"无"、"合并"、"减去"、"求交"和"自动判断"五个选项,可根据需要选取。

5)"拔模"面板

"拔模"面板用来控制拉伸时的拔模角。角度大于 0°时,沿拉伸方向向内拔模;角度小于 0°时,沿拉伸方向向外拔模。系统提供的拔模方式有多种,下面介绍其中最常用的三种。

(1)无:表示在拉伸时没有拔模角。系统默认设置为"无"。

(2)从起始限制:表示对每个拉伸面设置相同的拔模角。选择该方式时系统会给出"角度"文本框,用于设置拔模角度。采用"从起始限制"方式拔模的效果如图 3-12 所示。

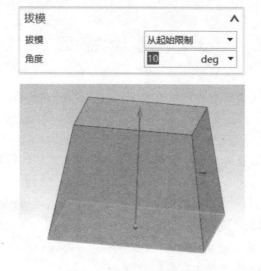

图 3-12　"从起始限制"拔模

（3）从截面：表示对每个拉伸面设置不同的拔模角。选择该方式时需设置"角度选项"。角度选项有两种类型，分别为"单个"和"多个"，可以设置相同或不同的拔模角度。采用"从截面"方式拔模的效果如图 3-13 所示。

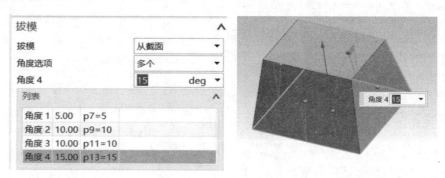

图 3-13　"从截面"拔模

6）"偏置"面板

"偏置"面板用于设置先对截面曲线进行偏置，然后再进行拉伸。通过设定起始值与结束值，可以创建拉伸薄壁类型特征，起始值与结束值之差的绝对值为薄壁的厚度，如图 3-14 所示。

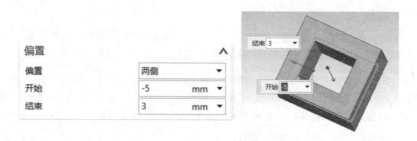

图 3-14　"两侧"偏置

7）"设置"面板

"设置"面板用来控制拉伸体类型。拉伸体类型有实体和片体两种。实体和片体拉伸效果如图 3-15 所示。

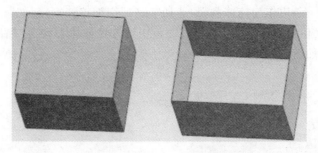

图 3-15　实体和片体拉伸效果

【基础操作案例】

案例 3-1：拉伸操作

（1）启动 UG NX 11.0，打开本章配套资源"素材"文件夹中的源文件"3-2-1 拉伸.prt"，如图 3-16 所示。

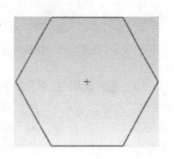

（2）在"主页"选项卡的"特征"组中选择"拉伸"按钮 ，打开"拉伸"对话框。选择源文件中的二维草图作为要拉伸的截面曲线，指定"ZC"方向为拉伸矢量，在"限制"面板中设置开始和结束方式及距离值，如图 3-17 所示。

图 3-16　源文件"3-2-1 拉伸.prt"

（3）在"拔模"面板中，设置拔模方式为"从起始限制"，角度设置为 10°。单击"确定"按钮，创建拉伸实体，如图 3-18 所示。

图 3-17　"拉伸"对话框

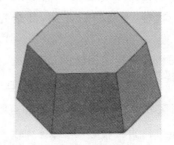

图 3-18　拉伸实体

（4）再次调用"拉伸"命令，在"选择条"工具栏的"曲线规则"下拉列表中选择"单条曲线"，选择多边形的一条边作为拉伸截面，选择"法向"作为拉伸方向，如图 3-19 所示。在"限制"面板中将"结束"值设置为 40，在"设置"面板中设置拉伸体类型为"片体"，单击"确定"按钮，创建拉伸片体，如图 3-20 所示。

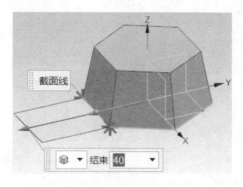

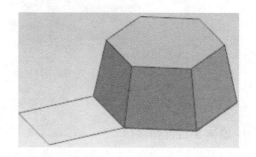

图 3-19　拉伸矢量   图 3-20　拉伸片体

（5）再次调用"拉伸"命令，在选择过滤器中选择"面的边"，选择拉伸实体的上表面为拉伸截面，选择"－ZC"作为拉伸方向，在"限制"面板中将"结束"值设置为 15，在"布尔"面板中得"布尔"运算操作设置为"减去"，在"偏置"面板中将"偏置"方式设置为"对称"，"结束"值设置为 5，如图 3-21 所示。单击"确定"按钮，创建拉伸减去的实体，如图 3-22 所示。

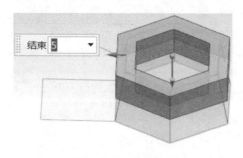

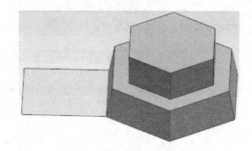

图 3-21　拉伸"偏置"   图 3-22　拉伸减去实体

3.2.2　旋转特征

"旋转"命令用于指定截面沿着一定的轴线进行旋转，从而获得回转体或者曲面。

在"主页"工具条的"特征"组中选择"旋转"按钮 ，弹出图 3-23 所示的"旋转"对话框。在"旋转"对话框中主要有六个面板，分别为"截面线"、"轴"、"限制"、"布尔"、"偏置"、"设置"。下面对"轴"面板进行介绍，其余几个面板同"拉伸"对话框中操作方法一样，此处不赘述。

"轴"面板用来指定回转的旋转轴。在"旋转"对话框"轴"面板中，单击"指定矢量"按钮 可以选择一个合适的矢量，也可以通过矢量构造器 来指定矢量。单击"指定点"按钮 ，在绘图区域中选择一点。矢量和点都指定完后，系统会自动生成以指定点为旋转中心，以指定矢量方向为旋转方向的旋转轴。

图 3-23　"旋转"对话框

【基础操作案例】

案例 3-2：旋转操作

（1）启动 UG NX 11.0，打开本章配套资源"旋转素材"文件夹中的源文件"3-2-2 旋转.prt"，如图 3-24 所示。

（2）在"主页"选项卡的"特征"组中选择"旋转"按钮，打开"旋转"对话框，如图 3-25 所示。选择源文件中的二维草图作为要旋转的截面曲线，指定"YC"轴为旋转轴，在"限制"面板中设置"开始"角度为 0°，"结束"角度为 180°；将"偏置"方式设置为"两侧"，"开始"参数设置为 -3，"结束"参数设置为 5，如图 3-26 所示。点击"确定"按钮，创建旋转实体，旋转效果如图 3-27 所示。

读者可尝试将旋转角度设置为 0°~360°，选择"偏置"为"无"，查看生成旋转实体效果。

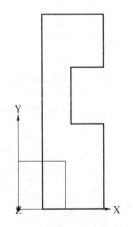

图 3-24　源文件"3-2-2 旋转.prt"

图 3-25　"旋转"对话框

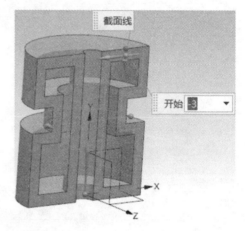

图 3-26　旋转截面和参数

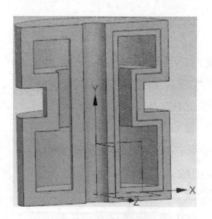

图 3-27　旋转实体

3.2.3　孔

　　孔是机械结构中常见的特征之一，通过 UG 的孔命令，可以方便地创建各种通孔、台阶孔、螺纹孔。此外，UG 结合不同孔的加工特点，提供了钻形孔、螺纹间隙孔和孔系列等相对复杂的孔的创建功能。

　　在"主页"选项卡的"特征"组中选择"孔"按钮 ，弹出如图 3-28 所示的"孔"对话框。

在"孔"对话框里面主要有五个面板,分别为"类型"、"位置"、"方向"、"形状和尺寸"、"布尔",下面分别对其进行介绍。

1."类型"面板

"类型"面板中的下拉列表中有以下五个选项。

(1)常规孔:用于创建指定尺寸的简单孔、沉头孔、埋头孔或锥孔特征等。常规孔可以是盲孔、通孔或指定深度条件的孔。

(2)钻形孔:用于根据 ANSI 或 ISO 标准创建简单钻形孔特征。

(3)螺钉间隙孔:用于创建简单沉头或埋头通孔,这类孔是为具体应用而设计的。

(4)螺纹孔:用于创建螺纹孔,其尺寸标注由标准、螺纹尺寸和径向进给量等参数控制。

(5)孔系列:用于创建起始、中间和结束孔尺寸一致的多形状、多目标体的对齐孔。

2."位置"面板

在"位置"面板中,可以单击"创建草图"按钮 来指定放置面和方位来创建中心点,也可以使用"现有的点"按钮 来指定孔的中心点。

图 3-28　"孔"对话框

3."方向"面板

"方向"面板用于指定将创建的孔的方向,有"垂直于面"和"沿矢量"两个选项。

4."形状和尺寸"面板

"形状和尺寸"面板用于指定孔特征的形状,有"简单"、"沉头"、"埋头"和"锥形"四个选项。

【基础操作案例】

案例 3-3:孔创建

(1)启动 UG NX 11.0,打开本章配套资源"素材"文件夹中的源文件"3-2-3 孔. prt",如图 3-29 所示。

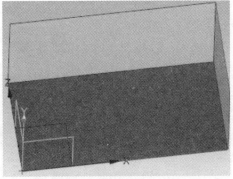

图 3-29　源文件"3-2-3 孔. prt"

（2）在"主页"选项卡的"特征"组中单击"孔"按钮 🔲，打开如图 3-28 所示的"孔"对话框。选择"常规孔"选项，创建孔的效果中心点，将孔方向设置为"垂直于面"，在"成形"下列列表中选择"简单孔"，将孔直径设置为 10 mm，深度设置为 30 mm，顶锥角设置为 118°，如图 3-30 所示。单击"确定"按钮，创建如图 3-31 所示的常规孔。

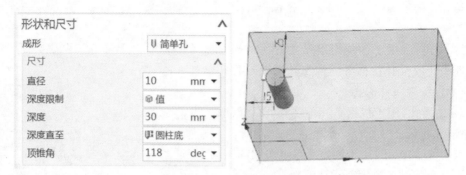

图 3-30　简单孔参数设置

（3）再次调用"孔"命令，选择孔的类型为"常规孔"，创建孔的放置中心点，将孔方向设置为"垂直于面"，在"成形"下拉列表中选择"沉头"，将沉头直径设置为 16 mm，沉头深度设置为 4 mm，孔直径设置为 10 mm，深度设置为 30 mm，顶锥角设置为 118°，如图 3-32 所示。单击"确定"按钮，创建如图 3-33 所示的沉头孔。

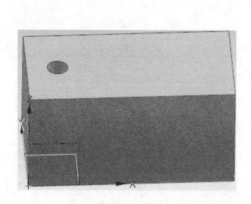

图 3-31　常规孔效果图　　　　　　　图 3-32　沉头孔参数设置

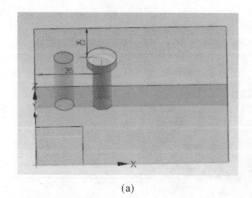

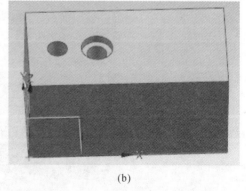

（a）　　　　　　　　　　（b）

图 3-33　沉头孔

（4）再次调用"孔"命令，选择孔的类型为"常规孔"，创建孔的放置位置，将孔方向设置为"垂直于面"，在"成形"下拉列表中选择"埋头"，将埋头直径设置为 16 mm，埋头角度设置为 60°，孔直径设置为 10 mm，深度设置为 30 mm，顶锥角设置为 118°，如图 3-34 所示。单击"确定"按钮，创建如图 3-35 所示的埋头孔。

图 3-34　埋头孔参数设置

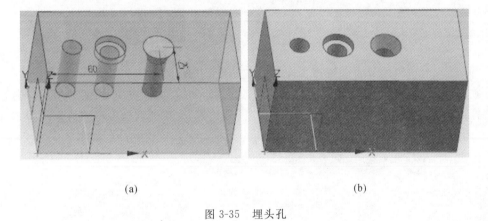

　　　　　（a）　　　　　　　　　　　　　　　　　（b）

图 3-35　埋头孔

3.2.4　凸台

"凸台"功能用于在一个已经存在的实体面上创建一圆形凸台，创建的凸台和目标体的布尔关系默认为"合并"。

在"主页"选项卡的"特征"组中单击"凸台"按钮 ，弹出如图 3-36 所示的"支管"对话框，这里只需要设置圆台的直径、高度和锥度即可。

【基础操作案例】

案例 3-4：凸台创建

（1）启动 UG NX 11.0，打开本章配套资源"素材"文件夹中的源文件"3-2-4 凸台.prt"。

（2）在"主页"选项卡的"特征"组中单击"凸台"按钮 ，打开"凸台"对话框，选择实体上表面为放置面，将直径设置为 20 mm，高度设置为 20 mm。单击"确定"按钮，弹出如图 3-37 所示的"定位"对话框。在"定位"对话框中选择"垂直"方式，按照提示栏提示，点选长方体的边线,激活对话框中"当前表达式"下拉列表框,如图 3-38 所示。

图 3-36　"支管"对话框

图 3-37　"定位"对话框(1)

图 3-38　凸台定位操作步骤(1)

在"当前表达式"下拉列表框中将数值修改为 25 mm,单击"应用"按钮。用同样的方法,再选择长方体左侧边线,如图 3-39 所示,在"当前表达式"下拉列表框中将数值修改为 50 mm,单击"确定"按钮,完成凸台的定位操作,关闭对话框。完成定位的凸台如图 3-40 所示。

图 3-39　凸台定位操作步骤(2)

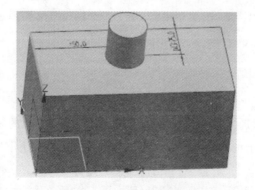

图 3-40　完成定位的凸台

3.2.5　腔

"腔"是在已有的实体模型中切减材料而形成的特征。

在"主页"选项卡的"特征"组中单击"腔"按钮 ，弹出如图 3-41 所示的"腔"对话框。其中有三个选项，即"圆柱形"、"矩形"和"常规"，分别用于创建圆柱腔、矩形腔和其他腔体。下面通过案例介绍圆柱腔和矩形腔的创建方法。

【基础操作案例】

案例 3-5：腔创建

（1）启动 UG NX 11.0，打开本章配套资源"素材"文件夹中的源文件"3-2-5 腔.prt"，如图 3-42 所示。

图 3-41　"腔"对话框

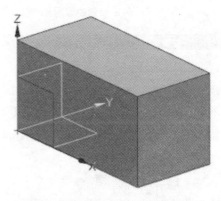

图 3-42　源文件"3-2-5 腔.prt"

（2）在"主页"选项卡的"特征"组中选择"腔"按钮 ，打开"腔"对话框，选择创建圆柱腔，弹出如图 3-43 所示"圆柱腔"对话框。选择实体上表面为放置面，定义"圆柱腔"参数，如图 3-44 所示。按图 3-45 确定腔体的放置位置，单击"确定"按钮，创建如图 3-46 所示的圆柱腔体。

图 3-43　"圆柱腔"对话框

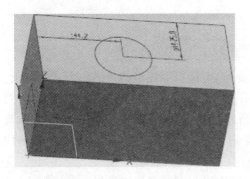

图 3-44　"圆柱腔"参数设置

图 3-45　"圆柱腔"定位尺寸

（3）再次调用"腔"命令，打开"腔"对话框，选择创建矩形腔，弹出如图 3-47 所示的"矩形腔"对话框。选择实体前表面为放置面,弹出图 3-48 所示"水平参考"对话框,选择"基准轴",然后,左击选择基准坐标系的 X 轴作为基准轴,在随后弹出的"矩形腔"对话框中进行参数设置,如图 3-49 所示。单击"确定"按钮,将弹出"定位"对话框(见图 3-50),用于矩形腔定位。

图 3-46　圆柱腔创建效果图

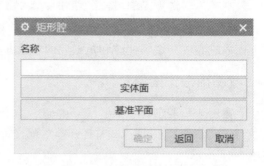

图 3-47　"矩形腔"对话框

图 3-48　"水平参考"对话框

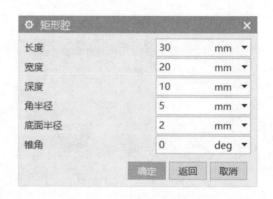

图 3-49　"矩形腔"参数设置

单击竖直定位方式,弹出"竖直"对话框,如图 3-51 所示。

图 3-50　"定位"对话框(2)

图 3-51　"竖直"对话框

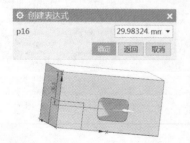

图 3-52　矩形腔竖直定位表达式

按照提示栏提示,可选择原模型的边线作为目标对象,选择矩形腔的水平中线作为刀具边,弹出"创建表达式"对话框,如图 3-52 所示。将"p16"下拉列表框中的数值修改为"25",单击"确定"按钮,完成矩形腔在竖直方向上的定位。

用同样的方法,在"定位"对话框中选择"水平"方式,然后选择原模型的前表面左侧边线作为目标对象,选择矩形腔的竖直中线作为刀具边,将下拉列表框中的数值修改为"44",完成矩形腔的设计。

矩形腔的定位尺寸如图 3-53 所示,创建完成后的矩形腔如图 3-54 所示。

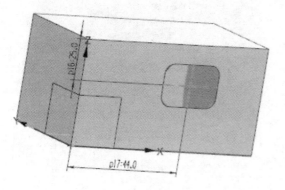

图 3-53 矩形腔定位尺寸

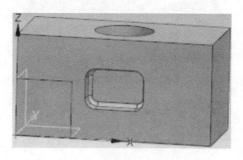

图 3-54 矩形腔效果图

3.2.6 垫块

"垫块"功能用于在指定放置面上创建一个垫块,即在目标体上添加材料,创建的垫块和目标体的布尔关系默认为"合并"。

在"主页"选项卡的"特征"组中单击"垫块"按钮,弹出如图 3-55 所示的"垫块"对话框,其中有两个选项,分别为"矩形"和"常规"。"矩形"选项最为常用,用于创建矩形垫块。矩形垫块与凸台基本相似,不同之处在于凸台是圆柱形的,而矩形垫块是矩形的。下面通过案例介绍垫块的创建方法。

(1) 启动 UG NX 11.0,打开本章配套资源"素材"文件夹中的源文件"3-2-5 垫块.prt"。

(2) 在"主页"选项卡的"特征"组中单击"垫块"按钮,打开"垫块"对话框,选择"矩形"选项,弹出如图 3-56 所示的"矩形垫块"对话框。选择实体上表面为放置面,弹出"水平参考"对话框,选择"基准轴",以基准坐标系的 X 轴为基准轴。定义"矩形垫块"参数,如图 3-57所示;采用与前述矩形腔相同的定位方式,定义水平方向定位尺寸为 30 mm,竖直方向定位尺寸为 10 mm,确定矩形垫块的放置位置。单击"确定"按钮,创建如图 3-58 所示的矩形垫块。

图 3-55 "垫块"对话框

图 3-56 "矩形垫块"对话框

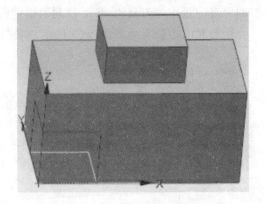

图 3-57　"矩形垫块"参数设置　　　　　　图 3-58　矩形垫块创建效果图

3.2.7　键槽

"键槽"功能用于以直槽形状添加一条通道,使其通过实体或者在实体内部。

在"主页"工具条的"特征"组中单击"键槽"按钮,弹出如图 3-59 所示"槽"对话框,其中有五个选项,分别为"矩形槽"、"球形端槽"、"U 形槽"、"T 型键槽"(软件有误,应为 T 形槽)和"燕尾槽"。

图 3-59　"槽"对话框

【基础操作案例】

案例 3-6:键槽创建

(1) 启动 UG NX 11.0,打开本章配套资源"素材"文件夹中的源文件"3-2-5 键槽.prt"。

(2) 在"主页"选项卡的"特征"组中单击"键槽"按钮,打开"键槽"对话框。选择创建"U 形槽",单击"确定"按钮,弹出"U 形槽"对话框。选择实体前表面为放置面,弹出"水平参考"对话框,选择"基准轴",以基准坐标系的 X 轴为基准轴。定义 U 形槽参数,如图 3-60 所示。创建定位尺寸来确定 U 形槽的放置位置,点击"确定"按钮,创建如图 3-61 所示的 U 形槽。

T 形槽、燕尾槽等创建方法参照 U 形槽。

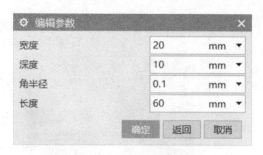

图 3-60　U 形槽参数设置

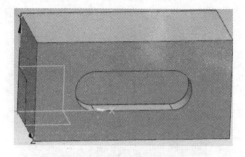

图 3-61　U 形槽效果图

3.2.8　槽

"槽"功能用于将一个外部或内部槽添加到实体的圆柱形或锥形面上。

在"主页"选项卡的"特征"组中单击"槽"按钮 ，弹出如图 3-62 所示的"槽"对话框,其中有三个选项,分别为"矩形"、"球形端槽"、"U 形槽"。

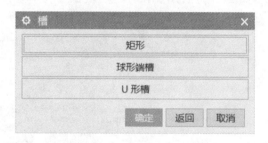

图 3-62　"槽"对话框

槽的创建方法与键槽类似,请参照键槽的创建方法,不同之处在于此处槽必须创建在圆柱面或圆锥面上。

3.2.9　筋板

筋在机械结构中起着提高零件强度的作用。利用 UG 提供的"筋板"命令可以方便地创建各种筋特征。

在"主页"选项卡的"特征"组中单击"筋板"按钮 ，弹出如图 3-63 所示的"筋板"对话框。下面通过筋板案例进行介绍。

【基础操作案例】

案例 3-7:筋板创建

(1) 启动 UG NX 11.0,打开本章配套资源"本章配套资源"素材"文件夹"中的源文件"3-2-8 筋板.prt",如图 3-64 所示。

图 3-63　"筋板"对话框

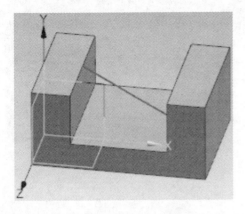

图 3-64　源文件"3-2-8 筋板.prt"

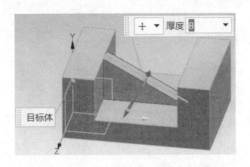

图 3-65　目标体和截面线

（2）在"主页"选项卡的"特征"组中单击"筋板"按钮 ，打开"筋板"对话框，如图 3-63 所示。"目标"选择拉伸的实体模型，在对话框的"壁"面板中点选"平行于剖切平面"，"截面线"选择源文件中的斜线，如图 3-65 所示。在"尺寸"下拉列表中选择"对称"，并在"厚度"文本框中输入"8"，如图 3-66 所示。单击"确定"按钮，创建如图 3-67 所示的筋板。

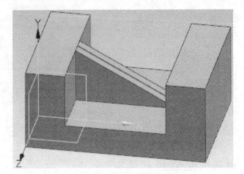

图 3-66　"筋板"参数设置

图 3-67　筋板效果图

注意：在绘制截面线的时候，只需绘制筋板截面单条曲线即可，草图为不封闭的曲线。

3.2.10　螺纹

螺纹在工业产品中使用极为广泛，因此要想设计工业产品，必须掌握螺纹的设计。

在 UG NX 11.0 软件主操作界面中，单击"主页"选项卡"特征"组中的"螺纹"按钮 ，弹出如图 3-68 所示的"螺纹切削"对话框，其中"螺纹类型"选项有两个，分别为"符号"和"详细"。

1. 符号

选择"符号"项时，系统只生成螺纹符号，而不生成真正的螺纹实体。需要设置一些参数，其中"大径"、"小径"、"螺距"和"角度"都与机械设计手册里的螺纹参数相同。

2. 详细

选择"详细"项时，螺纹以实体的形式详细地表示出来。点选"详细"选项时，对话框如图 3-69 所示。在将要创建螺纹的模型中选择需要创建螺纹的孔或者柱，设置参数，单击"确定"按钮即可完成螺纹创建。

图 3-68　"螺纹"对话框　　　　　　图 3-69　点选"详细"选项时的"螺纹切削"对话框

【基础操作案例】

案例 3-8：螺纹创建

（1）启动 UG NX 11.0，打开本章配套资源"本章配套资源"素材"文件夹中的源文件"3-2-9 螺纹. prt"，如图 3-70 所示。

（2）在"主页"选项卡的"特征"组中单击"更多"→"螺纹"按钮，打开"螺纹"对话框。选择螺纹类型为"详细"，选择源文件中模型的右半部分小圆柱表面，系统会自动判断创建的螺纹参数，如图 3-71 所示。将螺纹长度设置为 20 mm，其他采用默认值。

图 3-70　选择模型右半部分小圆柱表面　　　　图 3-71　螺纹参数

在图 3-71 所示的对话框中,单击"选择起始"按钮,弹出如图 3-72 所示的对话框。按照提示栏"选择起始面"的提示,可以选择模型中间大圆柱的右侧端面作为螺纹创建的起始面,将弹出"螺纹切削"对话框,如图 3-73 所示,利用此对话框可设置螺纹轴反向与选择起始条件。

图 3-72 用于选择起始面的"螺纹切削"对话框

图 3-73 "螺纹切削"对话框

本例中螺纹轴方向符合要求,不必修改,可直接单击"确定"按钮,将弹出用于参数重建的"螺纹切削"对话框,如图 3-74 所示。利用该对话框可重新给定小径尺寸与长度数值等,此处参数不做修改。直接单击"确定"按钮,完成螺纹特征的创建,如图 3-75 所示。

图 3-74 用于参数重建的"螺纹切削"对话框

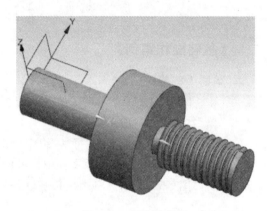

图 3-75 螺纹效果图

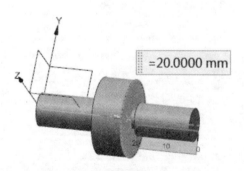

图 3-76 大小圆柱右侧端面之间尺寸

注意:上述案例中,所用阶梯轴模型右侧小圆柱与退刀槽的总尺寸(即大圆柱右端面和右侧小圆柱右端面之间距离)为 20 mm,如图 3-76 所示。螺纹设计时起始面选择了大圆柱右侧端面,螺纹切削长度设置为 20 mm,因此创建的螺纹特征存在缺陷,需要对长度值进行修改。如将长度设置为 21.5 mm,则会得到符合实际的螺纹切削特征。长度为 20 mm 与长度为 21.5 mm 时创建的螺纹特征对比如图 3-77 所示。

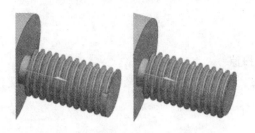

(a) 长度为20 mm   (b) 长度为21.5 mm

图 3-77   螺纹特征对比

3.3   扫掠特征

"扫掠"功能用于通过指定截面和路径,使截面沿着路径进行拓展,创建实体或者曲面。UG NX 中的扫掠功能由"扫掠"、"变化的扫掠"、"沿引导线扫掠"以及"管道"等多个子功能组成。本章仅介绍"沿引导线扫掠"和"管道"功能,"扫掠"和"变化的扫掠"功能在后面介绍。

3.3.1   沿引导线扫掠

沿引导线扫掠是通过将指定扫掠截面的几何形状沿指定引导线进行扫掠来创建实体。

在"主页"选项卡的"特征"组中单击"更多"→"沿引导线扫掠"按钮 ,弹出如图 3-78 所示的"沿引导线扫掠"对话框。

在"沿引导线扫掠"对话框中,"偏置"面板中"第一偏置"和"第二偏置"的值都为 0 时,即生成实心的实体,截面形状与截面线一致,效果如图 3-79 所示。当"第一偏置"和"第二偏置"的值中有一个不为 0 时,将以截面曲线为基准,以设定的偏置值 2 倍的距离向内或向外偏置,生成扫掠特征。当两个偏置值都不为 0 时,将以截面曲线为基准,根据给定的"第一偏置"与"第二偏置"的值,生成扫掠特征。如在"沿引导线扫掠"对话框中,将"第一偏置"值设置为 1 mm,"第二偏置"值设置为 2 mm,即生成空心的实体,如图 3-80 所示。

图 3-78   "沿引导线扫掠"对话框

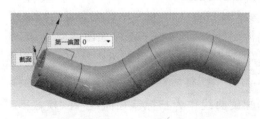

图 3-79   偏置均为 0 时,实心的实体

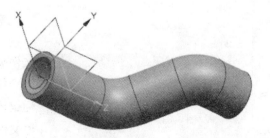

图 3-80   偏置不全为 0 时,空心的实体

【基础操作案例】

案例 3-9:沿引导线扫掠

(1) 启动 UG NX 11.0,打开本章配套资源"素材"中的源文件"3-3-1 沿引导线扫掠.prt",如图 3-81 所示。

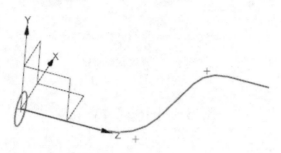

图 3-81　源文件"3-3-1 沿引导线扫掠.prt"

(2) 在"主页"选项卡的"特征"组中单击"更多"→"沿引导线扫掠"按钮 ,打开"沿引导线扫掠"对话框。选择圆曲线 1 为截面线,选择另一条曲线为引导曲线,"第一偏置"值设置为 0,"第二偏置"值设置为 1,其余参数采用系统默认值。单击"确定"按钮,创建扫掠特征,如图 3-82 所示。

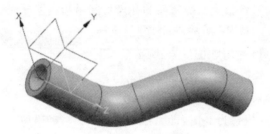

图 3-82　扫掠特征

3.3.2　管道

管道是通过指定内外径和路径曲线,由系统自动扫掠生成的实体。

图 3-83　"管"对话框

在"主页"选项卡的"特征"组中单击"更多"→"管道"按钮 ,弹出如图 3-83 所示的"管"对话框。下面通过管道案例进行介绍。

【基础操作案例】

案例 3-10:管道创建

(1) 启动 UG NX 11.0,打开本章配套资源"素材"文件夹中的源文件"3-3-2 管道.prt",如图 3-84 所示。

(2) 在"主页"选项卡的"特征"组中单击"管道"图标按钮 ,打开"管"对话框。在"路径"面板中,选择源文件中的螺旋曲线作为扫掠路径曲线;在"横截面"

面板中,将管道外径设置为 6 mm,内径设置为 4 mm;在"设置"面板中将"输出"方式设置为
"单段"。单击"确定"按钮,创建管道特征,如图 3-85 所示。

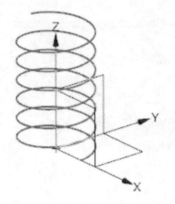
图 3-84　源文件"3-3-2 管道.prt"

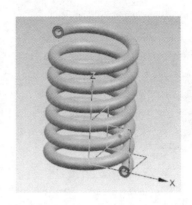
图 3-85　管道特征

3.4　抽　壳　特　征

"抽壳"功能用于通过移除或者不移除实体的表面来创建单一或者多种壁厚的壳体。
系统给出了两种抽壳类型供选择。下面通过抽壳案例进行介绍。

【基础操作案例】

案例 3-11:抽壳

(1) 启动 UG NX 11.0,打开本章配套资源"素材"文件夹中的源文件"3-4-1 抽壳.prt"。

(2) 在"主页"选项卡的"特征"组中单击"抽壳"按钮 ,打开"抽壳"对话框,如图 3-86
所示。选择抽壳类型为"移除面,然后抽壳";选择要移除的面(要穿透的面),如图 3-87 所
示;将厚度值设置为 5 mm。单击"确定"按钮,创建如图 3-88 所示的壳体。

图 3-86　"抽壳"对话框

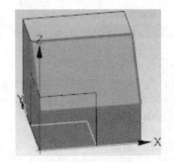
图 3-87　选择要移除的面

（3）再次调用"抽壳"命令，选择抽壳类型为"对所有面抽壳"，选择要抽壳的体（选第二个实体），将厚度设置为 5 mm。单击"确定"按钮，创建如图 3-89 所示的壳体。

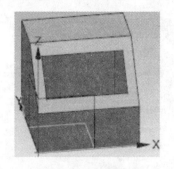

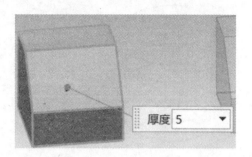

图 3-88　壳体　　　　　　　　　　　　图 3-89　对所有面抽壳

（4）继续调用"抽壳"命令，选择抽壳类型为"移除面，然后抽壳"。选择要移除的面，将厚度设置为 4 mm（见图 3-90），备选厚度设置为 10 mm；选择新的面 2，将厚度设置为 8 mm，如图 3-91 所示。单击"确定"按钮，创建多种壁厚抽壳特征。

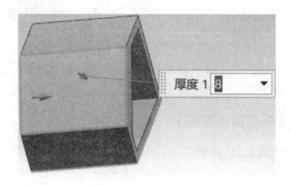

图 3-90　面 1 抽壳　　　　　　　　　　图 3-91　面 2 抽壳

3.5　细　节　特　征

细节特征是对现有特征的修饰和补充，经常使用的细节特征主要有倒圆角、倒斜角、拔模等，这些特征在机械建模中经常使用。

3.5.1　倒圆角

圆角在零件中通常起美化产品、提高产品强度的作用。UG UX 提供了多种多样的圆角命令，用户可以方便创建各种形式的圆角特征。

【基础操作案例】

案例 3-12：倒圆角

（1）启动 UG NX 11.0，打开本章配套资源"素材"文件夹中的源文件"3-5-1 倒圆角.prt"。

（2）在"主页"选项卡的"特征"组中单击"边倒圆"按钮 ⬚，打开"边倒圆"对话框，如图 3-92 所示。

（3）选择如图 3-93 所示边线作为要倒圆角的边线，将圆角半径设置为 10 mm。

图 3-92　"边倒圆"对话框

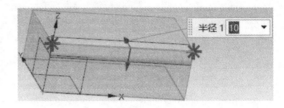

图 3-93　选择倒圆角边线，设置圆角半径

（4）在如图 3-94 所示的"变半径"选项卡中单击"指定新的位置"按钮 ⬚，选择边线的端点，将圆角半径设置为 25，弧长百分比设置为 0，如图 3-95 所示。

图 3-94　"变半径"选项卡

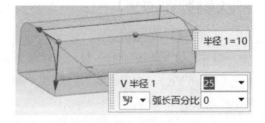

图 3-95　指定可变半径点(1)

（5）再次单击"指定新的位置"按钮 ⬚，选择圆角边线的中间点，将圆角半径设置为 10 mm，弧长百分比设置为 50%，如图 3-96 所示。

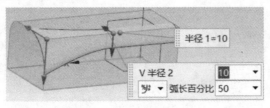

图 3-96　指定可变半径点(2)

（6）以同样的方式，在边线的端点处新建控制点，将圆角半径设置为 25 mm，弧长百分比设置为 100%，如图 3-97 所示。

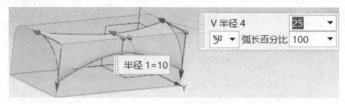

图 3-97　指定可变半径点(3)

完成创建后在列表框中可以看到新建的控制点的参数，如图 3-98 所示。单击"确定"按钮，创建如图 3-99 所示的可变半径圆角。

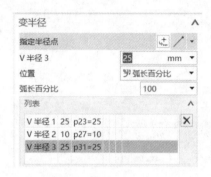

图 3-98　可变半径点参数

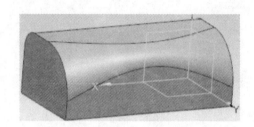

图 3-99　可变半径圆角效果

3.5.2　倒斜角

斜角在机械结构中起着美化产品的作用，同时也具有便于产品的装配等作用。利用 UG 中的"倒斜角"功能可以方便地创建各种斜角。

【基础操作案例】

案例 3-13：倒斜角

（1）启动 UG NX 11.0，打开本章配套资源"素材"文件夹中的源文件"3-5-2 倒斜角.prt"。

（2）在"主页"选项卡的"特征"组中单击"倒斜角"按钮 ，打开"倒斜角"对话框，如图 3-100 所示。

（3）选择如图 3-101 所示的模型边线作为要倒斜角的边，在"倒斜角"对话框的"横截面"下拉列表中选择"对称"，在"距离"文本框内输入"20"（见图 3-101）。

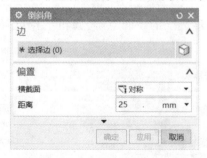

图 3-100　"倒斜角"对话框

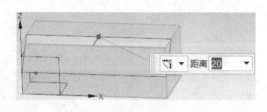

图 3-101　创建对称倒斜角

（4）再次调用"倒斜角"命令，将横截面类型设置为"偏置和角度"，在"距离"文本框内输入"16"，"角度"文本框内输入 20 mm，选择如图 3-103 所示的实体边，作为需倒斜角的边，创建倒斜角。

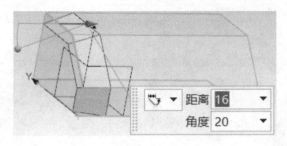

图 3-102　选择边线

3.5.3　拔模

拔模通常是为了使产品容易从模具中取出而在产品的侧壁上创建的具有一定角度的特征，UG 的拔模命令可以方便创建各种形式的拔模特征。

【基础操作案例】

案例 3-14：拔模

（1）启动 UG NX 11.0，打开本章配套资源"素材"文件夹中的源文件"3-5-3 拔模.prt"。

（2）在"主页"选项卡的"特征"组中，单击"拔模"按钮 🔶，打开"拔模"对话框，如图 3-103 所示。选择拔模类型为"面"，选择脱模方向为"ZC"。在"拔模参考"面板中，选择如图 3-104 所示面 1 为固定面，选择两个侧面作为要拔模的面，将拔模角度设置为 10°。单击"确定"按钮完成拔模，如图 3-105 所示。

图 3-103　"拔模"对话框

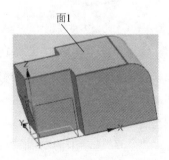

图 3-104　固定面和拔模面

（3）再次调用"拔模"命令，选择拔模类型为"边"，选择脱模方向为"＋Z"，选择如图 3-106 所示的边线 1 作为固定的边，将拔模角度设置为 10°，完成拔模。

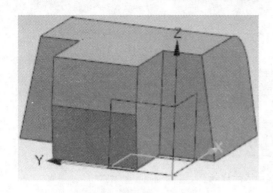

图 3-105　拔模效果

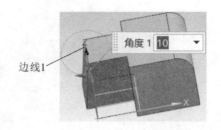

图 3-106　拔模面和角度

案例 3-15：托架实体建模

本案例介绍托架的设计过程，主要需应用"拉伸"、"孔"、"边倒圆"等命令。注意"沉头孔"等命令的操作创建方法及过程。其中孔特征的创建方法较为巧妙，需要读者用心体会。托架的零件模型及相应的模型树分别如图 3-107、图 3-108 所示。托架实体建模设计过程如下：

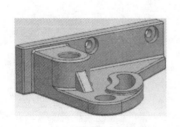

图 3-107　托架零件模型

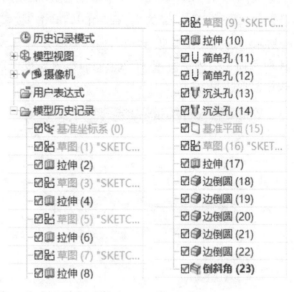

图 3-108　托架模型树

（1）新建文件。选择下拉菜单"文件"→"新建"，弹出"新建"对话框。在"模型"选项卡中选取模板类型为"模型"，在"名称"文本框中输入文件名称"托盘"，单击"确定"按钮，进入建模环境。

（2）创建图 3-109 所示的拉伸特征 1。

① 在"主页"选项卡的"特征"组中选择"拉伸"命令，弹出"拉伸"对话框。

② 单击"拉伸"对话框中的"绘制截面"按钮，弹出"创建草图"对话框，选取 ZX 基准平面

为草图平面。单击"确定"按钮,进入草图环境,绘制图 3-110 所示的截面草图。单击"退出草图"按钮,退出草图环境。

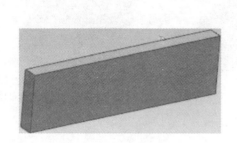

图 3-109　拉伸特征 1

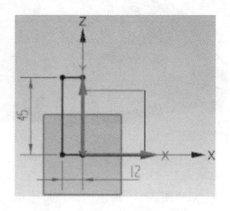

图 3-110　拉伸特征 1 截面草图

③ 在"拉伸"对话框中设置拉伸参数:在"开始"文本框中输入"0",在"结束"文本框中输入"165",其他参数采用系统默认设置。单击"确定"按钮,完成拉伸特征 1 的创建。

(3) 创建图 3-111 所示的拉伸特征 2。

选取 XY 基准平面为草图平面,绘制图 3-112 所示的截面草图。退出草图环境,设置拉伸参数:在"开始"文本框内输入"0",在"结束"文本框内输入"12",在"布尔"下拉列表中选择"合并",完成拉伸特征 2 的创建。

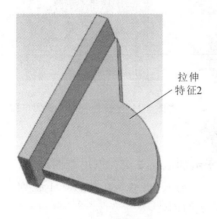

图 3-111　拉伸特征 2

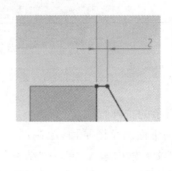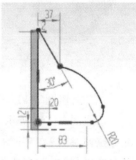

图 3-112　拉伸特征 2 截面草图

(4) 创建图 3-113 所示的拉伸特征 3。

选取图 3-114 所示的平面为草图平面,绘制图 3-115 所示的截面草图。退出草图环境,设置拉伸参数:在"开始"文本框内输入"0",在"结束"文本框内输入"28",在"布尔"下拉列表中选择"合并",完成拉伸特征 3 的创建。

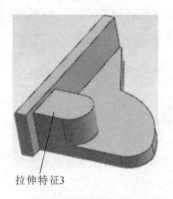

图 3-113　拉伸特征 3

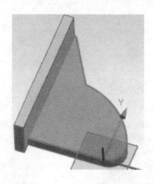

图 3-114　定义草图平面

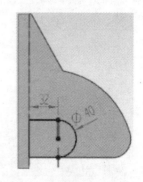

图 3-115　拉伸特征 3 截面草图

(5) 创建图 3-116 所示的拉伸特征 4。

选取图 3-117 所示的平面为草图平面,绘制图 3-118 所示的截面草图。退出草图环境,设置拉伸参数:在"开始"文本框内输入"0",在"结束"文本框内输入"3",在"布尔"下拉列表中选择"合并",完成拉伸特征 4 的创建。

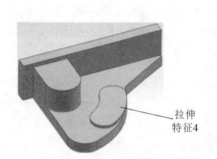

图 3-116　拉伸特征 4

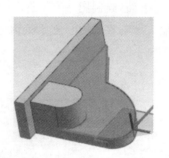

图 3-117　定义草图平面

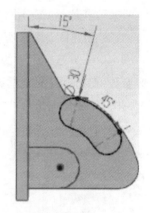

图 3-118　拉伸特征 4 截面草图

(6) 创建图 3-119 所示的拉伸特征 5。

选取图 3-120 所示的平面为草图平面,绘制图 3-121 所示的截面草图。退出草图环境,设置拉伸参数:在"开始"文本框内输入"0",在"结束"文本框内输入"贯通",在"布尔"下拉列表中选择"减去",采用系统默认的减去对象,完成拉伸特征 5 的创建。

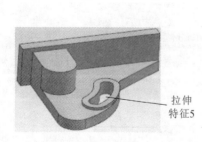

图 3-119　拉伸特征 5

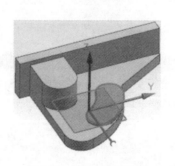

图 3-120　定义草图平面

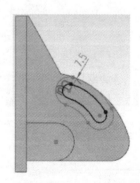

图 3-121　拉伸特征 5 截面草图

（7）创建图 3-122 所示的孔特征 1。

① 在"主页"选项卡的"特征"组中单击"孔"按钮，弹出"孔"对话框。

② 定义孔的类型和放置参照。在"类型"下拉列表中选择"常规孔"选项，选取图 3-123 所示的圆弧作为孔的放置参照。

③ 定义孔的形状和尺寸。在"成形"下拉列表中选择"简单"，在"直径"文本框中输入"20"，在"深度"文本框中输入"12"，在"顶锥角"文本框中输入"0"，其余参数采用系统默认设置。单击"确定"按钮，完成孔特征 1 的创建。

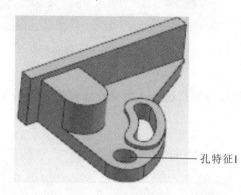

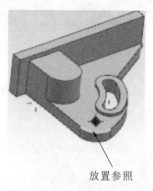

图 3-122　孔特征 1　　　　　　　图 3-123　孔定位

（8）创建图 3-124 所示的孔特征 2。

单击"孔"按钮，在弹出的"孔"对话框的"类型"下拉列表中选择"常规孔"选项，选取图 3-125 所示的圆弧作为孔的放置参照。在"深度限制"下拉列表中选择"贯通体"，其余参数采用系统默认设置。单击"确定"按钮，完成孔特征 2 的创建。

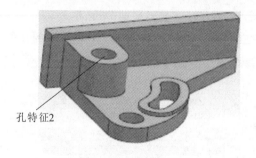

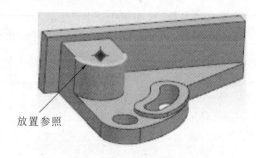

图 3-124　孔特征 2　　　　　　　图 3-125　定义孔位置

（9）创建图 3-126 所示的孔特征 3。

单击"孔"按钮，在弹出的"孔"对话框的"类型"下拉列表中选择"常规孔"选项。单击"孔"对话框中的"绘制截面"按钮，在模型中选取图 3-127 所示的面作为孔的放置面，进入草图环境，定义孔的位置，如图 3-128 所示。在"成形"下拉列表中选择"沉头"，在"沉头直径"文本框中输入"16"，在"沉头深度"文本框中输入"5"，在"直径"文本框中输入"8"，在"深度限制"下

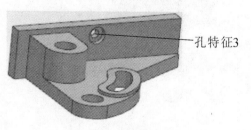

图 3-126　孔特征 3

拉列表中选择"贯通体"。单击"确定"按钮,完成孔特征 3 的创建。

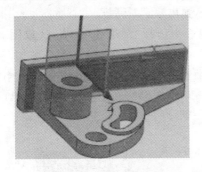

图 3-127　定义孔放置面

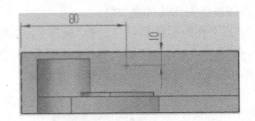

图 3-128　定义孔位置

（10）创建图 3-129 所示的孔特征 4。参照前面孔特征 3 的操作步骤完成孔特征 4 的创建,孔位置尺寸如图 3-130 所示。

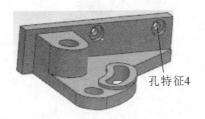

图 3-129　孔特征 4 及孔位置

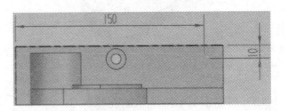

图 3-130　孔位置尺寸

（11）创建图 3-131 所示的基准平面。

① 在"主页"选项卡中选择"基准/点"→"基准平面",弹出"基准平面"对话框。

② 在"类型"下拉列表中选择"通过对象"选项,将鼠标指针移动到图 3-132 所示的孔的内表面处,选择图形区出现的孔轴线,采用系统默认方向,单击"确定"按钮,完成基准平面的创建。

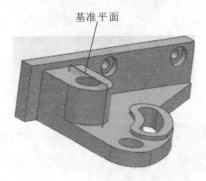

图 3-131　基准平面

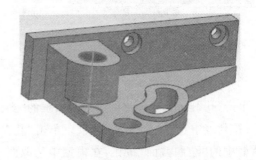

图 3-132　定义基准平面参照

（12）创建图 3-133 所示的拉伸特征 6。

选取上一步骤中所创建的基准平面为草图平面,选择绘制图 3-134 所示的截面草图。

退出草图环境,设置拉伸参数:在"开始"文本框内输入"－6",在"结束"文本框内输入"6",在

"布尔"下拉列表中选择"合并",采用系统默认的减去对象,完成拉伸特征 6 的创建。

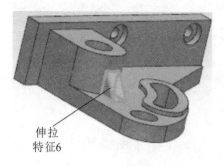

图 3-133　拉伸特征 6

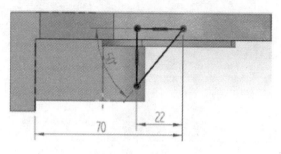

图 3-134　截面草图

(13) 创建图 3-135 所示的边倒圆特征 1。

在"主页"选项卡中选择"边倒圆"命令,弹出"边倒圆"对话框,选取图 3-136 所示的边线为边倒圆参照。在"半径 1"文本框中输入"2",单击"确定"按钮,完成边倒圆特征 1 的创建。

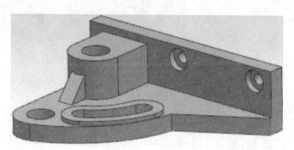
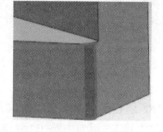

图 3-135　边倒圆特征(1)

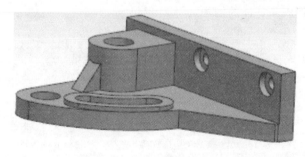
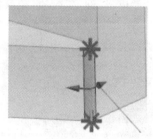

图 3-136　边倒圆特征参照(1)

(14) 创建边倒圆特征 2。操作步骤参照步骤(13),选取图 3-137 所示的边线为边倒圆参照,其圆角半径值为 2。

(15) 创建边倒圆特征 3。选取图 3-138 所示的边线为边倒圆参照,其圆角半径值为 1.5。

(16) 创建边倒圆特征 4。选取图 3-139 所示的边线为边倒圆参照,其圆角半径值为 1。

(17) 创建边倒圆特征 5。选取图 3-140 所示的边线为边倒圆参照,其圆角半径值为 1.5。

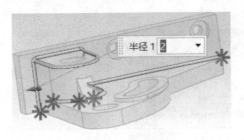

图 3-137　边倒圆参照(2)

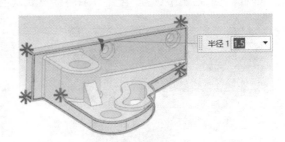

图 3-138　边倒圆参照(3)

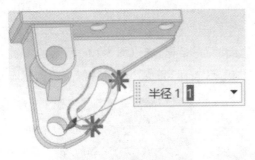

图 3-139　边倒圆参照(4)

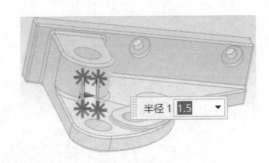

图 3-140　边倒圆参照(5)

(18)创建图 3-141 所示的倒斜角特征。

在"主页"选项卡中单击"倒斜角"按钮,弹出"倒斜角"对话框。选取图 3-142 所示的边线为倒斜角参照,在"偏置"面板的"截面"下拉列表中选择"对称"选项,并在"距离"文本框中输入"1"。单击"确定"按钮,完成倒斜角特征的创建。

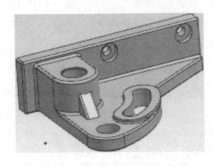

图 3-141　倒斜角特征

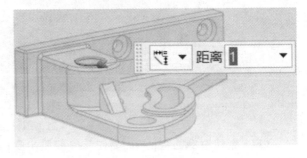

图 3-142　倒斜角参照

(19)建模完成,保存零件模型。

案例 3-16：旋转基座实体建模

本案例介绍旋转基座的设计过程,主要需应用"旋转"、"拉伸"、"孔"等命令。在创建特征时,需要注意在旋转基座耳朵设计过程中草图的位置确定。在孔特征的创建过程中,较为巧妙地运用了阵列特征。旋转基座的零件模型、模型树和零件图如图 3-143 所示。

(a) 零件模型

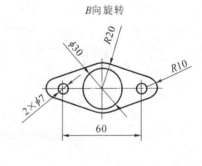

(b) 模型树

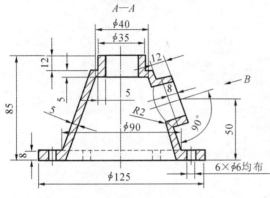

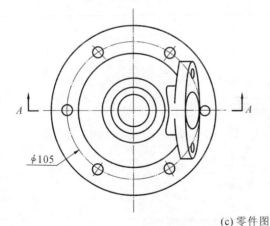

(c) 零件图

图 3-143　旋转基座模型、模型树和零件图

旋转基座三维模型具体建模过程见本书配套资源"素材"文件夹中的源文件"3-7 旋转基座. prt"。

案例 3-17：水杯实体建模

本案例介绍水杯的设计过程，主要需应用"旋转"、"扫掠"、"倒圆角"等命令。在创建特征时，需要注意扫掠与杯子内部旋转除料的前后顺序，注意水杯手柄的扫掠特征生成。水杯的零件模型、模型树和零件图如图 3-144 所示。

(a) 模型　　　　　　　　(b) 模型树

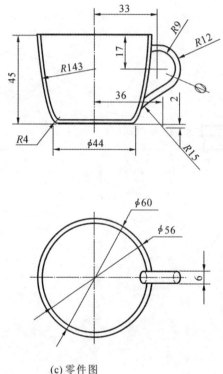

(c) 零件图

图 3-144　水杯的零件模型、模型树和零件图

旋转基座三维模型建模过程见本书配套资源"素材"文件夹的源文件"3-8 水杯.prt"。

案例 3-18：支架实体建模

本案例介绍支架的设计过程，主要需应用"拉伸"、"筋板"、"孔特征"、"倒圆角"等命令。在创建特征时，可运用"筋板特征"和"镜像特征"命令。支架的零件模型、模型树和零件图如图 3-145 所示。

支架三维模型建模过程参见本章书配套资源"素材"文件夹中的源文件"3-9 支架.prt"。

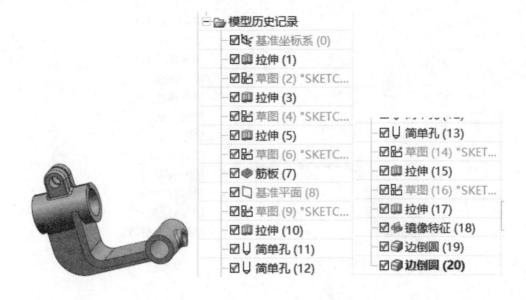

(a) 零件模型　　　　　　　　　　(b) 模型树

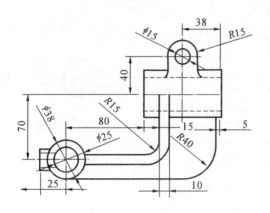
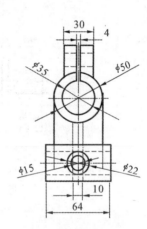

注：未注圆角均为R3

(b) 零件图

图 3-145　支架的零件模型、模型树和零件图

案例 3-19：手柄实体建模

本案例介绍手柄的设计过程，主要需应用"基本体素"、"扫掠"、"螺纹"等命令。在创建特征时注意扫掠特征的应用，选择两个草图为扫掠截面而形成零件。手柄的零件模型、模型树和零件图如图 3-146 所示。

手柄三维模型建模过程见本章配套资源"素材"文件夹中的源文件"3-10 手柄.prt"。

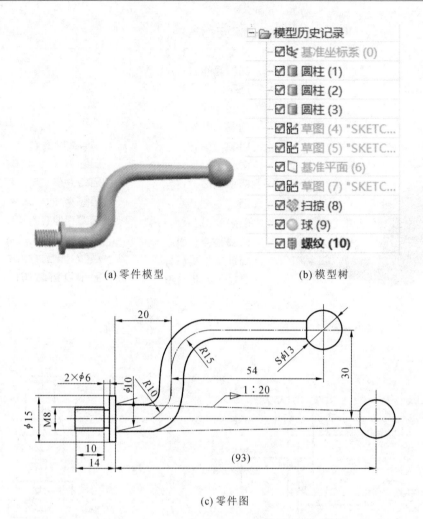

(a) 零件模型　　　　　　　　　　　　(b) 模型树

(c) 零件图

图 3-146　手柄的零件模型、模型树和零件图

第 4 章 钣 金 设 计

钣金设计一般是利用金属的可塑性,通过剪切、冲压、折弯等加工工艺,以及焊接等其他工艺获得完整的钣金件。钣金件目前在包装行业、医疗器械、汽车、家用电器等领域应用较广。

4.1 钣金设计基础

UG NX 11.0 的钣金模块提供了用于创建和管理钣金件的一整套命令。

钣金设计的一般步骤:

(1) 新建模型文件,进入"NX 钣金"模块;

(2) 创建基础钣金特征;

(3) 添加弯边钣金特征;

(4) 添加其他特征,如拉伸实体特征、法向开孔钣金特征等;

(5) 创建钣金折弯特征;

(6) 进行钣金展开;

(7) 创建钣金工程图等。

4.1.1 进入钣金模块

打开 UG NX 11.0 软件,单击"文件"→"新建",在"新建"对话框中选择"NX 钣金",单击"确定"按钮,进入"NX 钣金"模块。

4.1.2 "NX 钣金"模块首选项设置

单击"菜单"→"首选项"→"钣金",弹出"钣金首选项"对话框,如图 4-1 所示。

UG NX 11.0 提供了对钣金零件属性的设置以及展开图样处理的相关参数设置功能。通过合理设置参数,可提高钣金设计的效率。同时,可以精确地展开钣金件并能顺利地完成零件加工。

1. 部件属性

在"钣金首选项"对话框的"部件属性"选项卡内的"参数输入"面板中,可进行"数值输入"、"材料选择"、"刀具 ID 选择"设置。

(1) 数值输入:点选"数值输入"选项,可直接以数值方式在"折弯定义方法"面板中输入钣金折弯参数。

(2) 材料选择:点选"材料选择"选项,可单击激活的"选择材料"按钮,打开"选择材料"

图 4-1　"钣金首选项"对话框

对话框,选择某一材料来定义钣金折弯参数。

（3）刀具 ID 选择:点选"刀具 ID 选择"选项,"选择刀具"按钮被激活,单击此按钮将弹出"钣金工具标准"对话框。在该对话框中选择钣金标准工具,以定义钣金折弯参数。

在"全局参数"面板中可进行"材料厚度"、"折弯半径"等参数的设置。定义钣金的全局厚度、默认的折弯半径,以及钣金件默认让位槽的深度值和宽度值等。

2. 展开图样处理

在"钣金首选项"对话框的"展平图样处理"选项卡内可设置展开钣金件后内、外拐角的处理方式,如图 4-2 所示。外拐角是去除材料,内拐角是创建材料。

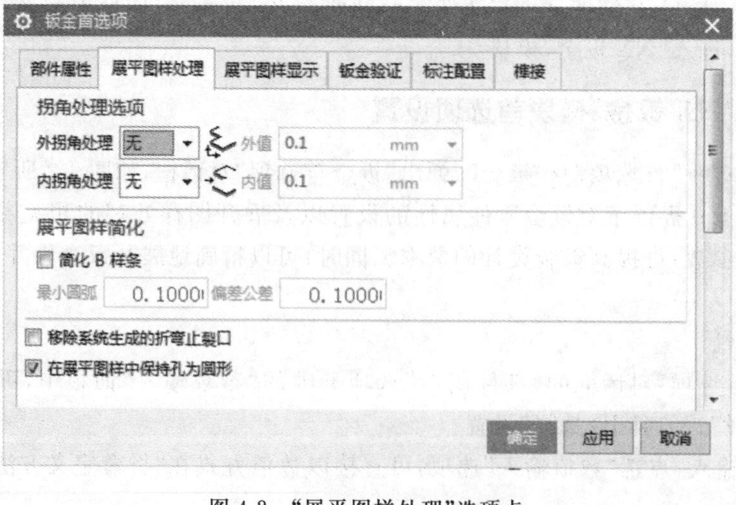

图 4-2　"展平图样处理"选项卡

3. 展开图样显示

在"钣金首选项"对话框的"展平图样显示"选项卡中,可设置展平图样的各曲线的颜色以及默认对象的新标注属性,如图 4-3 所示。

图 4-3 "展平图样显示"选项卡

4. 钣金验证

在"钣金首选项"对话框的"钣金验证"选项卡中可设置钣金验证参数,如图 4-4 所示。

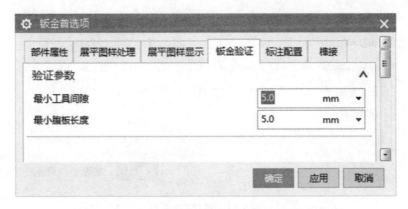

图 4-4 "钣金验证"选项卡

5. 标注配置

在"钣金首选项"对话框的"标注配置"选项卡中,显示了钣金件中标注的一些类型,如图 4-5 所示。

图 4-5 "标注配置"选项卡

6. 榫接

在"钣金首选项"对话框的"榫接"选项卡中,可进行固定半径、距离阈值等参数的设置,如图 4-6 所示。

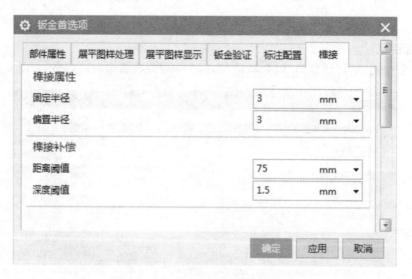

图 4-6 "榫接"选项卡

4.2　基础钣金设计特征

创建钣金件时要根据不同钣金件的形状结构选择对应的方法。圆柱或椭圆柱类的钣金件可采用"轮廓弯边"命令；圆锥及方圆过渡类钣金件可采用"放样弯边"命令；三通及多节弯头类钣金件可按照实际生产工艺，创建单个分支，最后通过焊接方法进行装配成形。

4.2.1　突出块

利用"突出块"命令，可以创建一个基本的特征，其他钣金特征要在突出块上构建。在钣金建模环境下单击"主页"选项卡"基本"组中的"突出块"按钮 ，或单击"菜单"→"插入"→"突出块"，弹出"突出块"对话框，如图 4-7 所示。

图 4-7　"突出块"对话框

突出块的创建类似于拉伸特征的创建。首先绘制封闭截面曲线，退出草图环境，然后打开"突出块"对话框，选择要创建突出块的曲线，给定钣金件厚度值及方向即可。注意：当不能在"厚度"文本框中修改数值时，需要将光标放置在"厚度"文本框右侧的" ＝ "附近，左键单击"启动公式编辑器"功能图标，如图 4-8 所示。根据系统提示选择"使用局部值"，即可修改"厚度"值。

图 4-8　"突出块"参数编辑

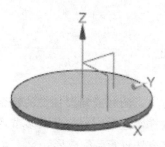

图 4-9 创建的基础突出块

如"类型"下拉列表保持默认设置,在"厚度"文本框中输入"1.5",单击"确定"或"应用"按钮,完成突出块的创建,则创建基础突出块,如图 4-9 所示。

创建突出块特征后,在后续钣金设计中,再次单击"菜单"→"插入"→"突出块",弹出"突出块"对话框,可创建次要突出块特征,如图 4-10 所示。

次要突出块是在原突出块基础上创建的特征,无须设置厚度值。如绘制封闭曲线后,退出草图环境,进入钣金模块。打开"突出块"对话框,在"类型"下拉列表中选择"次要",按要求选择曲线,完成次要突出块的设计,如图 4-11 所示。

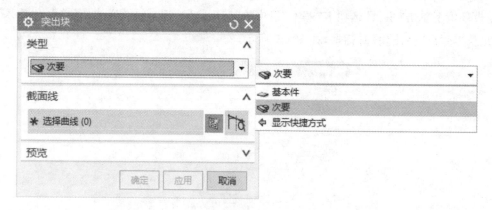

图 4-10 应用"突出块"命令创建次要突出块特征

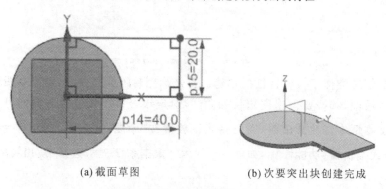

(a) 截面草图   (b) 次要突出块创建完成

图 4-11 创建次要突出块

4.2.2 弯边

弯边即是在原有钣金壁上创建简单的折弯特征,需要选取创建弯边部位的原钣金壁特征中的某条边线,作为弯边特征的附着边。单击"菜单"→"插入"→"折弯"→"弯边",弹出"弯边"对话框,如图 4-12 所示。

在"弯边"对话框中可进行"长度"、"参考长度"、"偏置"、"折弯半径"等参数的设置,如图 4-12 所示。

图 4-13 所示为利用"弯边"功能创建的不同形式的止裂口和弯边。

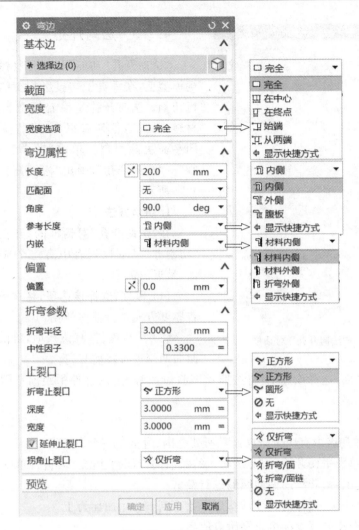

图 4-12　"弯边"对话框

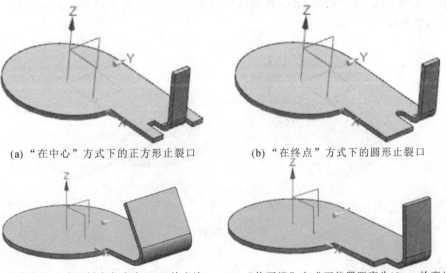

(a)"在中心"方式下的正方形止裂口　　　(b)"在终点"方式下的圆形止裂口

(c)"完全"方式下折弯角度为120°的弯边　(d)"从两端"方式下偏置距离为10 mm的弯边

图 4-13　不同形式的止裂口和弯边

图 4-14　"法向开孔"对话框

4.2.3　法向开孔

"法向开孔"功能用于切割材料,将草图投影到模型上,在垂直于与投影相交的面的方向上进行切割。法向开孔是沿着钣金表面的法向切除材料,有时与拉伸有很大区别,拉伸是垂直于草图平面去除材料。单击"菜单"→"插入"→"切割"→"法向开孔",弹出"法向开孔"对话框,如图4-14 所示。

1. 切割方法

在"法向开孔"对话框的"开孔属性"面板中,"切割方法"下拉列表中有三个选项:厚度、中位面、最近的面。

（1）厚度:选择该选项,将在钣金件的表面沿着厚度方向进行裁剪开孔。

（2）中位面:选择该选项,将由钣金件的中位面向两侧进行裁剪开孔。

（3）最近的面:选择该选项,将按照草图投影曲线,由钣金件中距离草图投影曲线最近的面进行裁剪开孔。

2. 限制

"限制"下拉列表中有四个选项:值、所处范围、直至下一个、贯通。

（1）值:从草图平面开始,按照所输入的数值向特征创建的方向进行单侧拉伸。

（2）所处范围:沿着草图面向两侧进行裁剪。

（3）直至下一个:开孔的深度从草图开始直到下一个曲面为止。

（4）贯通:开孔的深度深至贯穿所有曲面。

利用"法向开孔"命令创建孔时,截面线可以是封闭曲线,也可以是开放的曲线。法向开孔如图 4-15 所示。

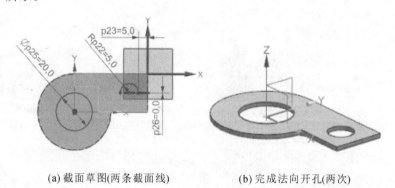

(a) 截面草图(两条截面线)　　　　　(b) 完成法向开孔(两次)

图 4-15　法向开孔

4.2.4　轮廓弯边

"轮廓弯边"功能用于通过沿矢量拉伸草图来创建基本特征,或者通过沿边或沿边链扫掠草图来填料（即通过扫掠方式创建钣金壁）。单击"菜单"→"插入"→"折弯"→"轮廓弯边"，弹出"轮廓弯边"对话框，如图 4-16 所示。

图 4-16　"轮廓弯边"对话框

在"轮廓弯边"对话框的"类型"下拉列表中有两个选项：基本件、次要。

次要：在原有钣金壁的边缘添加轮廓弯边特征，壁厚与基础钣金壁相同。创建轮廓弯边特征如图 4-17 所示。

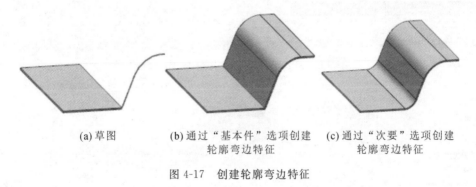

(a)草图　　　　　(b)通过"基本件"选项创建　　(c)通过"次要"选项创建
　　　　　　　　　　轮廓弯边特征　　　　　　　轮廓弯边特征

图 4-17　创建轮廓弯边特征

4.3　高级钣金设计特征

4.3.1　冲压开孔

在模拟冲压工具的草图内，切割该模型的一个区域，即可得到冲压开孔特征。形成冲压开孔特征的截面线可以是封闭的也可以是开放的。单击"菜单"→"插入"→"冲孔"→"冲压开孔"，弹出"冲压开孔"对话框，如图 4-18 所示。"开孔属性"面板的"侧壁"下拉列表有两个选项：材料外侧、材料内侧。这两个选项分别用于从材料外侧开始冲压和从材料内侧开始冲压。

图 4-18　"冲压开孔"对话框

创建冲压开孔特征操作如图 4-19 所示。

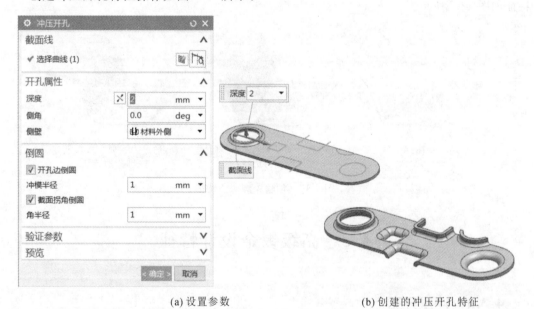

(a) 设置参数　　　　　　　　(b) 创建的冲压开孔特征

图 4-19　创建冲压开孔特征操作

4.3.2　凹坑

在仿真冲压工具的草图内,沿着钣金表面法向方向冲出该模型的一个区域,即得到凹坑特征。形成凹坑特征的截面曲线可以是封闭的也可以是开放的。单击"菜单"→"插入"→"冲孔"→"凹坑",弹出"凹坑"对话框,如图 4-20 所示。

1. "凹坑属性"面板

(1) 深度:深度值为钣金件的放置面到弯边底部的距离。

(2) 侧角:凹坑在钣金放置面法向的倾斜角度。

(3) 参考深度:分为内侧、外侧两种。

内侧:凹坑高度距离从截面线草图平面开始计算,延伸至总高。

外侧:凹坑高度距离从截面线草图平面开始计算,延伸至总高,再根据材料厚度设置偏置距离。

(4) 侧壁:分为材料外侧、材料内侧两种。

材料外侧:在截面线外侧开始生成凹坑。

材料内侧:在截面线内侧开始生成凹坑。

2. "倒圆"面板

(1) 冲压半径:凹坑底部与深度壁之间的过渡圆角半径。

(2) 冲模半径:钣金件放置面过渡到折弯部分的倒圆角半径。

(3) 角半径:凹坑壁之间的过渡圆角半径。

创建的凹坑特征如图 4-21 所示。

图 4-20　"凹坑"对话框

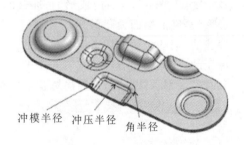

图 4-21　创建的凹坑特征

4.3.3　百叶窗

利用"百叶窗"功能,可通过截面线在钣金平面上创建通风窗。单击"菜单"→"插入"→"冲孔"→"百叶窗",弹出"百叶窗"对话框,如图 4-22 所示。

1. "切割线"面板

百叶窗的"切割线"为直线曲线。

2. "百叶窗属性"面板

(1) 深度:百叶窗表面到创建的百叶窗特征最外侧点的距离。

(2) 宽度:钣金件表面投影轮廓的宽度。

(3) 百叶窗形状:分冲裁的、成形的两种。

冲裁的:以切口的形状生成特征。

成形的:以成形的形状生成特征。

创建的百叶窗特征如图 4-23 所示。

注意:在创建百叶窗特征时,深度值必须小于或等于宽度值减去材料厚度,宽度必须小于截面长度的一半。

图 4-22　"百叶窗"对话框

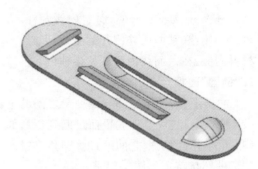

图 4-23　创建的百叶窗特征

4.3.4　筋

在 UG NX 11.0 软件中,可以完成沿仿真冲压工具的草图轮廓添加筋特征。单击"菜单"→"插入"→"冲孔"→"筋",弹出"筋"对话框,如图 4-24 所示。

(1)"横截面"下拉列表提供了三种筋横截面形状:圆形、U 形、V 形。

(2)"端部条件"有三种:成形的、冲裁的、冲压的。

成形的:筋的端面为圆形。

冲裁的:筋的端面有切口或者是平的。

冲压的:筋的端面有切口或者是平的。

"冲压"端部条件下,凸模宽度数值表示缺口大小。创建的筋特征如图 4-25 所示。

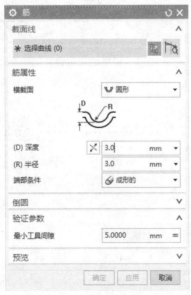

图 4-24　"筋"对话框

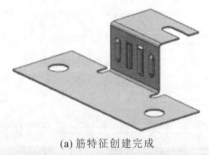

(a) 筋特征创建完成

(b) 放大图(从左到右依次为圆形、成形的U形、冲裁的V形、冲压的V形锥孔)

图 4-25　创建的筋特征

4.3.5 实体冲压

实体冲压命令是通过模具等对板料施加外力,使板料成形或分离而获得工件的一种加工工艺。通过冲压创建钣金特征是钣金件成形的一种主要方式。单击"菜单"→"插入"→"冲孔"→"实体冲压",弹出"实体冲压"对话框,如图 4-26 所示。

图 4-26 "实体冲压"对话框

在"实体冲压"对话框的"类型"下拉列表中有两个选项:凸模、冲模。

创建实体冲压的一般过程:

(1)创建工具体;

(2)选择"实体冲压"类型;

(3)从目标体上选择目标面;

(4)选择工具体;

(5)设置"实体冲压"参数;

(6)完成钣金件实体冲压特征创建。

利用草图工具及"拉伸"、"孔"、"倒角"等命令创建的突出块和工具体特征如图 4-27 所示。

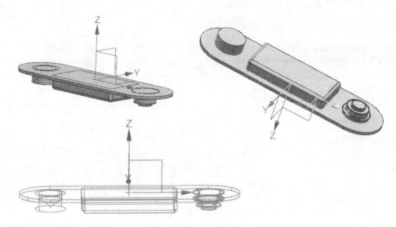

图 4-27 突出块和工具体特征

创建的冲压特征如图 4-28 所示。

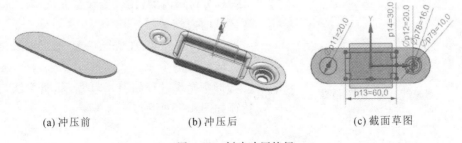

(a)冲压前   (b)冲压后   (c)截面草图

图 4-28 创建冲压特征

制作实体冲压特征的冲模类型时,工具体为中空的,否则不能进行冲压。图 4-28(b)中左侧冲压特征的工具体为具有孔特征的中空模型(创建孔特征,"布尔"选择"减去"),如图 4-29 所示。

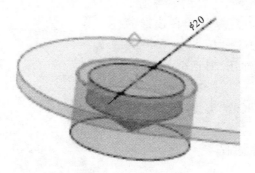

图 4-29　冲模类型工具体特征为中空的

4.4　钣金的折弯与展开

4.4.1　折弯

在钣金平面内,可沿着指定的直线按照某个角度折弯来修改模型。单击"菜单"→"插入"→"折弯"→"折弯",弹出"折弯"对话框,如图 4-30 所示。

图 4-30　"折弯"对话框

"折弯属性"面板中"反向"和"反侧"按钮用于控制折弯方向、折弯侧和固定侧。

"内嵌"下拉列表中有五种选项:外模线轮廓、折弯中心线轮廓、内模线轮廓、材料内侧、材料外侧。

(1)外模线轮廓:在展开状态下,折弯线位于折弯半径的第一相切边缘。

(2)折弯中心线轮廓:在展开状态下,折弯线位于折弯半径的中心。

(3)内模线轮廓:在展开状态下,折弯线位于折弯半径的第二相切边缘。

(4)材料内侧:在成形状态下,折弯线位于折弯区域的内侧平面。

(5)材料外侧:在成形状态下,折弯线位于折弯区域的外侧平面。

折弯操作过程如图 4-31 所示,折弯线与折弯特征如图 4-32 所示。

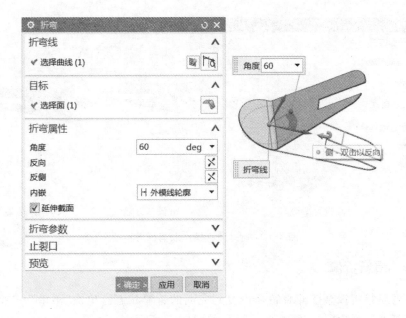

(a) 设置参数　　　　　　　　(b) 操作方法

图 4-31　折弯操作过程

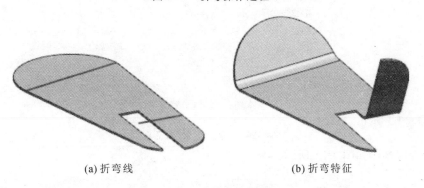

(a) 折弯线　　　　　　　　　(b) 折弯特征

图 4-32　折弯线与折弯特征

4.4.2　伸直

"伸直"功能用于取消折弯钣金件的折弯特征，即展平折弯以及与折弯部位相邻的材料。单击"菜单"→"插入"→"成形"→"伸直"，弹出"伸直"对话框，如图 4-33 所示。

1."固定面或边"面板

选择面或边：指定选取钣金件的一个平面或一条边为固定位置来创建展开特征。

2."折弯"面板

选择面：选择一个或多个折弯区域的圆柱面。

通过伸直操作取消折弯特征如图 4-34 所示。

图 4-33　"伸直"对话框

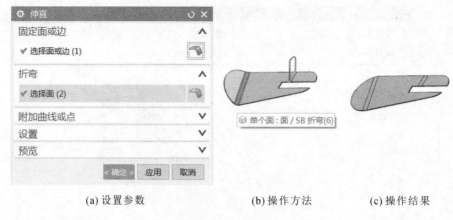

(a) 设置参数　　　　　(b) 操作方法　　　(c) 操作结果

图 4-34　通过伸直操作取消折弯特征

4.4.3　重新折弯

重新折弯是指将钣金壁伸直特征恢复到先前的折弯状态。单击"菜单"→"插入"→"成形"→"重新折弯",弹出"重新折弯"对话框,如图 4-35 所示。

图 4-35　"重新折弯"对话框

重新折弯操作如图 4-36 所示。

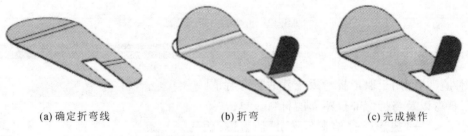

(a) 确定折弯线　　　　　(b) 折弯　　　　　(c) 完成操作

图 4-36　重新折弯操作

4.4.4　实体特征转换为钣金

该功能用于通过实体平面构建钣金模型。在"钣金"环境下,单击"主页"选项卡"基本"组中的"实体特征转换为钣金"按钮 ,弹出"实体特征转换为钣金"对话框,如图 4-37 所示。

实体特征转换为钣金操作如图 4-38、图 4-39 所示。

当需要把实体转换为钣金件时,可利用"实体特征转换为钣金"命令,并可应用"伸直"命令展开折弯特征。

图 4-37　"实体特征转换为钣金"对话框

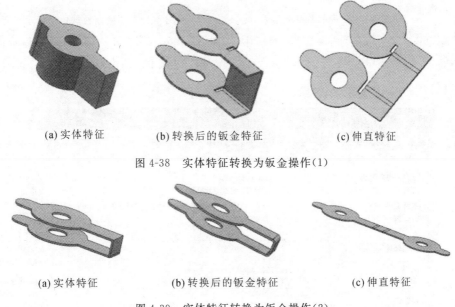

(a) 实体特征　　　(b) 转换后的钣金特征　　　(c) 伸直特征

图 4-38　实体特征转换为钣金操作(1)

(a) 实体特征　　　(b) 转换后的钣金特征　　　(c) 伸直特征

图 4-39　实体特征转换为钣金操作(2)

4.5　测量钣金数据

将钣金件展开后,可测量其展开后的表面面积、体积等。

4.5.1　测量面

单击"菜单"→"分析"→"测量面",弹出"测量面"对话框,如图 4-40 所示。在"对象"面板中单击"选择面"按钮,然后在模型中单击选择要测量的面,将显示面积值,如图 4-41所示。

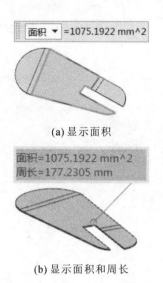

(a) 显示面积

(b) 显示面积和周长

图 4-40 "测量面"对话框　　图 4-41 测量面数据信息显示

　　在"测量面"对话框的"结果显示"面板中：若勾选"显示尺寸"复选框，则同时显示周长数据信息，如图 4-41(b)所示；若勾选"显示信息窗口"复选框，则会弹出"信息"显示框，如图 4-42所示。

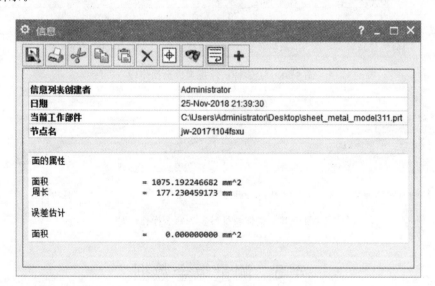

图 4-42 "信息"显示框

4.5.2　测量体

　　该功能用于计算实体的属性，如质量、体积和惯性矩等。单击"菜单"→"分析"→"测量体"，弹出"测量体"对话框，如图 4-43 所示。

　　若勾选"测量体"对话框"结果显示"面板中的"显示尺寸"复选框，则同时显示质量等数据信息，如图 4-44 所示。

图 4-43　"测量体"对话框

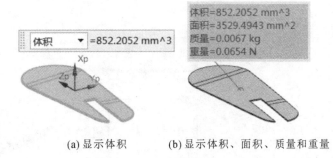

(a) 显示体积　　　　(b) 显示体积、面积、质量和重量

图 4-44　测量体数据显示

【综合案例】

案例 4-1：光幕前安装角

光幕前安装角钣金件模型及模型树如图 4-45 所示。

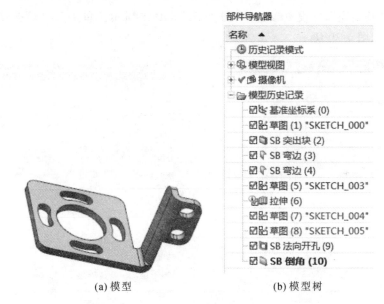

(a) 模型　　　　　　　　(b) 模型树

图 4-45　光幕前安装角钣金件模型及模型树

在光幕前安装角钣金件的设计过程中主要应用了"突出块"、"弯边"、"法向开孔"、"倒角"、"拉伸"等命令，需要注意的是"弯边"等命令的操作创建方法及过程。

光幕前安装角钣金件模型设计过程如下。

（1）新建文件：打开 UG NX 11.0 软件，单击"文件"→"新建"，选择"NX 钣金"，单位选择"毫米"，将文件名修改为"光幕前安装角.prt"，单击"确定"按钮，进入钣金设计模块。

（2）创建截面草图，创建"突出块"。

利用"直接草图"工具绘制截面草图。

单击"主页"选项卡"基本"组中的 "突出块"按钮 ，弹出"突出块"对话框。"类型"选择"基本件"；单击"厚度"文本框右侧的 = 按钮，在弹出的菜单中选择"使用局部值"选项，然后在"厚度"文本框中输入数值"2"。默认方向，选择曲线，单击"确定"按钮，完成突出块的创建，如图 4-46 所示。

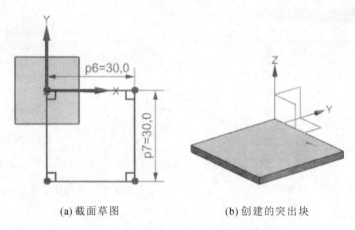

(a) 截面草图   (b) 创建的突出块

图 4-46　创建突出块

（3）创建弯边特征。

单击"主页"选项卡"折弯"组中的"弯边"按钮 ，弹出"弯边"对话框。选择对应的钣金模型边缘线为"基本边"，并设置参数，如图 4-47、图 4-48 所示。单击"确定"按钮，获得弯边特征，如图 4-49、图 4-50 所示。

图 4-47　弯边特征 1 参数设置   图 4-48　弯边特征 2 参数设置

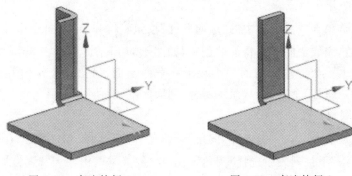

图 4-49　弯边特征 1　　　　　图 4-50　弯边特征 2

（4）绘制截面草图。

利用"直接草图"工具中的"轮廓"、"派生直线"、"镜像曲线"命令以及"快速尺寸"、"几何约束"等命令绘制截面草图，如图 4-51 所示。

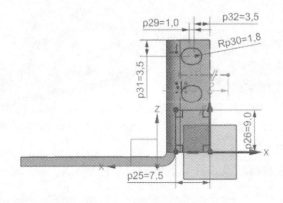

图 4-51　截面草图（1）

（5）创建拉伸减去特征。

单击"主页"选项卡"特征"组中的"拉伸"按钮 ，弹出"拉伸"对话框。选择截面曲线，在"布尔"下拉列表中选择"减去"。单击"确定"按钮，完成拉伸减去特征创建，如图 4-52 所示。

（6）绘制截面草图。

选择对应表面，创建草图平面，利用"直接草图"中工具的命令以及"快速约束"和"几何约束"命令绘制截面草图，如图 4-53 所示。

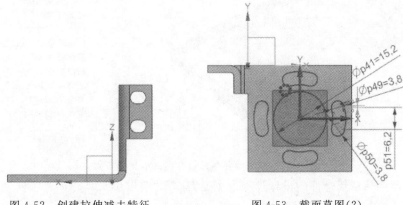

图 4-52　创建拉伸减去特征　　　　　图 4-53　截面草图（2）

（7）创建法向开孔特征。

单击"主页"选项卡"特征"组中的"法向开孔"按钮 ⬚，弹出"法向开孔"对话框。选择对应曲线，设置参数，完成法向开孔特征的创建，如图 4-54 所示。

也可以通过上一个步骤绘制的一个腰形孔草图截面，做出一个法向开孔特征，再利用"阵列面"的功能，获得四个特征，从而练习"阵列面"命令的使用。

（8）创建倒圆角特征。

单击"主页"选项卡"拐角"组中的"倒角"按钮 ⬚，弹出"倒角"对话框。在对话框的"倒角属性"面板的"方法"下拉列表中选择"圆角"，在"半径"文本框中输入"3"。单击"确定"按钮，完成圆角特征创建，获得"光幕前安装角"钣金件模型，如图 4-55 所示。

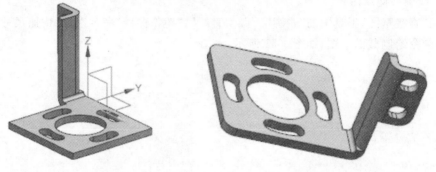

图 4-54　法向开孔特征　　　　　　图 4-55　"光幕前安装角"钣金件模型

案例 4-2：显示器隔热罩

显示器隔热罩钣金件模型及部件导航器的模型树如图 4-56 所示。

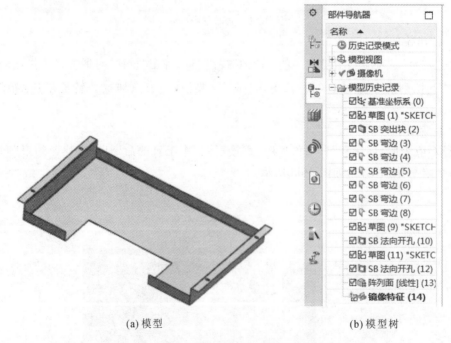

　　　（a）模型　　　　　　　　　　　　（b）模型树

图 4-56　显示器隔热罩钣金件模型及模型树

在显示器隔热罩钣金件的设计过程中主要需应用"突出块"、"弯边"、"法向开孔"、"阵列面"、"镜像特征"等命令。

本例的模型文件参见本章配套资源"素材"文件夹中的源文件"显示器隔热罩. prt"
文件。

案例 4-3：电源盒底盖

电源盒底盖钣金件模型与模型树，如图 4-57 所示。

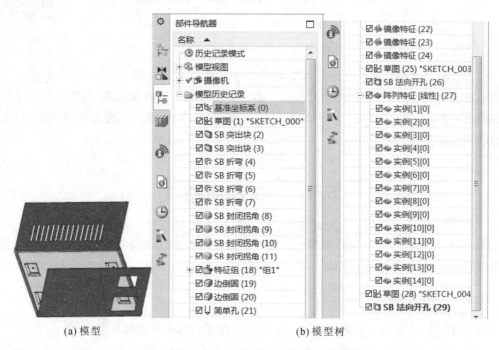

(a) 模型   (b) 模型树

图 4-57 电源盒底盖钣金件模型与模型树

本案例主要需应用"突出块"、"折弯"、"封闭拐角"、"简单孔"、"实体冲压"、"法向开孔"、
"阵列特征"等命令。注意"实体冲压"命令的操作过程及建模模块和钣金模块命令综合应用
的创建方法。

本例的模型文件参见本章配套资源"素材"文件夹中的源文件"电源盒底盖. prt"。

第5章　曲 面 建 模

曲面建模

　　曲面建模是产品造型设计中最重要的一个环节，也是较难的部分。UG NX 提供了强大的曲面建模功能，可以方便创建各种曲面。本章主要介绍一般曲面创建、网格曲面创建以及扫掠曲面的创建。最后将通过一个综合案例介绍 UG NX 的曲面建模应用，以便使读者更好地掌握曲面建模的各个功能。

5.1　一般曲面创建

　　本小节主要介绍四点曲面、有界平面等一般曲面的创建。一般曲面创建操作简单，使用方便，在曲面建模中经常会使用到。

5.1.1　四点曲面

　　"四点曲面"功能用于通过指定四个不在同一直线上的点来创建曲面。

　　在"曲面"选项卡的"曲面"组中选择"四点曲面"按钮 ▭ ，弹出如图 5-1 所示的"四点曲面"对话框。依次选择四个点，单击"确定"按钮，完成如图 5-2 所示四点曲面的创建。

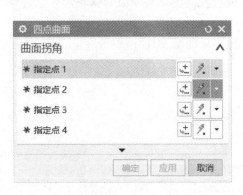

图 5-1　"四点曲面"对话框

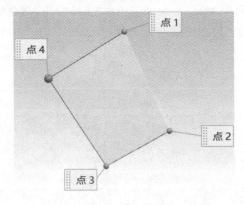

图 5-2　四点曲面

5.1.2　有界平面

　　利用"有界平面"功能可以由一组相连的封闭平面曲线创建平面片体。"有界平面"功能在创建平面和修补面时经常会用到，是构建平面时最常用的功能。下面通过案例来介绍有界平面的一般操作步骤。

【基础操作案例】

案例 5-1：有界平面创建

（1）启动 UG NX 11.0 软件，打开本章配套资源"素材"文件夹中的源文件"5-1-1 四点曲面.prt"，如图 5-3 所示。

（2）在"曲面"选项卡的"曲面"组中单击"有界平面"按钮 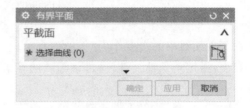，弹出如图 5-4 所示的"有界平面"对话框。

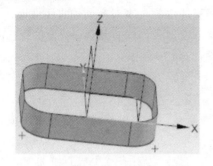

图 5-3　源文件"5-1-1 四点曲面.prt"　　　　　图 5-4　"有界平面"对话框

（3）在软件主界面上边框工具条的"选择组"中选择"相切曲线"，选择图 5-3 所示模型上表面边界的外圈边缘，单击"确定"按钮，创建如图 5-5 所示的有界平面。

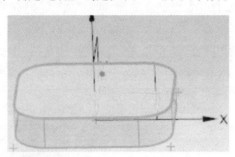

图 5-5　有界平面

5.2　网 格 曲 面

"网格曲面"工具使用方便、易于控制，是曲面造型中最重要的创建工具。本节主要介绍"直纹面"、"通过曲线组"、"通过曲线网格"、"艺术曲面"、"N 边曲面"等命令。下面对这些命令进行逐一介绍。

5.2.1　直纹面

"直纹面"命令用于通过一系列直线连接两组线串而形成一张曲面。在创建直纹面时，只能使用两组线串，这两组线串可以封闭，也可以不封闭。

在"曲面"选项卡的"曲面"组中单击"直纹"按钮 ，弹出如图 5-6 所示"直纹"对话框。其中的"对齐"面板中有多个对齐形式选项。

图 5-6　"直纹"对话框

在"对齐"面板右边单击按钮 ▾，展开下拉列表，其中共列出了"参数"、"根据点"、"弧长"、"距离"、"角度"和"脊线"六种调整方法，下面对这些方法的含义进行详细介绍。

（1）参数：空间点将会沿着所指定的曲线以相等的间距（其值为设置的参数值）穿越曲线创建曲面，所选的曲线完全等分。

根据点：根据所选取的点来对齐创建自由曲面。

弧长：以整体分段形式创建直纹面，一般在两截面线串内部曲线相切的情况下使用。

距离：指定一个矢量方向，使用垂直于矢量方向的等距平面与截面线串的交点作为对齐点生成直纹曲面。

角度：指定一条轴线，以通过该轴线的等角度平面与截面线串的交点为对齐点生成直纹曲面。

脊线：选择脊线，以垂直于脊线的平面与截面线串的交点为对齐点生成直纹曲面

【基础操作案例】

案例 5-2：直纹面创建

（1）启动 UG NX 11.0，打开本章配套资源"素材"文件夹中的源文件"5-2-1 直纹面.prt"，如图 5-7 所示。

（2）在"曲面"工具条的"曲面"组中单击"直纹"按钮 ⬛。定义截面线串 1：选择带圆角的正方形为线串 1，单击鼠标中键确定。定义截面线串 2：选择圆为线串 2，单击鼠标中键确定。单击"确定"按钮，完成如图 5-8 所示的直纹面。

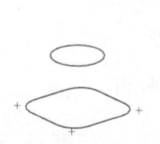

图 5-7　源文件"5-2-1 直纹面.prt"

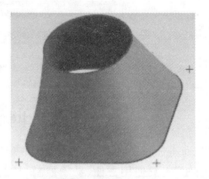

图 5-8　创建的直纹面

5.2.2　通过曲线组

利用"通过曲线组"命令可以根据一系列截面线串（大致在同一方向）建立片体或者实体。"通过曲线组"最多可允许使用 150 条截面线串，并且可以通过两端截面曲线处的曲面控制生成曲面的约束状态。

在"曲面"选项卡的"曲面"组中选择"通过曲线组"按钮 ▾，弹出如图 5-9 所示的"通过曲线组"对话框。"通过曲线组"对话框中主要有"截面"、"连续性"、"对齐"、"输出曲面选项"和

"设置"五个面板,下面分别进行介绍。

1."截面"面板

"截面"面板主要用于选择创建自由曲面的截面线串。

2."连续性"面板

"连续性"面板用来设置自由曲面在相应的线串处和一个或多个选定面的连续性,如位置、相切情况或者斜率。

3."对齐"面板

"对齐"面板用于对生成直纹面的对齐方式进行调整。"对齐"面板有多个对齐形式选项,其含义和"直纹面"命令中的类似,在此不再介绍。

4."输出曲面选项"面板

"输出曲面选项"面板用于对输出的自由曲面的补片类型、构造和封闭性进行设置。

5."设置"面板

"设置"面板用于对自由曲面的阶次、公差等进行设置。

【基础操作案例】

图 5-9 "通过曲线组"对话框

案例 5-3:通过曲线组创建曲面

(1)启动 UG NX 11.0 软件,打开本章配套资源"素材"文件夹中的源文件"5-2-2 通过曲线组.prt",如图 5-10 所示。

(2)在"曲面"选项卡的"曲面"组中选择"通过曲线组"按钮 ,弹出"通过曲线组"对话框。

(3)选择曲线 1 来确定通过曲线组的截面 1,单击"添加新集"按钮 ,接着选择曲线 2 来确定通过曲线组的截面 2,按照相同的方法选择曲线 3 来确定通过曲线组截面 3,如图 5-11所示,注意选取曲线时鼠标尽量选择曲线的相近位置。

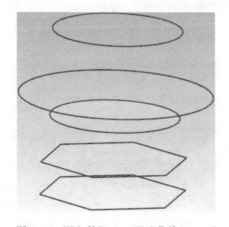

图 5-10 源文件"5-2-2 通过曲线组.prt"

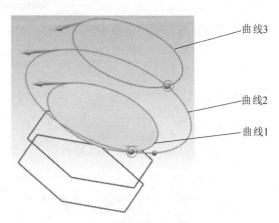

图 5-11 曲线组(1)

（4）在"通过曲线组"对话框的"连续性"面板中，将第一截面的连续方式设置为"G1（相切）"，选择源文件中的有界平面作为相切平面，将最后截面的连续方式设置为"G0（位置）"，如图 5-12 所示。

（5）在"对齐"面板的"对齐"列表框中选择"参数"；在"设置"面板中，将"体类型"设置为"片体"，"次数"设置为 3，如图 5-13 所示。单击"确定"按钮，完成通过曲线组的曲面创建，如图 5-14 所示。

图 5-12　"连续性"面板　　　　　　　图 5-13　"设置"面板

（6）再次调用"通过曲线组"命令，选择如图 5-15 所示的图形中的曲线 1 来确定通过曲线组的截面 1，单击"添加新集"按钮，接着选择曲线 4 来确定通过曲线组的截面 2。

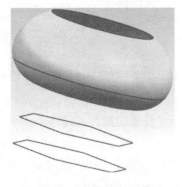

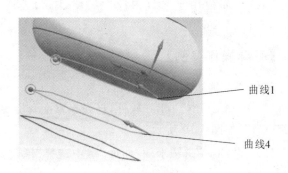

图 5-14　通过曲线组的曲面　　　　　　图 5-15　曲线组（2）

（7）在"通过曲线组"对话框的"连续性"面板中，将第一截面的连续方式设置为"G0（位置）"，然后选择源文件中的有界平面作为相切平面，将最后截面的连续方式设置为"G0（位置）"。

（8）在"对齐"面板中的"对齐方式"下拉列表中选择"角度"，如图 5-16 所示，然后将 Z 轴设置为基准轴；在"设置"面板中将"体类型"设置为"实体"，"次数"设置为 1。单击"确定"按钮，完成通过曲线组的曲面创建，如图 5-17 所示。

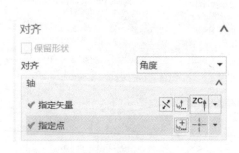

图 5-16　"对齐"面板（1）　　　　　　图 5-17　角度对齐效果

（9）再次调用"通过曲线组"命令，选择如图 5-18 所示的图形中的曲线 4 作为通过曲线组的截面 1，然后单击"添加新集"按钮，接着选择曲线 5 作为截面 2。

（10）在"连续性"面板中，将第一截面的连续方式设置为"G0（位置）"，最后截面的连续方式也设置为"G0（位置）"。

（11）在"对齐"面板的"对齐"下拉列表中选择"根据点"，如图 5-19 所示。然后拖动截面上的点，依次错开一个位置。如图 5-20 所示，在"设置"面板中将"体类型"设置为"实体"，"次数"设置为"1"。单击"确定"按钮，完成通过曲线组实体的创建，如图 5-21 所示。

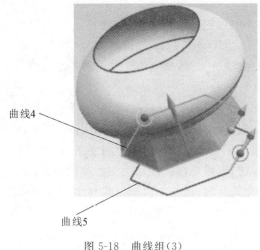

图 5-18　曲线组（3）

图 5-19　"对齐"面板（2）

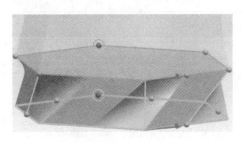

图 5-20　点对齐

图 5-21　模型效果

5.2.3　通过曲线网格

"通过曲线网格"命令与"通过曲线组"命令相似，但是"通过曲线网格"命令可以控制两组曲线及相应的四个连续性，能创建更复杂的曲面，因而具有比"通过曲线组"命令更强大的功能和更广泛的应用。

在"曲面"选项卡的"曲面"组中单击"通过曲线网格"按钮 ，弹出如图 5-22 所示的"通过曲线网格"对话框。"通过曲线网格"对话框中主要有"主曲线"、"交叉曲线"、"连续性"、"输出曲面选项"和"设置"五个面板。下面分别对"主曲线"和"交叉曲线"面板进行介绍，其余几个选项含义与"通过曲线组"对话框中一样，此处不赘述。

图 5-22　"通过曲线网格"对话框

1."主曲线"面板

"主曲线"面板主要用于选择创建自由曲面的主曲线。一般都会选择一条以上的主曲线。

2."交叉曲线"面板

"交叉曲线"面板主要用于选择创建自由曲面的交叉曲线。一般都会选择一条以上的交叉曲线。

【基础操作案例】

案例 5-4：通过曲线网格创建曲面

（1）启动 UG NX 11.0 软件，打开本书配套资源"素材"文件夹中的源文件"5-2-3 通过曲线网格.prt"，如图 5-23 所示。

（2）在"曲面"选项卡的"曲面"组中单击"通过曲线网格"按钮，弹出"通过曲线网格"对话框。

（3）选择样条曲线的端点作为主线串 1，单击"添加新集"按钮，选择桥接曲线作为主线串 2，如图 5-24 所示；在"交叉曲线"面板中以相同的方法选择两条样条曲线作为交叉曲线，如图 5-25 所示。

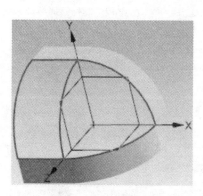

图 5-23　源文件"5-2-3 通过曲线网格.prt"

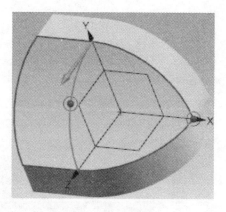

图 5-24　主线串

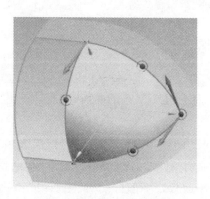

图 5-25　交叉线串

（4）在"连续性"面板中，将第一主线串的连续方式设置为"G0（位置）"，"最后主线串"设置为"G0（位置）"，第一交叉线串的连续方式设置为"G1（相切）"。选择源文件中的拉伸曲面1作为相切面，交叉线串连续方式也设置为"G1（相切）"；选择拉伸曲面2作为相切面，相关设置如图 5-26 所示。单击"确定"按钮，完成网格曲面的创建，如图 5-27 所示。

图 5-26　"连续性"选项卡

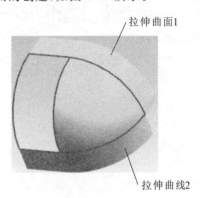

图 5-27　连续面

（5）再次调用"通过曲线网格"命令，选择样条曲线 1 为主线串 1；在"通过曲线网格"对话框的"主曲线"面板中单击"添加新集"按钮，选择样条曲线 2 作为主线串 2；在"交叉曲线"面板中以相同的方法选择两条桥接曲线作为交叉线串，如图 5-28 所示。

（6）在"通过曲线网格"对话框的"连续性"面板中：将第一主线串的连续方式设置为"G1（相切）"，选择拉伸曲面作为相切面；将主线串的连续方式设置为"G1（相切）"，选择拉伸曲面 2 作为相切面；将第一交叉线串的连续方式设置为"G0（位置）"；将交叉线串的连续方式设置为"G1（相切）"，选择刚创建的网格曲面作为相切面。单击"确定"按钮，完成通过曲线网格的曲面创建，如图 5-29 所示。

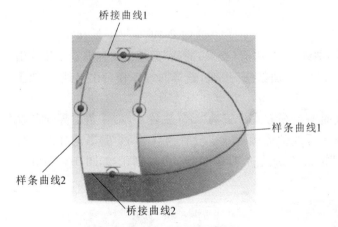

图 5-28　样条曲线与桥接曲线

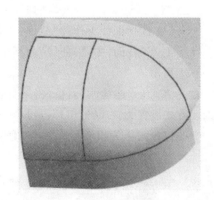

图 5-29　通过曲线网格创建的曲面

5.2.4　艺术曲面

"艺术曲面"命令结合了"通过曲线组"、"通过曲线网格"、"扫掠"等命令的特点，能用于创建各种造型的曲面。"艺术曲面"命令的曲线选择很灵活，可以选择两条、三条甚至更多条曲线。

下面通过案例来介绍艺术曲面的创建。

【基础操作案例】

案例 5-5：艺术曲面创建

（1）启动 UG NX 11.0 软件，打开本书配套资源"素材"文件夹中的源文件"5-2-4 艺术曲面.prt"，如图 5-30 所示。

（2）在"曲面"选项卡的"曲面"组中单击"艺术曲面"按钮，弹出"艺术曲面"对话框，如图 5-31 所示。

图 5-30　"5-2-4 艺术曲面.prt"　　　　　　　图 5-31　"艺术曲面"对话框

（3）选择曲线 1 作为"截面（主要）曲线"，在"引导（交叉）曲线"面板中选择曲线 2 作为引导线 1；在"截面（主要）曲线"面板中，单击"添加新集"按钮，选择曲线 3 作为引导线 2，如图 5-32 所示。

（4）在"连续性"面板，将第一截面的连续方式设置为"G0（位置）"，第一条引导线的连续方式设置为"G1（相切）"，最后一条引导线的连续方式也设置为"G1（相切）"，选择源文件中的拉伸面作为相切面。单击"确定"按钮，完成艺术曲面第一部分的创建，如图 5-33 所示。

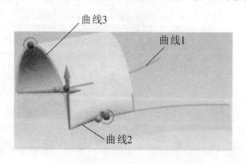　　　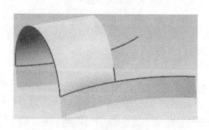

图 5-32　定义截面和引导线　　　　　　　　图 5-33　艺术曲面第一部分

（5）再次调用"艺术曲面"命令，在"截面（主要）曲线"面板中，单击"添加新集"按钮新建截面，选择源文件中的桥接曲线为截面线 2。单击"确定"按钮，完成艺术曲面第二部分的创建，得到完整的艺术曲面，如图 5-34 所示。

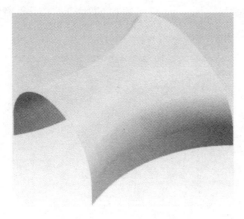

图 5-34　艺术曲面

5.2.5　N 边曲面

使用"N 边曲面"命令，可以利用相连的曲线创建曲面，其使用方法和"有界平面"命令类似，但是"N 边曲面"命令还可以指定所创建曲面与外部面的连续方式。在修补曲面缺口时，"N 边曲面"是一个非常好用的命令。下面通过案例来介绍 N 边曲面的创建步骤。

【基础操作案例】

案例 5-6：N 边曲面创建

（1）启动 UG NX 11.0 软件，打开本书配套资源"素材"文件夹中的源文件"5-2-5N 边曲面.prt"，如图 5-35 所示。

（2）在"曲面"选项卡的"曲面"组中选择"N 边曲面"按钮 ，弹出"N 边曲面"对话框，如图 5-36 所示。

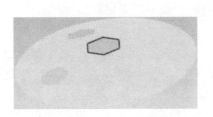

图 5-35　源文件"5-2-5N 边曲面.prt"

图 5-36　"N 边曲面"对话框

（3）设置 N 边曲面的类型为"已修剪"，在"外环"面板中单击"选择曲线"按钮，选择模型中片体上的六边形缺口的边线。单击"确定"按钮，创建一个六边形曲面，如图 5-37 所示。

（4）再次调用"N 边曲面"命令，设置 N 边曲面的类型为"三角形"；在"外环"面板中单击"选择曲线"按钮，选择模型中片体上的圆形缺口的边线。单击"确定"按钮，创建一个"三角形"类型的 N 边曲面，如图 5-38 所示。

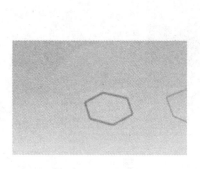
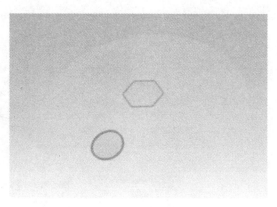

图 5-37 N 边曲面　　　　　　　　　图 5-38 三角形 N 边曲面

（5）再次调用"N 边曲面"命令，设置 N 边曲面的类型为"已修剪"，在"外环"面板中单击"选择曲线"按钮，选择源文件中心八边形的边线，"约束面"选择源文件中的曲面，在"设置"面板中勾选"修剪到边界"复选框。单击"确定"按钮，完成"八边形"类型的 N 边曲面的创建，如图 5-39 所示。

图 5-39 "八边形"类型的 N 边曲面（右侧为放大效果）

5.3 扫掠曲面

"扫掠曲面"是曲面建模中除了"网格曲面"命令以外另一个经常使用的命令。"扫掠曲面"实际上包括"扫掠"、"变化扫掠"、"沿引导线扫掠"和"管道"命令。由于"沿引导线扫掠"和"管道"命令在特征建模中做了介绍，本节主要介绍"扫掠"和"变化扫掠"命令。

5.3.1 扫掠

"扫掠"命令可以通过沿一条、两条或三条引导线串扫掠一个或多个截面，来创建实体或片体。"扫掠"命令通过控制引导线、截面线，定义脊线等方式实现不同的形状，在产品造型中的使用频率十分高。

在"曲面"选项卡的"曲面"组中选择"扫掠"按钮，弹出如图 5-40 所示的"扫掠"对话框。其中主要有"截面"、"引导线"、"脊线"、"截面选项"和"设置"五个面板,下面分别进行介绍。

1."截面"面板

"截面"面板主要用于选择扫掠创建体的截面。

2."引导线"面板

"引导线"面板主要用于选择创建扫掠体的引导线。一般选择 1 条以上的引导线,最多可以选择 3 条。

3."脊线"面板

"脊线"面板用于设置创建自由曲面过程中的脊线串。

4."截面选项"面板

"截面选项"面板用来设置插值的阶次和对齐的方法。在"插值"栏中共有"线性"和"三次"两个选项,分别表示插值的方式为线性插值和三次插值。

图 5-40　"扫掠"对话框

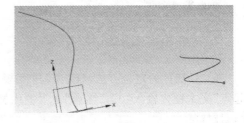

图 5-41　源文件"5-3-1 扫掠.prt"

【基础操作案例】

案例 5-7:扫掠操作

(1) 启动 UG NX 11.0 软件,打开本书配套资源"素材"中的源文件"5-3-1 扫掠.prt",如图 5-41 所示。

(2) 在"曲面"选项卡的"曲面"组中选择"扫掠"命令,弹出"扫掠"对话框。选择如图5-42所示的曲线 1 作为截面线,选择曲线 2 作为引导线。

(3) 在"截面选项"面板中,将截面位置设置为"沿引导线任何位置",定位方法设置为"固定",可以预览该参数下的扫掠效果,如图 5-43 所示。

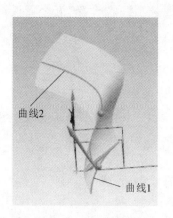

曲线2

曲线1

图 5-42　截面线和引导线

图 5-43　扫掠效果(1)

（4）再次调用"扫掠"命令，选择四边形草图曲线作为截面线，选择螺旋线作为引导线，采用默认的参数，扫掠效果如图 5-44 所示。

（5）在"截面选项"面板中，将截面位置设置为"沿引导线任何位置"，将定位方法设置为"强制方向"，选择 Z 方向作为方向矢量，创建如图 5-45 所示的扫掠实体。

图 5-44　扫掠效果(2)

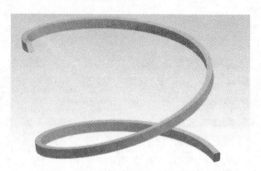

图 5-45　扫掠效果(3)

（6）将扫掠的定位方法修改为"角度规律"，在"规律类型"下拉列表中选择"线性"，在"起点"文本框内输入"0"，"终点"文本框内输入"180"，单击"确定"按钮，创建如图 5-46 所示的扫掠特征。

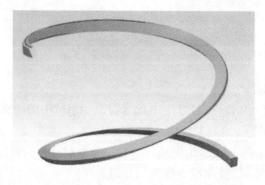

图 5-46　扫掠效果(4)

5.3.2 变化扫掠

使用"变化扫掠"命令,可通过沿路径扫掠横截面来创建体。变化扫掠的截面必须是内部草图,并且截面可基于路径与草图约束进行更改。

在"曲面"选项卡的"曲面"组中选择"变化扫掠"按钮 ,弹出如图 5-47 所示的"变化扫掠"对话框。变化扫掠在曲面建模中应用较少,读者可以根据需求自行学习。

图 5-47 "变化扫掠"对话框

【综合案例】

案例 5-8:电吹风曲面建模

本案例介绍吹风机外壳的曲面设计过程,主要需应用曲面建模中的"通过曲线组"、"扫掠"等命令生成几个独立的曲面,然后利用曲面的修剪与延伸、曲面加厚等功能将曲面变成实体模型。吹风机外壳零件模型及相应的模型树如图 5-48 所示。

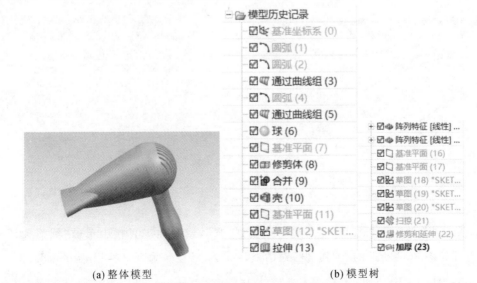

(a) 整体模型   (b) 模型树

图 5-48 吹风机外壳零件模型及相应的模型树

电吹风曲面建模步骤如下：

（1）创建主体。

① 单击"菜单"→"插入"→"曲线"→"椭圆"，或者在工具栏中单击"椭圆"按钮 ⊕，打开如图 5-49 所示的"点"对话框，将 X、Y、Z 坐标值分别设置为 0、0、−10。单击"确定"按钮，打开如图 5-50 所示的"椭圆"对话框。在对话框中将"长半轴"值设置为 40，"短半轴"值设置为 14，其余参数均采用默认设置。单击"确定"按钮，创建如图 5-51 所示的椭圆。

图 5-49　"点"对话框　　　　　　　　　　图 5-50　"椭圆"对话框

② 用同样的方法创建另一个椭圆，对应"点构造器"中的 X、Y、Z 坐标值分别设置为 0、0、40，将"长半轴"值设置为 23，"短半轴"值设置为 11，创建的椭圆如图 5-52 所示。

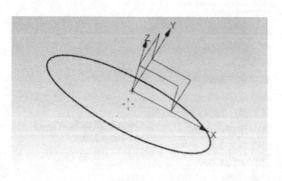

图 5-51　椭圆 1　　　　　　　　　　　图 5-52　椭圆 1 和椭圆 2

③ 单击"菜单"→"插入"→"曲线"→"圆弧/圆"，或者在工具栏中单击"圆弧/圆"按钮 ，打开如图 5-53 所示的"圆弧/圆"对话框，将"类型"设置为"从中心开始的圆弧/圆"。单击"中心点"选项卡中的按钮 ，弹出"点"对话框，将点的坐标设置为（0，0，0）；单击"确定"

按钮返回"圆弧/圆"对话框,在"通过点"面板的"终点选项"下拉列表中选择"直径",在"大小"面板的"直径"栏中输入"25",单击"确定"按钮,创建如图 5-54 所示的圆。

图 5-53　"圆弧/圆"对话框　　　　　　　　　图 5-54　圆

④ 用同样的方法,分别在(0,0,50)处创建直径为 50 mm 的圆,在(0,0,120)处创建直径 75 mm 的圆,创建后的效果如图 5-55 所示。

⑤ 单击"菜单"→"插入"→"网格曲面"→"通过曲线组",选择椭圆 1 作为截面 1,椭圆 2 作为截面 2,如图 5-55 所示,选择完毕后,单击"确定"按钮,创建如图 5-56 所示的实体。

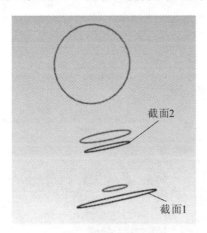

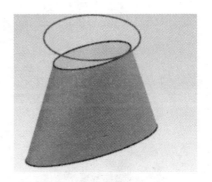

图 5-55　再创建两圆后的效果　　　　　　　图 5-56　"通过曲线组"效果图

⑥ 再次调用"通过曲线组"命令,在模型中依次选择三个圆作为"截面曲线",在"对齐"面板中取消勾选"保留形状"复选框,在"对齐"下拉列表中选择"角度",如图 5-57 所示。指定轴为基准坐标的 Z 轴,创建的通过曲线组特征如图 5-58 所示。

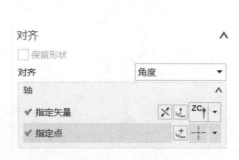

图 5-57　"对齐"选项卡　　　　　　　图 5-58　"通过曲线组"效果图

（2）创建尾部球体。

在"主页"选项卡的"特征"组中单击"球"按钮，打开如图 5-59 所示的"球"对话框。在"类型"面板的下拉列表中选择"圆弧"；在"圆弧"面板中单击"选择圆弧"按钮，并在模型中选择如图 5-60 所示的圆；在"布尔"下拉列表框中选择"无"。单击"确定"按钮，系统会自动创建如图 5-61 所示的球特征。

图 5-59　"球"对话框

图 5-60　选择圆弧　　　　　　　　　图 5-61　球特征

（3）修剪球体。

① 单击"菜单"→"插入"→"基准/点"→"基准平面"或者在工具栏中单击按钮▢，打开如图 5-62 所示的"基准平面"对话框。在该对话框的"类型"面板的下拉列表中选择"按某一距离"；在"平面参考"面板中单击"选择平面对象"按钮，并在模型中选择如图 5-63 所示的平面；在"偏置"面板中将"距离"值设置为 0，"数量"值设置为 1。单击"确定"按钮，创建如图 5-64所示的基准平面。

图 5-62　"基准平面"对话框

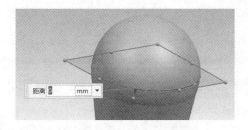

图 5-63　选择平面

② 单击"菜单"→"插入"→"修剪"→"修剪体"，或者在工具栏中单击按钮▦，打开如图 5-65 所示的"修剪体"对话框。单击"选择体"按钮，在模型中选择步骤（2）中创建的尾部球体，单击"选择面或平面"按钮，并在模型中选择刚创建的基准面，如图 5-66 所示。单击"确定"按钮，创建如图 5-67 所示的修剪特征。

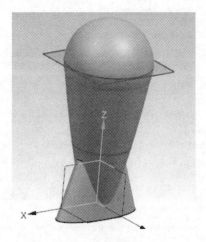

图 5-64　基准平面

图 5-65　"修剪体"对话框

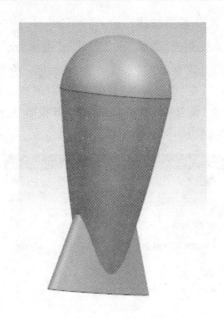

图 5-66　"修剪选择　　　　　　　　　图 5-67　修剪特征

③ 单击"菜单"→"插入"→"组合"→"合并"或者在工具栏中单击"合并"按钮，打开如图 5-68 所示的"合并"对话框。选择模型中的三个实体，单击"确定"按钮，完成合并。

（4）创建抽壳特征。

单击"菜单"→"插入"→"偏置/缩放"→"抽壳"，或者在工具栏中单击"抽壳"按钮，打开如图 5-69 所示的"抽壳"对话框。在"类型"面板的下拉列表中选择"移除面，然后抽壳"，在"厚度"面板中将"厚度"设置为 1 mm，单击"要穿透的面"面板中的"选择面"按钮，并在模型中选择要抽壳的面。单击"确定"按钮，即可创建如图 5-70 所示的抽壳特征。

图 5-68　"合并"对话框　　　　　　　图 5-69　"抽壳"对话框

（5）创建进气窗。

① 单击"菜单"→"插入"→"基准/点"→"基准平面"，打开"基准平面"对话框。在该对

话框"类型"面板的下拉列表中选择"按某一距离",在"平面参考"面板中单击"选择平面对象"按钮,并在模型中选择如图 5-71 所示的平面,在"偏置"文本框中将"距离"设置为20 mm,"平面的数量"设置为1。单击"确定"按钮,完成基准平面创建。

　　② 选择"插入"→"草图",或者在工具栏中单击"草图"按钮 ⬚,打开"创建草图"对话框。"草图类型"选择"在平面上",选择如图 5-71 所示的草图平面。单击"确定"按钮,进入草图界面,创建如图 5-72 所示的草图。

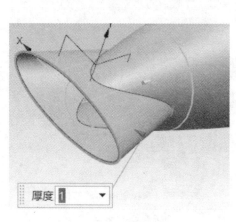

图 5-70　抽壳特征

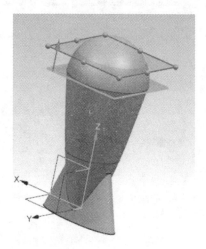

图 5-71　基准平面

　　③ 在"主页"选项卡的"特征"组中单击"拉伸"按钮,打开"拉伸"对话框。在"截面线"面板中单击"选择曲线"按钮,并在模型中选择如图 5-72 所示的草图轮廓,在"方向"下拉列表中选择"指定矢量",选择拉伸方向为 Z 方向;在"限制"面板中"开始"和"结束"文本框中分别输入"0"和"20";在"布尔"面板的"布尔"下拉列表中选择"减去"。单击"确定"按钮,创建如图 5-73 所示的拉伸特征。

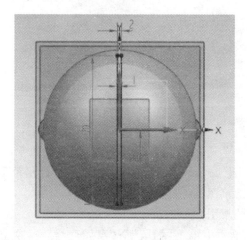

图 5-72　草图

图 5-73　拉伸特征

　　④ 单击"插入"→"关联复制"→"阵列特征",或者在工具栏中单击"阵列特征"按钮 ⬡,打开如图 5-74 所示的"阵列特征"对话框。单击"要形成阵列的特征"面板下的"选择特征"

按钮,选择图 5-75 中高亮显示部分作为要阵列的部位;在"阵列定义"面板中,在"布局"下拉列表中选择"线性",将"方向 1"设置为 X 方向,在"间距"下拉列表中选择"数量和间隔",然后将"数量"设置为 8,"节距"设置为 4.8 mm,取消"方向 2"的勾选。单击"应用"按钮,用同样的方法复制另一阵列,阵列参数如下:在"方向 1"区域的"间距"下拉列表中选择"数量和间隔",将"数量"设置为 8,"节距"设置为 4.5 mm,阵列效果如图 5-76 所示。

图 5-74 "阵列特征"对话框

图 5-75 选择要阵列的部位

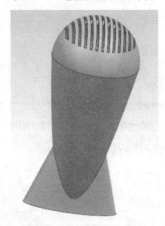

图 5-76 阵列特征效果图

(6) 创建手柄轮廓曲线。

① 利用"基准平面"命令创建如图 5-77 所示的四个基准平面,其中平面 1 为 XZ 面,平面 2 为 YZ 面,平面 3 和平面 1 平行且相距 40 mm,平面 4 和平面 1 平行且相距 130 mm。

② 在平面 3 上创建如图 5-78 所示的草图。

③ 在平面 4 上创建如图 5-79 所示的草图。

④ 在平面 2 上创建草图,首先在菜单栏中单击"插入"→"草图曲线"→"交点",弹出如图 5-80 所示的"交点"对话框,创建如图 5-81 所示的四个交点,即点 1、点 2、点 3 和点 4。

⑤ 在平面 2 上创建如图 5-82 所示的草图,其中两条"艺术样条"曲线都过上一步创建的交点。

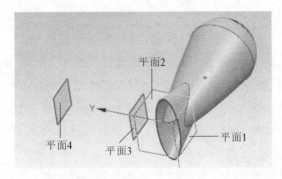

图 5-77 基准平面示意图

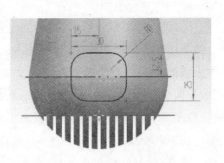

图 5-78 平面 3 上的草图

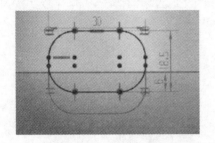

图 5-79 平面 4 上的草图

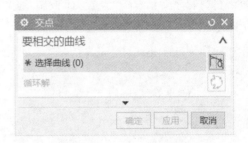

图 5-80 "交点"对话框

图 5-81 交点位置

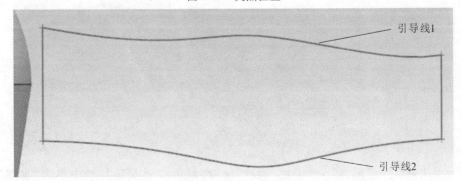

图 5-82 平面 2 上的草图

(7) 创建手柄。

① 在"主页"选项卡的"曲面"组中单击"扫掠"按钮,或者在工具栏中单击"扫掠"按钮

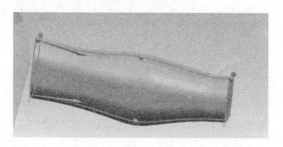，打开"扫掠"对话框。

②　在"扫掠"对话框中，单击"截面"面板中的"选择曲线"按钮，然后选择绘制的平面 3 上的草图作为截面曲线 1，单击"截面"面板中的"添加新集"按钮，再选择平面 4 上的草图作为截面曲线 2，完成截面曲线的选取。单击"扫掠"对话框的"引导线（最多 3 条）"面板中的"选择曲线"按钮，激活该功能，然后选择其中一条艺术样条曲线作为引导曲线 1，单击"引导线（最多 3 条）"面板中的"添加新集"按钮，选择另一条艺术样条曲线作为引导曲线 2。观察与调整截面线与引导线的方向，保持方向一致，如图 5-83 所示。

注意：在创建扫掠特征时，点选截面曲线与点选引导曲线的位置要大体保持一致，否则可能出现所创建特征不符合操作者意愿，不是操作者需要的目标特征的情况。

③　在"扫掠"对话框的"设置"面板中，将"体类型"设置为"片体"。单击"确定"按钮，创建如图 5-84 所示的扫掠曲面。

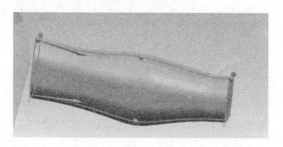

图 5-83　选择截面和引导线

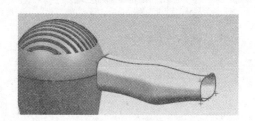

图 5-84　扫掠曲面

④　单击"菜单"→"插入"→"修剪"→"修剪和延伸"，或者在工具栏中单击"修剪和延伸"按钮，打开如图 5-85 所示的"修剪和延伸"对话框。将"修剪和延伸类型"设置为"直至选定"，"目标"选择扫掠生成的手柄曲面，"工具"选择吹风机外壳的主体外表面。单击"确定"按钮，完成如图 5-86 所示的曲面。

图 5-85　"修剪和延伸"对话框

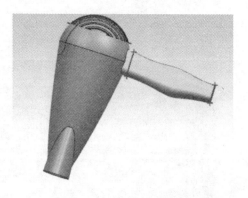

图 5-86　修剪效果图

⑤　单击"菜单"→"插入"→"偏置/缩放"→"加厚"，或者在工具栏中单击"加厚"按钮，打开如图 5-87 所示的"加厚"对话框。在该对话框的"厚度"面板中，将"偏置 1"的值设置为 0，"偏置 2"的值设置为 1，然后在模型中选择刚创建的曲面特征，如图 5-88 所示。最后单击"确定"按钮，即可创建如图 5-89 所示的加厚特征。

图 5-87　"加厚"对话框　　　　　　　　　　图 5-88　加厚特征参数

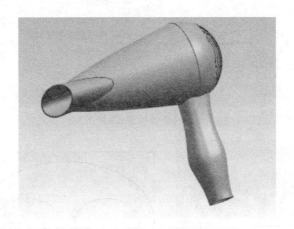

图 5-89　加厚特征效果图

（8）保存并退出，完成电吹风曲面建模设计。

案例 5-9：衣叉曲面建模

本案例介绍衣叉曲面的设计过程，主要需应用曲面建模中的"通过曲线网格"、"扫掠"等命令来生成几个独立的曲面。在创建过程中可巧妙地通过桥接曲线、投影曲线等创建曲面，然后利用片体的修剪、缝合、曲面加厚等功能将曲面变成实体模型。在设计过程中，对相互对称的造型选择镜像体特征功能来完成。衣叉的零件图、零件模型及相应的模型树如图 5-90所示。

衣叉曲面建模设计源文件为本书配套资源"素材"文件夹中的文件"衣架.prt"。

案例 5-10：连环曲面建模

本案例介绍连环曲面的设计过程，主要需应用曲面建模中的"通过曲线网格"命令来生成独立的曲面。在创建过程中可巧妙地通过桥接曲线、修剪片体和缝合等功能来创建曲面。在设计过程中，对相互对称的造型选择镜像几何体特征功能来完成。连环的零件模型、零件图及相应的模型树如图 5-91 所示。

连环曲面建模设计源文件为本书配套资源"素材"文件夹中的文件"连环.prt"。

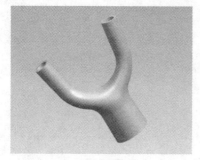

(a) 零体模型

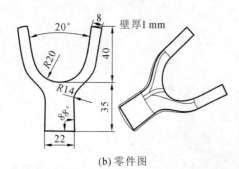

(b) 零件图

模型历史记录
- ☑️🗽 基准坐标系 (0)
- ☑️🔲 草图 (1) "SKETC...
- ☑️／ 直线 (2)
- ☑️／ 直线 (3)
- ☑️🎇 扫掠 (4)
- ☑️🎇 扫掠 (5)
- ☑️ 桥接曲线 (6)
- ☑️🔲 拉伸 (7)
- ☑️🔲 通过曲线网格 (8)
- ☑️／ 直线 (9)
- ☑️🔥 投影曲线 (10)
- ☑️ 桥接曲线 (11)
- ☑️🔲 通过曲线网格 (12)
- ☑️🎏 曲线长度 (13)

- ☑️🔥 修剪片体 (14)
- ☑️🎴 镜像体 (15)
- ☑️🎴 镜像体 (16)
- ☑️🎴 镜像体 (17)
- ☑️🔲 拉伸 (18)
- ☑️ 桥接曲线 (19)
- ☑️🔲 通过曲线网格 (20)
- ☑️🎴 镜像体 (21)
- ☑️🎴 镜像体 (22)
- ☑️🎴 镜像体 (23)
- ☑️🎴 镜像体 (24)
- ☑️🎴 镜像体 (25)
- ☑️🎴 镜像体 (26)
- ☑️🎴 镜像体 (27)
- ☑️🎴 镜像体 (28)
- ☑️🔲 缝合 (29)
- ☑️🔲 **加厚 (30)**

(c) 模型树

图 5-90　衣叉的零件模型、零件图及模型树

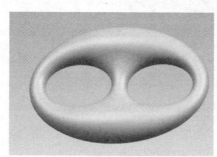

(a) 零件模型

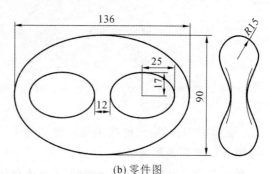

(b) 零件图

模型历史记录
- ☑️🗽 基准坐标系 (0)
- ☑️🔾 圆弧 (4)
- ☑️／ 直线 (5)
- ☑️ 桥接曲线 (6)
- ☑️🔲 拉伸 (7)
- ☑️🔲 拉伸 (8)
- ☑️🔲 拉伸 (9)
- ☑️🔲 通过曲线网格 (10)
- ☑️ 桥接曲线 (11)
- ☑️🔥 修剪片体 (12)
- ☑️ 桥接曲线 (13)
- ☑️🔲 拉伸 (14)
- ☑️🔲 拉伸 (15)
- ☑️🔲 拉伸 (16)
- ☑️🔲 通过曲线网格 (17)
- ☑️🎴 镜像几何体 (18)
- ☑️🎴 镜像几何体 (20)
- ☑️🔲 **缝合 (24)**

(c) 模型树

图 5-91　连环的零件图、零件模型及模型树

案例 5-11：水壶曲面建模

本案例介绍水壶的曲面设计过程，主要需应用曲面建模中的"投影曲线"、"通过曲线组"命令来生成独立的曲面。在创建过程中可巧妙设置基准面绘制草图，通过"拉伸"、"边倒圆"、"抽壳"等命令来创建水模型。在设计过程中注意曲面建模与实体建模功能的配合使用。水壶的模型、零件图及相应的模型树如图 5-92 所示。

(a) 零件模型

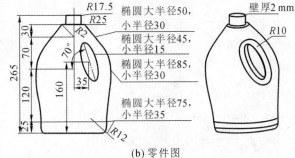

(b) 零件图

```
模型历史记录
    基准坐标系 (0)          草图 (10) "SKET...
    草图 (1) "SKETC...      通过曲线组 (11)
    基准平面 (2)           通过曲线组 (12)
    基准平面 (3)           草图 (13) "SKET...
    基准平面 (4)           拉伸 (14)
    基准平面 (5)           边倒圆 (15)
    草图 (6) "SKETC...      边倒圆 (16)
    投影曲线 (7)           边倒圆 (17)
    草图 (8) "SKETC...      草图 (18) "SKET...
    草图 (9) "SKETC...      拉伸 (19)
    草图 (10) "SKET...      壳 (20)
```

(c) 模型树

图 5-92　水壶的实体模型、零件图及模型树

水壶曲面建模设计源文件为本书配套资源"素材"文件夹中的文件"水壶.prt"。

案例 5-12：挂钩曲面建模

本案例介绍挂钩的曲面设计过程，主要需应用曲面建模中的"扫掠"命令以生成独立的曲面。在创建过程中可巧妙设置基准平面绘制草图，选用"旋转"、"倒斜角"、"螺纹"等命令创建挂钩模型。挂钩的模型、零件图及相应的模型树如图 5-93 所示。

挂钩曲面建模设计源文件为本书配套资源"素材"文件夹中的文件"挂钩.prt"。

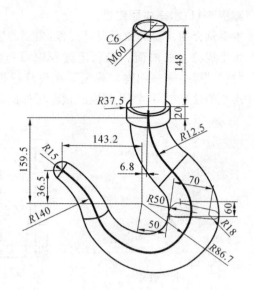

(a) 零件模型　　　　　　　　　　　　　　　　(b) 零件图

```
─ 📁 模型历史记录
  ☑ 🎋 基准坐标系 (0)
  ☑ 🔧 草图 (1) "SKETC...        ☑ 🎯 扫掠 (15)
  ☑ 🎋 基准坐标系 (7)           ☑ 🎯 等参数曲线 (16)
  ☑ ⬜ 基准平面 (8)             ☑ 🔩 旋转 (17)
  ☑ 🔧 草图 (9) "SKETC...       ☑ 🔧 草图 (18) "SKET...
  ☑ ⬜ 基准平面 (10)            ☑ 🟦 拉伸 (19)
  ☑ 🔧 草图 (11) "SKET...       ☑ 🔧 草图 (20) "SKET...
  ☑ 🔧 草图 (12) "SKET...       ☑ 🟦 拉伸 (21)
  ☑ ⬜ 基准平面 (13)            ☑ 🔩 符号螺纹 (22)
  ☑ 🔧 草图 (14) "SKET...       ☑ 🔪 倒斜角 (23)
```

(c) 模型树

图 5-93　挂钩的模型、零件图及模型树

第6章 空间曲线

空间曲线

点、线的绘制是线架造型和实体造型的基础。空间曲线也可以理解为实体建模的框架，在空间曲线基础上，借助"扫掠"、"拉伸"、"回转"等命令可以创建三维实体模型；借助"四点曲面"、"曲线组"、"扫掠"等命令可以创建曲面或者片体。

6.1 空间曲线生成

6.1.1 点

点是构成机械零件几何特征的基本要素。

单击"菜单"→"插入"→"基准/点"→"点"，弹出"点"对话框，如图 6-1 所示。在该对话框的"类型"下拉列表中列出了多种创建点的方式，可根据需要选择对应的方式。

UG NX 11.0 还提供了其他绘制点的功能命令，如"点集"和"参考点云"命令，也可以用来方便快捷地创建需要的点。

单击"菜单"→"插入"→"基准/点"→"点集"，弹出"点集"对话框，如图 6-2 所示。该对话框的"类型"下拉列表中有"曲线点"、"样条点"、"面的点"、"交点"四个选项。

图 6-1 "点"对话框

图 6-2 "点集"对话框

（1）曲线点：在曲线或边上创建点。

（2）样条点：在草图样条曲线或空间样条曲线上，通过子类型的定义点、结点或极点创建点。

（3）面的点：在面上创建点，该面可以为实体表面或片体，也可以是平面或曲面。

（4）交点：创建曲线、面或平面与曲线或轴的交点。

选择对应类型可创建不同的点或点集。创建的点和点集如图 6-3 所示。

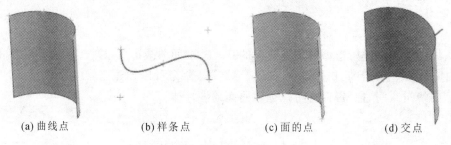

（a）曲线点　　　　（b）样条点　　　　（c）面的点　　　　（d）交点

图 6-3　点和点集

6.1.2　基本曲线

单击"菜单"→"插入"→"曲线"→"基本曲线"，弹出"基本曲线"对话框（见图 6-4）和动态跟踪条（见图 6-5）。

图 6-4　"基本曲线"对话框

"基本曲线"对话框中包含六个曲线绘制与编辑命令："直线"、"圆弧"、"圆"、"圆角"、"修剪"、"编辑曲线参数"。在"基本曲线"对话框中勾选"点方法"面板下的"线串模式"复选框，可连续绘制曲线，如绘制直线与圆弧首尾相连的曲线，单击"直线"按钮，绘制直线后再单击"圆弧"按钮，即可完成所要求曲线的绘制。最后单击鼠标中键确认或者单击"基本曲线"对话框中的"打断线串"，结束绘制。

应用"直线"、"圆弧"、"圆"命令时，都可以充分利用动态跟踪条来完成曲线的绘制。应用"编辑曲线参数"命令时，可通过选择要编辑的曲线，利用动态跟踪条，对曲线参数进行重新编辑与修改，重新确定曲线形状尺寸和位置关系。

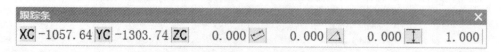

图 6-5　动态跟踪条

6.1.3　螺旋线

单击"菜单"→"插入"→"曲线"→"螺旋线"，弹出"螺旋线"对话框，如图 6-6 所示。"螺旋线"对话框的"类型"选项下拉列表中有两个选项："沿矢量"与"沿脊线"。

（1）沿矢量：以指定的基准坐标系 Z 方向为螺旋线的轴向。

（2）沿脊线：以选择的曲线作为螺旋线的轴，该曲线可以是草图曲线、空间曲线或实体边线等。

利用"螺旋线"命令，指定直径或半径、螺距、长度等参数，可以绘制不同样式螺旋线。选择"沿矢量"与"沿脊线"绘制螺旋线，相应的操作分别如图 6-7(a)、(b)所示。

图 6-6　"螺旋线"对话框

(a) 沿矢量(直径与陀螺均线性变化)

(b) 沿脊线(直径与螺距均为恒定)

图 6-7　绘制螺旋线

6.1.4　规律曲线

"规律曲线"命令用于通过使用规律函数来创建样条，绘制 X、Y、Z 坐标值分别按照一定规律变化的曲线。单击"菜单"→"插入"→"曲线"→"规律曲线"，弹出"规律曲线"对话框，如图 6-8 所示。

"规律曲线"对话框的"规律类型"下拉列表中有七个选项："恒定"、"线性"、"三次"、"沿脊线的线性"、"沿脊线的三次"、"根据方程"、"根据规律曲线"。可按照需要选择不同的规律类型，获得相应曲线。

如创建一条按照 X(0→200)、Y(0→150)规律变化的平面内的余弦函数曲线，"规律曲线"对话框如图 6-9 所示。

图 6-8　"规律曲线"对话框(1)　　　　　　图 6-9　"规律曲线"对话框(2)

注意：该曲线的 Z 坐标值是按方程规律变化的，其对应的方程要在"表达式"对话框中提前设置。

单击"菜单"→"工具"→"表达式"，弹出"表达式"对话框，如图 6-10 所示。双击"表达式"对话框右侧表格中"名称"下方的单元格，输入系统变量"t"，在"公式"下方单元格内输入数字"1"，完成使系统变量 t 在 0～1 之间变化的设置。t 理解为自变量，Z 是 t 的函数。单击左侧"新建表达式"按钮 ，名称与公式位置分别输入"zt"与"100 * cos(540 * t)"。单击"确定"按钮，完成 Z 坐标值方程的设置。再利用"规律曲线"命令，进行如图 6-9 所示参数设置，即可完成余弦函数曲线的绘制。

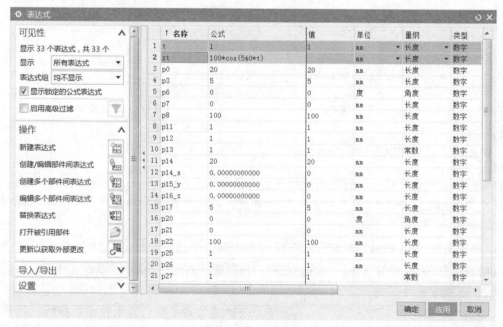

图 6-10　"表达式"对话框(创建方程)

6.1.5　文本曲线

利用"曲线"组中的"文本"命令,可以进行文本曲线的绘制。文本曲线理解为文字轮廓。一般用于产品模型表面的标识信息,如名称、型号等的创建。基于文本曲线可进行建模拉伸操作,并通过特征建模的布尔操作,获得需要的雕刻等效果。

单击"菜单"→"插入"→"曲线"→"文本",弹出"文本"对话框,如图 6-11 所示。

在本书配套资源"素材"文件夹中的源文件"文本曲线. prt",绘制文本曲线与特征如图 6-12(a)、(b)所示。

图 6-11　"文本"对话框

(a) 文本曲线

(b) 特征

图 6-12　文本曲线与特征

6.1.6　其他曲线

单击"菜单"→"插入"→"曲线",还可以激活许多绘制曲线的命令,如"直线"、"圆弧/圆"命令,以及各种成形曲线命令等。

"直线"、"圆弧/圆"命令类似于草图曲线中的"直线"和"圆弧"命令,在此不做介绍。在利用"直线"、"圆弧/圆"命令创建曲线时,注意"支撑平面"面板"平面选项"下拉列表中"自动平面"、"锁定平面"、"选择平面"选项的应用,可按照基准平面创建的方法选择曲线依附的平面。

利用成形曲线绘制命令,如"矩形"、"多边形"、"椭圆"、"抛物线"、"双曲线"、"一般二次曲线"等命令,在相应对话框进行参数设置也可完成曲线的绘制,在此对这些命令不做介绍。

对"艺术样条"、"拟合曲线"等命令也不做介绍,读者可自行学习。

6.2　空间曲线操作

6.2.1　偏置

"偏置"命令用于对现有曲线，按照"距离"、"拔模"、"规律控制"、"3D 轴向"等不同方式创建偏置曲线。

单击"菜单"→"插入"→"派生曲线"→"偏置"，弹出"偏置曲线"对话框，如图 6-13 所示。

打开本书配套资源"素材"文件夹中的文件"偏置曲线.prt"，按不同偏置方式创建偏置曲线，如图 6-14 所示。

图 6-13　"偏置曲线"对话框

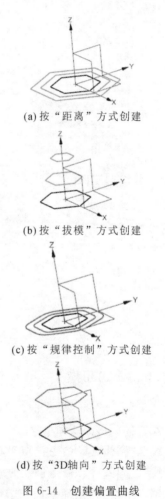

(a) 按"距离"方式创建

(b) 按"拔模"方式创建

(c) 按"规律控制"方式创建

(d) 按"3D轴向"方式创建

图 6-14　创建偏置曲线

6.2.2　桥接

"桥接"命令用于创建两个曲线对象之间的相切圆角曲线。单击"菜单"→"插入"→"派生曲线"→"桥接"，弹出"桥接曲线"对话框，如图 6-15 所示。

在"桥接曲线"对话框中展开"连接性"面板,如图 6-16 所示。

　　　　　图 6-15　"桥接曲线"对话框　　　　　　　　　　　图 6-16　"连接性"面板

　　打开本书配套资源"素材"文件夹中的文件"桥接曲线. prt"。在进行桥接曲线操作时,选择"起始对象"和"终止对象"后(注意:在桥接位置进行点选曲线,点击位置不同可能选择的端点不同),会出现桥接曲线,其形状随"连接性"面板中参数设置不同会发生变化。"开始"选项卡中"连续性"下拉列表用于对第一条曲线的连续方式进行设置,"结束"选项卡中"连续性"下拉列表用于对第二条曲线的连续方式进行设置。"连续性"下拉列表中有四个选项:"G1(相切)"、"G0(位置)"、"G2(曲率)"、"G3(流)"。

　　(1) G1(相切):使创建的桥接曲线在该点处与原曲线直接相连。

　　(2) G0(位置):使创建的桥接曲线在该点处与原曲线相切。

　　(3) G2(曲率):使创建的桥接曲线在该点处与原曲线曲率半径相等。

　　(4) G3(流):使创建的桥接曲线在该点处与原曲线相切,即斜率相等。

　　采用四种连接方式绘制的桥接曲线如图 6-17 所示。

　　"桥接曲线"对话框中,在"形状控制"面板的"方法"下拉列表中选择"相切幅值"时,"开始"和"结束"文本框中的值一般设为"1.0",当相切幅值接近零时,这样设置相当于采用 G0(位置)连续方式。

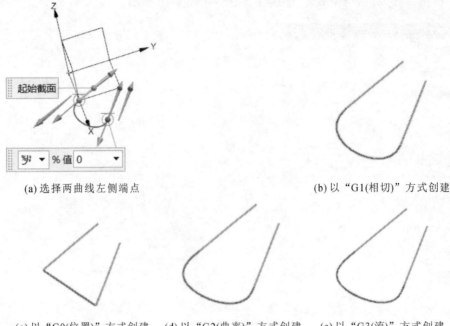

(a) 选择两曲线左侧端点　　　　　　　　　(b) 以"G1(相切)"方式创建

(c) 以"G0(位置)"方式创建　　(d) 以"G2(曲率)"方式创建　　(e) 以"G3(流)"方式创建

图 6-17　创建的桥接曲线

6.2.3　投影曲线

"投影曲线"命令用于把曲线或点按照一定的方位向面上进行投影,获得新曲线。投影的面可以是平面或曲面,也可以是实体面或基准平面等。

单击"菜单"→"插入"→"派生曲线"→"投影",弹出"投影曲线"对话框。按照对话框提示,选择要投影的曲线或点以及要投影的平面等,单击"确定"按钮,即可获得投影曲线。"投影曲线"对话框设置如图 6-18 所示,创建的投影曲线如图 6-19 所示。

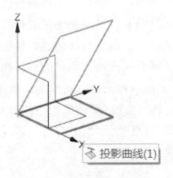

图 6-18　"投影曲线"对话框设置　　　　　图 6-19　创建的投影曲线

6.2.4　抽取曲线

"抽取曲线"命令用于抽取实体表面或曲面的边缘轮廓线。

单击"菜单"→"插入"→"派生曲线"→"抽取",弹出"抽取曲线"对话框,如图 6-20 所示。

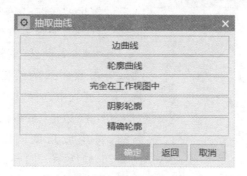

图 6-20　"抽取曲线"对话框

在"抽取曲线"对话框中提供了五个选项,其中常用的为"边曲线"和"轮廓曲线"。

打开本书配套资源"素材"文件夹中的文件"抽取曲线.prt"。单击"抽取曲线"对话框中的"边曲线"选项,弹出"单边曲线"对话框,抽取实体或曲面的边选择圆台的上下边缘线,如图 6-21 所示,抽取的曲线如图 6-22 所示。

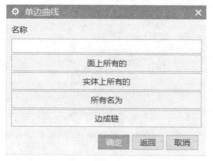

(a)　"单边曲线"对话框　　　(b) 选择圆台的上下边缘线

图 6-21　抽取边曲线操作

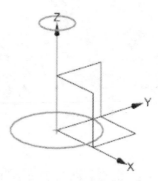

图 6-22　抽取的边曲线

单击"抽取曲线"对话框中的"轮廓曲线"选项,弹出"轮廓曲线"对话框,抽取当前视图状态下回转实体或者曲面的母线,如图 6-23 所示,选择圆台,抽取的轮廓曲线如图 6-24 所示。

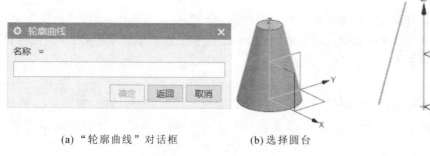

(a)　"轮廓曲线"对话框　　　(b) 选择圆台

图 6-23　抽取轮廓曲线操作

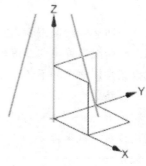

图 6-24　抽取的轮廓曲线

6.2.5 等参数曲线

"等参数曲线"命令用于沿某个面的恒定 U 或 V 参数线创建曲线,生成曲线的面可以是

图 6-25 "等参数曲线"对话框

平面、空间曲面或实体表面。单击"菜单"→"插入"→"派生曲线"→"等参数曲线",弹出"等参数曲线"对话框,如图 6-25 所示。

在"等参数曲线"对话框中进行相应设置,可实现等参数曲线的绘制。如在该对话框的"方向"下拉列表中选择"U","位置"下拉列表中选择"均匀",在"数量"文本框中输入"9",单击"确定"按钮,将生成角度间距为 36°的等经度线,如图 6-26(a)所示。同样,在该对话框的"方向"下拉列表中选择"V","位置"下拉列表选择"均匀",在"数量"文本框中输入"9",单击"确定"按钮,将生成间距为 7.5 mm 的等间距线,如图 6-26(b)所示。同时显示 U 向和 V 向的曲线,即得到等参数网格线,如图 6-26(c)所示。

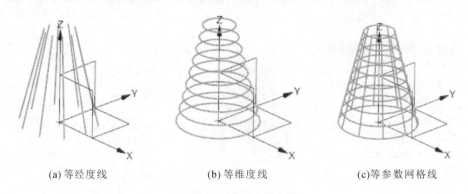

(a) 等经度线   (b) 等维度线   (c)等参数网格线

图 6-26 等参数曲线创建

其他曲线,如镜像曲线、相交曲线、截面曲线等,在此不做介绍。

6.3 空间曲线绘制编辑

空间曲线绘制编辑是指对绘制的曲线进行修剪、分割、拉长等操作。单击"菜单"→"编辑"→"曲线",弹出曲线编辑对应的子菜单,如图 6-27 所示。在该子菜单中有 10 个命令,简单介绍常用命令如下。

1. 参数

单击"菜单"→"编辑"→"曲线"→"参数",弹出"编辑曲线参数"对话框,如图 6-28 所示。利用该对话框选择要进行编辑的曲线,重新进行参数的编辑。该命令的功能类似于双击曲线。

图 6-27　曲线编辑对应的子菜单　　　　　图 6-28　"编辑曲线参数"对话框

2. 修剪

单击"菜单"→"编辑"→"曲线"→"修剪",弹出"修剪曲线"对话框,如图 6-29 所示,在该对话框中进行参数设置可实现对曲线的修剪操作。

3. 修剪拐角

单击"菜单"→"编辑"→"曲线"→"修剪拐角",弹出"修剪拐角"对话框,在该对话框中进行参数设置可完成修剪拐角操作。若不能修剪拐角,则会出现如图 6-30 所示的"修剪拐角"提示框。该提示框中的提示说明鼠标中心圆没有覆盖两条线,要重新进行操作。

图 6-29　"修剪曲线"对话框　　　　　　　图 6-30　"修剪拐角"提示框

4. 分割

"分割"命令用于把曲线按照一定方式分成多段。单击"菜单"→"编辑"→"曲线"→"分割",弹出"分割曲线"对话框,如图 6-31 所示。

"分割曲线"对话框的"类型"下拉列表中有五个选项:"等分段"、"按边界对象"、"弧长段数"、"在结点处"、"在拐角上"。选择"等分段"时,将均匀地分割曲线。在"段长度"下拉列表中:选择"等弧长",将使分割的每段曲线弧长相等;选择"等参数",则所分割曲线弧长与曲率有关,曲率半径大则该段曲线弧长大;选择"在结点处"与"在拐角上"则分别根据样条曲线结点和曲线拐点进行分割。

在分割曲线的操作中,会出现"分割曲线"提示框,如图 6-32 所示,单击"是"按钮,原来设置的分割参数将被删除,需重新设置分割参数。

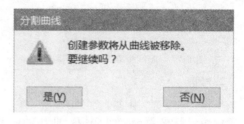

图 6-31　"分割曲线"对话框　　　　　　　图 6-32　"分割曲线"提示框

5. 圆角

"圆角"命令用于对原有曲线圆角进行编辑。单击"菜单"→"编辑"→"曲线"→"圆角",弹出"编辑圆角"对话框,如图 6-33 所示。

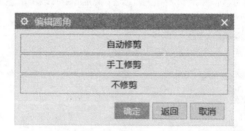

图 6-33　"编辑圆角"对话框

单击"编辑圆角"对话框中的"自动修剪","编辑圆角"对话框显示内容如图 6-34 所示。按照提示选择圆角边线和曲线后,"编辑圆角"对话框如图 6-35 所示。

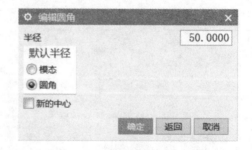

图 6-34　"编辑圆角"对话框(1)　　　　　图 6-35　"编辑圆角"对话框(2)

输入新的半径值,单击"确定"按钮,完成圆角半径修改。

6. 拉长

"拉长"命令用于拉长或收缩选定直线,同时移动曲线的位置。单击"菜单"→"编辑"→"曲线"→"拉长",弹出"拉长曲线"对话框,如图 6-36 所示。

在"拉长曲线"对话框中输入对应的增量值,单击"确定"或"应用"按钮,即可完成曲线位置的调整。选择曲线时,在曲线中部位置单击,将使整条曲线的位置变动;在曲线靠近端点位置单击时,移动的是曲线端点位置。

7. 长度

"长度"命令用于使曲线端部延长或缩短一定长度,或使其达到某一特定长度。单击"菜单"→"编辑"→"曲线"→"长度",弹出"曲线长度"对话框,如图 6-37 所示。

图 6-36　"拉长曲线"对话框

图 6-37　"曲线长度"对话框

选择曲线后,在"延伸"面板的"长度"下拉列表中选择"增量",在"限制"面板中的"开始"和"结束"文本框中输入一定的值,将开始端点和结束端点延长(正值)或缩短(负值)一定的距离,可使曲线长度做相应改变。也可以在"长度"下拉列表选择"总量",在"限制"面板的"总数"文本框中输入需要的数值。

【综合案例】

案例 6-1:五角星空间曲线创建

五角星空间曲线创建主要需应用"直线"、"直线和圆弧"、"修剪曲线"、"点"、"偏置曲线"等命令。五角星零件如图 6-38 所示。

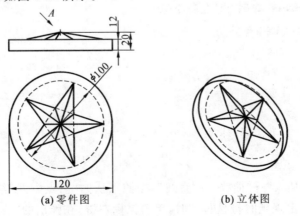

(a) 零件图　　　　　　　　(b) 立体图

图 6-38　五角星

五角星空间曲线设计步骤如下：

（1）绘制参考圆。

单击"草图"按钮 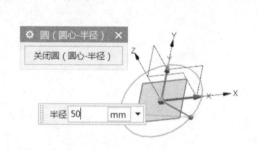，创建默认的 XY 草图平面。单击"菜单"→"插入"→"曲线"→"直线和圆弧"→"圆（圆心-半径）"，当光标捕捉到基准点时，单击鼠标左键，以基准坐标系基准点为圆心，半径输入"50"，按 Enter 键，完成圆的绘制，如图 6-39（a）所示。或不进行草图平面的创建，单击"菜单"→"插入"→"曲线"→"直线和圆弧"→"圆（圆心-点）"，以基准坐标系基准点为圆心，在"XC"文本框中输入"50"，通过"Tab"键进行切换，在"YC"文本框中输入"50"，"ZC"文本框中输入"0"，按"Enter"键完成圆的绘制，如图 6-39（b）所示。本例通过后一种方式绘制圆曲线。

（a）草图基础上"圆心-半径"方式　　　　（b）"圆心-点"方式

图 6-39　圆的绘制

（2）绘制五边形。

单击"菜单"→"插入"→"曲线"→"多边形"，弹出"多边形"对话框，如图 6-40 所示。

在"多边形"对话框中单击"外接圆半径"，在弹出的对话框的"边数"文本框中输入"5"，在"圆半径"文本框内输入"50"。单击"确定"按钮后，弹出"点"对话框，采用默认参数，单击"确定"按钮，完成五边形的绘制，关闭"点"对话框。所绘制的五边形如图 6-41 所示。

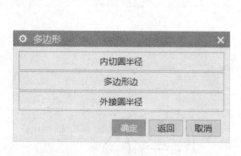

图 6-40　"多边形"对话框

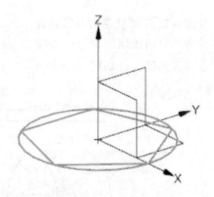

图 6-41　绘制的五边形

（3）绘制直线。

单击"菜单"→"插入"→"曲线"→"直线"，按照默认的"两点方式"绘制直线。把光标放置于直线端点附近，出现延时符号"…"时，单击鼠标左键，在弹出的"快速拾取"对话框中选择"起点-直线"或"终点-直线"，获得直线的指定端点，如图 6-42 所示。

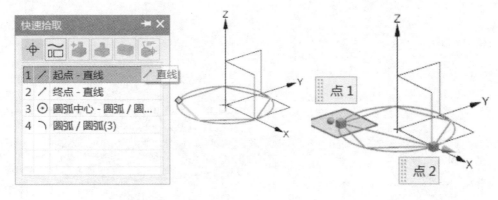

(a)"快速拾取"设置　　　　　　　(b)选择直线的指定端点

图 6-42　指定直线起点与终点操作

指定直线起点和终点后,单击"直线"对话框中的"应用"按钮,完成直线的绘制。类似地绘制其他直线,绘制完成后的效果如图 6-43 所示。

(4)修剪曲线。

单击"菜单"→"编辑"→"曲线"→"修剪",弹出"修剪曲线"对话框。修剪多余的曲线,并对五边形曲线和圆曲线进行隐藏。修剪曲线后获得的图形如图 6-44 所示。

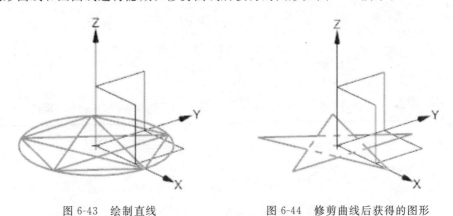

图 6-43　绘制直线　　　　　　　图 6-44　修剪曲线后获得的图形

(5)创建空间线框。

单击"菜单"→"插入"→"基准/点"→"点",弹出"点"对话框。将 X、Y、Z 坐标值分别设置为 0、0、8,创建空间点。

单击"菜单"→"插入"→"曲线"→"直线",弹出"直线"对话框。在"直线"对话框中进行参数设置,绘制五角星空间线框,隐藏基准坐标系,可得图 6-45 所示图形。

(6)绘制基座圆曲线。

单击"菜单"→"插入"→"曲线"→"直线和圆弧"→"圆(圆心-点)",弹出"圆"对话框。在"圆"对话框中进行参数设置,显示基准坐标系,捕捉基准坐标系基准点作为圆心,绘制半径为 60 mm 的圆,获得曲线如图 6-46 所示。

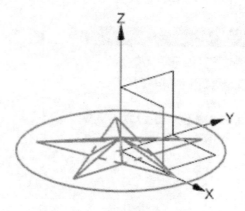

图 6-45　五角星空间线框　　　　　　　图 6-46　绘制的基座圆曲线

（7）创建偏置曲线。

单击"菜单"→"插入"→"派生曲线"→"偏置"，弹出"偏置曲线"对话框，进行参数设置，如图 6-47 所示。单击"确定"按钮，完成基座圆向－Z 方向偏置曲线创建。

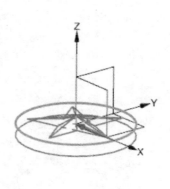

图 6-47　绘制偏置曲线操作

单击"确定"按钮，隐藏基准坐标系，显示出参考用的圆弧曲线。利用"编辑对象显示"命令，将曲线线型修改为虚线，宽度修改为 0.18 mm。至此，五角星空间曲线绘制完成。

案例 6-2：白炽灯灯丝空间曲线创建

白炽灯灯丝空间曲线创建主要需应用"样条曲线"、"直线"、"螺旋线"、"投影曲线"、"桥接曲线"、"修剪曲线"命令，以及建模中的"旋转"命令和曲面中的"管道"命令等。白炽灯模型及模型树如图 6-48 所示。

白炽灯灯丝空间曲线设计步骤如下。

（1）绘制样条曲线。

单击"菜单"→"插入"→"曲线"→"艺术样条"，弹出"艺术样条"对话框，进行参数设置，如图 6-49 所示。

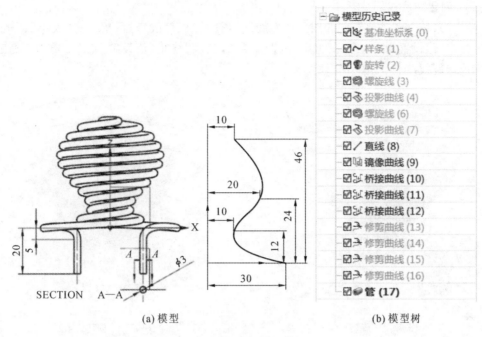

(a) 模型　　　　　　　　　　　　(b) 模型树

图 6-48　白炽灯模型及模型树

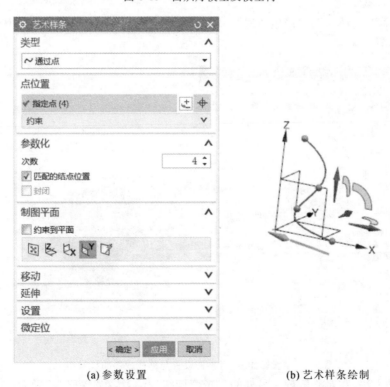

(a) 参数设置　　　　　　　　　(b) 艺术样条绘制

图 6-49　"艺术样条"对话框参数设置与艺术样条的绘制

（2）创建旋转体。

在"主页"选项卡的"特征"组中单击"旋转"按钮，打开"旋转"对话框，选择"ZC"矢量。单击"确定"按钮，完成旋转体创建，如图 6-50 所示。

（3）创建螺旋线。

单击"菜单"→"插入"→"曲线"→"螺旋线"，打开"螺旋线"对话框。将"大小"面板中的直径"恒定"值设置为 70，螺距"恒定"值设置为 8，长度"终止"值设置为 50。单击"确定"按钮，完成螺旋线绘制，如图 6-51 所示。

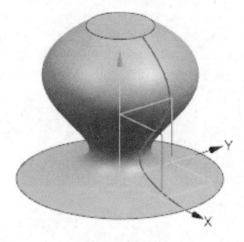

图 6-50 旋转体

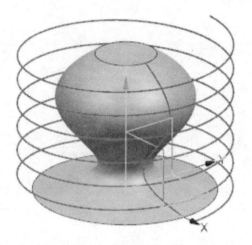

图 6-51 创建螺旋线

（4）投影曲线。

单击"菜单"→"插入"→"派生曲线"→"投影"，打开"投影曲线"对话框，其中的参数设置如图 6-52 所示。

(a) 参数设置

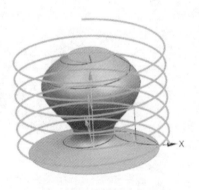

(b) 创建投影曲线

图 6-52 "投影曲线"对话框设置与创建投影曲线操作

用同样的方法，在对称侧创建另外的一条螺旋线。注意：在"螺旋线"对话框的"方位"面板中将"角度"值设置为 180。利用"投影曲线"命令完成投影曲线创建，如图 6-53 所示。

（5）绘制直线。

单击"菜单"→"插入"→"曲线"→"直线"，绘制直线起点坐标为(15,0,−5)，终点坐标为(15,0,−20)的长度为 15mm 的直线。

单击"菜单"→"插入"→"派生曲线"→"镜像",打开"镜像曲线"对话框,完成直线的镜像设置。隐藏样条曲线、基准坐标系和旋转特征,获得曲线如图 6-54 所示。

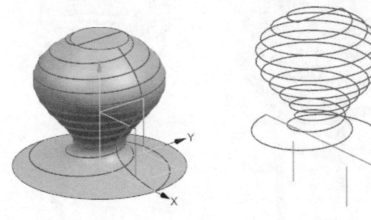

图 6-53　创建投影曲线　　　　　　　　　　图 6-54　绘制直线

(6) 桥接曲线。

单击"菜单"→"插入"→"派生曲线"→"桥接",打开"桥接曲线"对话框。将直线与投影曲线之间的连接方式设置为"G1(相切)",投影曲线之间的连接方式设置为"G2(曲率)"。完成曲线的桥接操作。

单击"菜单"→"编辑"→"曲线"→"修剪",完成多余曲线的修剪操作。隐藏修剪掉的曲线,获得白炽灯灯丝空间曲线,如图 6-55 所示。

(7) 创建管道。

单击"菜单"→"插入"→"扫掠"→"管道",弹出"管"对话框,选择空间曲线,参数设置如图 6-56 所示。

图 6-55　白炽灯灯丝空间曲线　　　　　图 6-56　"管"对话框参数设置

单击"确定"按钮,完成管道生成,如图 6-57 所示。

(8) 模型着色。

单击"视图"选项卡"式样"组中的"着色"按钮,为模型着色。隐藏投影曲线。单击"视图"选项卡中"可视化"组中的"编辑对象显示"按钮,将颜色 ID 值修改为 50("Ash Gray"颜色），获得基于空间曲线创建的白炽灯模型，如图 6-58 所示。

图 6-57　创建管道　　　　　　　　图 6-58　白炽灯模型

第7章 装配设计

7.1 装配基础

装配设计

　　装配就是把加工好的零件按一定的顺序和公差等技术要求连接到一起，成为完整的机械产品，并且可靠地实现产品的使用性能要求。装配是机械设计和生产中重要的环节，也是决定产品质量的关键环节，它可以表达机器或部件的工作原理及零件、部件之间的装配关系。在装配中表达的装配图是制定装配工艺规程、进行装配和检测的技术依据，还可以用来对装配模型进行间隙分析、运动仿真模拟和重量管理等。

　　下面介绍有关装配术语。

　　(1)机械装配　机械装配是根据规定的技术条件和精度，将构成机器的零件结合成组件、部件或产品的工艺过程。任何产品都由若干个零件组成。为保证有效地组织装配，必须将产品分解为若干个能进行独立装配的装配单元。

　　(2)零件　零件是组成产品的最小单元，它由整块金属(或其他材料)制成。在机械装配中，可以将零件添加到一个装配中去。一般将零件装配成套件、组件和部件。

　　(3)套件　套件是在一个基准零件上装上一个或若干个零件而构成的，它是最小的装配单元。套件中唯一的基准零件的作用是连接相关零件和确定各零件的相对位置。为形成套件而进行的装配称为套装。套件的主体因工艺或材料问题分成一个套件，但在以后的装配中可作为一个零件，不再分开。

　　(4)部件　部件是在一个基准零件上装上若干组件、套件和零件而构成的。部件中唯一的基准零件用来连接各个组件、套件和零件，并决定它们之间的相对位置。为形成部件而进行的装配称为部装。部件在产品中能完成一定的完整功能。

　　(5)组件　组件是在一个基准零件上装上若干套件及零件而构成的，是按照特定的位置和方向使用的部件。组件可以是独立的部件，也可以是其他组件组成的子装配体。组件中唯一的基准零件用于连接相关零件和套件，并确定它们的相对位置。为形成组件而进行的装配称为组装。组件中可以没有套件，即由一个基准零件加若干个零件组成。组件与套件的区别在于，组件在以后的装配中可拆分，而套件不可拆分。

　　(6)装配体　在一个基准零件上装上若干部件、组件、套件和零件就形成装配体，即得到整个产品。为形成产品而进行的装配称为总装。如图 7-1 所示为折叠沙发床装配体。

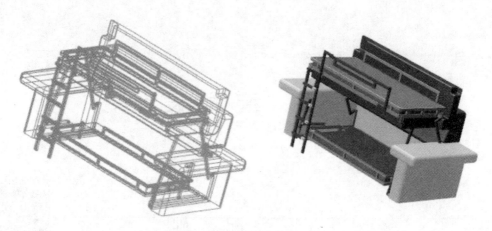

图 7-1　折叠沙发床总装配体

7.1.1　新建装配文件

UG 装配界面适用于产品的模拟装配。"装配"工具栏中集成了装配过程中常用的命令，提供了方便地访问常用装配功能的途径，工具栏中的命令都可通过相应的菜单调用。

常规关系的装配设计是指将通过"装配约束"在产品各零部件之间建立合理的约束关系，确定其相互之间的位置关系和连接关系等。

7.1.2　进入装配模式

单击"文件"→"新建"，打开"新建"对话框。在"模板"面板中点选"装配"，在"名称"文本框内输入装配体的名称，在"文件夹"文本框内输入装配文件的存放路径。单击"确定"按钮，进入装配模式。

利用"添加组件"按钮完成零件装配后，可以在 UG 装配界面左侧的"装配导航器"中直观地观察零、部件之间的关系。装配导航器是系统提供的一个"窗口"工具。装配导航器在一个分离窗口中显示各部件的装配结构，便于查看装配约束的信息及了解整个装配体，并提供了一个方便、快捷的操纵组件的方法。在装配导航器中，装配结构用图形来表示，类似于树结构，称为装配树，其中每个组件在该装配树上显示为一个节点。

在 UG NX 11.0 装配环境中，单击资源栏左侧的"装配导航器"按钮，即可打开装配导航器，如图 7-2 所示。

描述性部件名 ▲	信息	只读	已修改	数量	引用集
📁 截面					
☑ chanpinwanquanzh...		🖫	🗎	38	
＋ 约束				93	
☑ dijia		☐			模型 ("MO...
☑ fanzhezuoqiangan		☐			模型 ("MO...
☑ fanzheyouqiangan		☐			模型 ("MO...

图 7-2　装配导航器

当用鼠标右键单击装配导航器中装配树的某一节点时，将弹出快捷菜单，如图 7-3 所示。

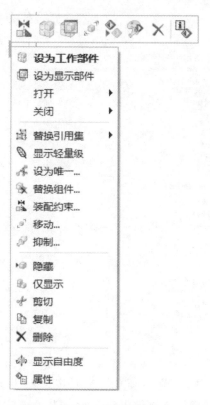

图 7-3 快捷菜单

通过快捷菜单中的命令,可以对选择的组件进行相应的操作。

7.2 引　用　集

在装配中,由于各部件含有草图、基准平面及其他辅助图形数据,如果要显示装配中各部件和子装配的所有数据,则容易混淆图形并占用大量内存,因此不利于装配工作的进行。装配时,为了减少装配体文件在计算机中占用的内存空间,可以通过使用引用集,来简化大装配或复杂装配图形显示。引用集的使用可以大大减少部分装配的部分图形显示,而不需修改其实际的装配结构或下属几何体模型。每个组件可以有不同的引用集,因此在单个装配中同一个部件允许有不同的表示。如通常在装配中,只需要部件的实体图形,可选取具有代表特征的几何对象参与装配,或者过滤掉基准轴、基准平面和草图等信息,最终减少装配体占用的内存空间。

引用集是用户在零部件中定义的部分几何对象,它代表相应的零部件参与装配。引用集可包含零部件名称、原点、方向、几何体、坐标系、基准轴、基准平面和属性等信息。引用集一旦产生,就可以单独装配到部件中,并且一个零部件可以定义多个引用集。可创建或编辑引用集,这些引用集控制从每个组件加载并在装配中查看的数据量。

在建模模式下,单击"菜单"→"格式"→"引用集",打开"引用集"对话框。或在装配模式下,在"更多"模板选项中点选"引用集",打开"引用集"对话框。"更多"模板选项和"引用集"对话框分别如图 7-4、图 7-5 所示。

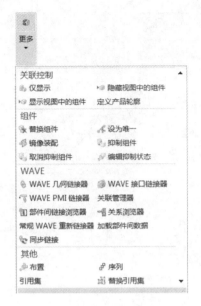

图 7-4　"更多"模板选项　　　　　　　　图 7-5　"引用集"对话框

7.2.1　创建引用集

要使用引用集管理装配数据，就必须首先创建引用集，并且指定引用集是部件或子装配，这是因为部件的引用集既可以在部件中建立，也可以在装配中建立。如果要在装配中为某部件建立引用集，应先使其成为工作部件。如图 7-6 所示，在"引用集"对话框中单击"添加新的引用集"按钮 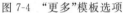，就可以创建新的引用集。所创建引用集名称（注意引用集的名称不能超过 30 个字符且不允许有空格）将出现在"引用集名称"下拉列表中。然后单击"选择对象"按钮，选择添加引用集中的几何对象，在绘图区选取一个或多个几何对象，即可建立一个用所选对象表达部件的引用集。

图 7-6　创建引用集

7.2.2　删除引用集

"删除引用集"功能用于删除组件或子装配中已建立的引用集。在"引用集"对话框中选取需要删除的引用集后，单击右侧"移除"按钮，即可将该引用集删除，如图 7-7 所示。

图 7-7　删除引用集

7.2.3　编辑引用集

"编辑引用集"功能用于对引用集属性进行编辑操作。在"引用集"对话框中，单击"属性"按钮 ，弹出"引用集属性"对话框，如图 7-8 所示。在"引用集属性"对话框的"属性"和"常规"选项卡中，可进行引用集属性编辑。单击"确定"按钮，即可执行属性编辑操作。

(a)"属性"选项卡　　　　　　　　　　(b)"常规"选项卡

图 7-8　"引用集属性"对话框

7.2.4　使用引用集

图 7-9　"添加组件"对话框

使用引用集是指在装配过程中将创建好的引用集作为组件添加到装配部件中。在"装配"模块下,单击"添加"按钮,弹出"添加组件"对话框,如图 7-9 所示。在"设置"面板的"引用集"下拉列表中列出了三类引用集。

（1）"模型"引用集:默认的引用集,仅包含实体。

（2）"整个部件"引用集:应用了部件中的全部几何体。

（3）"空"引用集:不含任何几何体的引用集,用于不需要显示部件的时候。可以用于提高图形的显示速度。将部件以空的引用集形式添加到装配中时,在装配中看不到该部件。

7.2.5　替换引用集

替换引用集是指用在装配中以改变当前显示组件的引用集。在装配过程中,不同的组件有时候需要显示不同的内容,可以通过替换引用集来实现。替换引用集也用于将高亮显示的引用集设置为当前引用集。执行"替换引用集"命令的方法有多种,可在"装配导航器"中选择某一组件,用鼠标右键单击打开快捷菜单,点选"替换引用集"命令。当前显示的引用集名称以浅色显示,可以根据需要从列表中选择一个要替换为的引用集,可改变部件在装配中的显示方式。新的应用集将显示为浅色。替换引用集操作如图 7-10 所示。

也可在"装配"模式下,单击工具栏中"更多"→"替换应用集",打开"类选择"对话框,如图 7-11 所示。

图 7-10　替换引用集操作

图 7-11　"类选择"对话框

在"对象"面板中,单击"选择对象"选择对应的组件,单击"确定"按钮,打开"替换引用集"列表框,如图7-12所示。

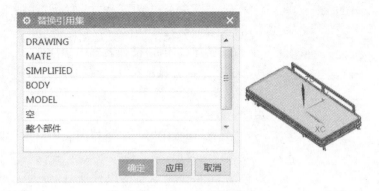

图 7-12　"替换引用集"列表框

在"替换引用集"的列表框中选择引用集名称,可将该引用集设置为当前引用集。如对组件"fanzheshangchuangchuangdian"选择"BODY",单击"确定"或者"应用"按钮,则组件变为 BODY 实体,完成应用集从 MODEL 到 BODY 的替换。选择对应的引用集"BODY"的操作如图7-13所示。

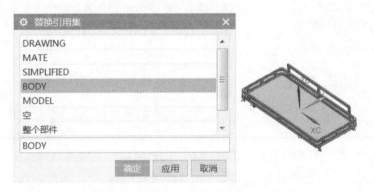

图 7-13　选择"BODY"为当前引用集

7.3　装配方法

装配方法主要包含两种:自底向上装配和自顶向下装配。在实际设计中,也可混合使用这两种方法。

7.3.1　自底向上装配

自底向上装配一般是指先设计完成零、部件模型,再把创建好的零、部件的几何模型添加到装配中,创建的装配体按照组件、子装配体和总装配体的顺序排列。在装配过程中,按照关联约束条件进行逐级装配,直到完成总装配。自底向上装配是主要的装配方式,比较直接、快速。自底向上装配一般包含两个设计环节:装配设计前的零部件设计、零部件装配操作过程。

零部件装配操作过程中经常使用到的典型操作即添加组件。添加组件是指在已经准备

图 7-14 "添加组件"对话框

好零部件的情况下,选择要装配的零部件作为组件添加到装配文件中。

单击"菜单"→"装配"→"组件"→"添加组件",打开"添加组件"对话框,如图 7-14 所示。

在"已加载的部件"列表框中选择部件。一般装配文件所在的目录都会显示在"已加载的部件"列表框中。如果列表框中没有想要的组件,可单击"打开"按钮选择相应的组件。

"放置"面板的"定位"下拉列表中给出了四种零部件定位方式:"绝对原点"、"选择原点"、"根据约束"、"移动"。一般情况下,第一个放置的组件通过"绝对原点"或"选择原点"方式定位。其他继续添加的组件一般可选择"根据约束"方式进行定位。

"设置"面板用于选定"引用集"类别和"图层选项"的安放类别。其中图层选项有三个:"原始的"、"工作的"、"按指定的"。

(1) 原始的:添加组件所在的图层。

(2) 工作的:选择装配的操作层。

(3) 按指定的:采用用户指定的图层。

7.3.2　自顶向下装配

自顶向下装配是在装配中创建与其他部件相关的部件模型,是在装配部件的顶级向下产生子装配件和部件(零件)的一种装配方法。在装配过程中参照其他部件对当前工作部件进行设计。例如,在一个组件中定义孔时需要引用其他组件中的几何对象进行定位,当工作部件是未设计完成的组件而显示部件是装配部件时,自顶向下的装配方法非常有用。它包括两种设计方法:

(1) 在装配时先创建几何模型,再创建新组件,并把几何模型添加到新组件中;

(2) 在装配中创建空的新组件,并使其成为工作部件,并按照"上、下文"设计的设计方法在其中创建几何模型。当装配建模在装配"上、下文"中时,可以利用连接关系建立从其他部件到工作部件的几何关联。利用这种关联,可引用其他部件中的几何对象到当前工作部件中,再用这些几何对象生成几何体。这样,一方面可提高设计效率,另一方面可保证部件之间的关联性,便于参数化设计。"上下文"设计是指当装配部件中某组件为工作部件时,可以在装配过程中对该组件模型进行创建和编辑,在此过程中可以参考其他组件(零部件)的几何外形等进行设计。

在自顶向下装配方法中,可以在装配时进行设计与修改,在任何装配级对部件的改变都会自动反映到个别组件中。自顶向下装配方法一般用于新产品开发、机械设计等方面。

在自顶向下装配设计中,需要创建空组件文件或者加入几何模型的新组件。

在"装配"环境下,单击"组件"→"新建",或者单击"菜单"→"装配"→"组件"→"新建组件",打开"新组件文件"对话框,如图 7-15 所示。

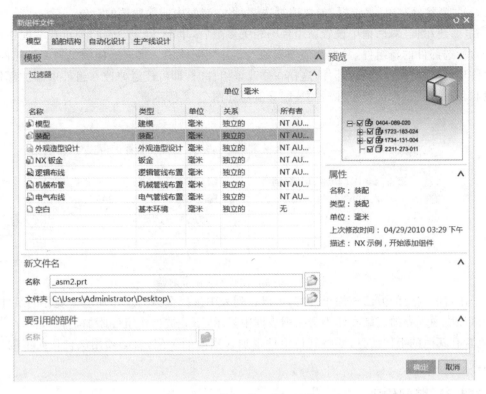

图 7-15 "新组件文件"对话框

输入组件名称,单击"确定"按钮,打开"新建组件"对话框,如图 7-16 所示。

此时如果单击"选择对象"按钮,可为新组件选择对象。也可以根据实际情况或设计需要不做选择,以创建空组件文件。若只创建一个空的组件文件,则该处不需要选择几何对象。"新建组件"对话框的"设置"面板中包含多个列表框、文本框和复选框,可进行适当的设置和选择。

图 7-16 "新建组件"对话框

(1)"组件名"文本框:用于指定组件名称,默认为组件的存盘文件名。如果新建多个组件,可修改组件名。

(2)"引用集"下拉列表框:用于指定当前引用集的类型。该列表框中包括"模型"(MODEL)、"仅整个部件"和"其他"三个选项。如果选择"其他"选项,可以指定引用集的名称。

(3)"图层选项"下拉列表框:用于指定产生的组件添加到装配部件中的层数。包含三个选项:"原始的"、"工作的"和"按指定的"。选择"原始的"项表示新组件保持原来的层位置;选择"工作的"项表示将新组件添加到装配组件的工作层;选择"按指定的"项表示将新组件添加到装配组件的指定层。一般采用默认设置即"原始的"项。

(4)"组件原点"下拉列表框:用于指定组件原点。如果选择"WCS",则将组件原点设置为工作坐标系原点;如果选择"绝对坐标系",则将组件原点设置为绝对坐标系原点。

（5）"删除原对象"复选框：勾选该复选框，将在装配中删除所选的对象。

在"新建组件"对话框中设置新组件的相关参数后，单击"确定"按钮，即可在装配中产生一个含所选部件的新组件，并把几何模型加入新建装配体中。将该组件设置为工作部件，并在组件环境添加并定位已有部件，这样在修改该组件时，即可任意修改在组件中添加部件的数量和分布方式。添加新组件后的装配导航器如图 7-17 所示。

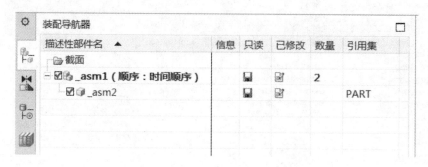

图 7-17　添加新组件的装配导航器

采用自底向上的方法添加组件时，可以在列表中选择在当前工作环境中现存的组件，但处于该环境中现存的三维实体不会在列表框中显示，不能被当作组件添加，它只是一个几何体，不含有其他的组件信息，要将其他组件也加入当前的装配，就必须用该自顶向下的装配方法进行创建。

7.3.3　装配约束

在装配设计中，选择要添加的组件后，需要确定组件摆放的方式，即相对装配中的其他组件重定位组件。通过约束方式定位组件就是选取参照对象并设置约束方式，通过组件参照约束来显示当前组件在整个装配中的自由度，从而获得组件之间的定位关系。

图 7-18　"装配约束"对话框

单击"菜单"→"装配"→"组件位置"→"装配约束"命令，会弹出"装配约束"对话框，如图 7-18 所示。

在"装配约束"对话框中，系统给出了 11 种约束类型，分别介绍如下。

（1）接触对齐：约束两个对象以使它们相互接触或对齐。

要约束的几何体的"方位"选项有如下几个："首选接触"、"接触"、"对齐"、"自动判断中心/轴"。

① 首选接触：当"接触"和"对齐"约束都可行的时候，显示"接触"约束。一般情况下多采用"接触"约束。

② 接触：使两个组件对象贴合在一起。对象为平面时，表示两个平面贴合，法向相反；对象为圆柱面时，按照两个圆柱面共轴线的方式进行定位，但要求圆柱面的直径相同。

③ 对齐：使两个组建对象对齐。对象为平面时，两个平面共面且法向相同；对象为圆柱等对称组件时，则要求轴线重合，对直径没有要求。

④ 自动判断中心/轴：同轴约束。在选择圆柱面或圆锥面时，使用面的中心或轴来进行约束，而不是以面本身作为对象进行约束。

（2）同心：约束两条圆边或椭圆边以使中心重合，并使边的平面共面。

"同心"约束与"接触对齐"约束中"自动判断中心/轴"约束的情况类似，其与后者的区别在于其不仅确定了圆边或椭圆边的中心位置，而且确定了其所在平面的位置。通过"圆心"方式，按照装配要求，分别选择零件 1 内孔下边缘线和零件 2 大端外径下边缘线两个对象作为约束对象，以两种约束方式约束后组件装配关系如图 7-19 所示。

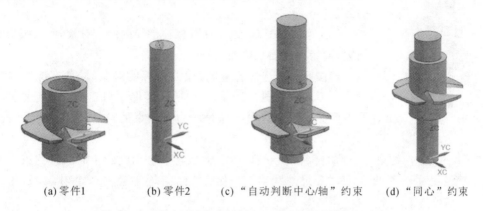

(a) 零件1　　　　　(b) 零件2　　　　(c) "自动判断中心/轴"约束　　　(d) "同心"约束

图 7-19　组件间的"自动判断中心/轴"约束和"同心"约束

（3）距离：指定两个对象之间的 3D 距离。

由图 7-19 可见，通过"同心"约束获得的两个组件间上表面的关系与通过"自动判断中心/轴"约束方式获得的两个组件之间的位置关系不一致。若想让采用"自动判断中心/轴"方式装配后的两个组件上表面之间的距离 110 mm（见图 7-20）调整为实际要求的位置关系，则可以通过"距离"约束来实现。

距离约束操作中"装配约束"对话框设置如图 7-21 所示。单击"确定"按钮，完成距离的约束，两个零件上表面之间的距离调整为 40 mm。

图 7-20　两个组件上表面之间的距离

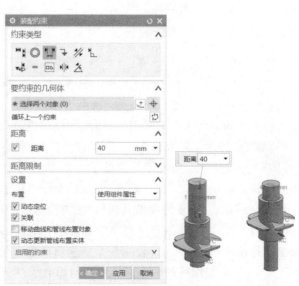

图 7-21　距离约束操作

（4）固定：将对象固定在其当前位置。应用该约束命令后，组件之间的位置就固定下来。

（5）平行：将两个对象的方向矢量定义为相互平行。

（6）垂直：将两个对象的方向矢量定义为相互垂直。

（7）对齐/锁定：对齐不同对象中的两个轴，同时防止绕公共轴旋转。

各类型"对齐/锁定"约束作用与"自动判断中心/轴"约束基本一致。

（8）等尺寸配对：约束具有相等半径的两个对象，例如圆边和椭圆边，或者圆柱面和球面。

当按照要求选择合适的、尺寸相等的对象时，可完成等尺寸配对约束。如对于图 7-19（a）、（b）所示零件 1 和零件 2，选择零件 1 内径表面和零件 2 的大端外表面为要约束的对象，进行等尺寸配对，如图 7-22 所示。

图 7-22　等尺寸配对约束

"等尺寸配对"约束与"自动判断中心/轴"约束类似，但"自动判断中心/轴"约束可以约束两个直径尺寸不等的圆，而"等尺寸配对"约束只能约束等半径的两个对象，如图 7-23 所示。

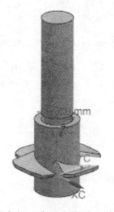

(a) 不同直径 "自动判断中心/轴" 约束　　　(b) 不同直径 "等尺寸配对" 约束

图 7-23　组件间的不同直径"自动判断中心/轴"约束和"等尺寸配对"约束

当直径不等时，用"等尺寸配对"约束会出现错误。选择上述零件 1 内径表面和零件 2 的小端外表面为要约束的对象时，系统给出错误提示，如图 7-24 所示。

（9）胶合：将对象约束到一起，以使它们作为刚体移动。

（10）中心：使一个或两个对象处于一对对象的中间，或者使一对对象沿着另一对象处于中间位置。采用"中心"约束时的"装配约束"对话框及相应选项如图 7-25 所示。

在"中心"方式下，要约束的几何体"子类型"选项有三个："1 对 2"、"2 对 1"、"2 对 2"。

① 1 对 2：添加组件的一个对象中心与原有组件的两个对象中心对齐，需要在原有组件对象上选择两个对象中心，即使第一个所选对象居中位于后两个所选对象之间。

② 2 对 1：添加组件的两个对象中心与原有组件的一个对象中心对齐，需要在添加的组件对象上选择两个对象中心，即使第三个所选对象居中位于前两个所选对象之间。

③ 2 对 2：添加组件的两个对象中心与原有组件的两个对象中心对齐，需要在添加的组

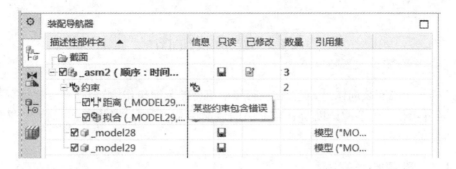

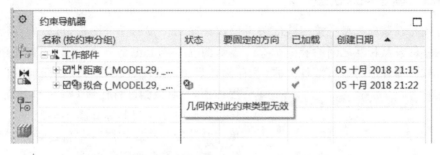

图 7-24　"等尺寸约束"错误提示

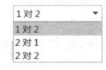
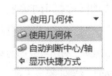

(a) 采用"中心"约束时的"装配约束"对话框　　(b)"子类型"选项　　(c)"轴向几何体"选项

图 7-25　采用"中心"约束时的"装配约束"对话框与相应选项

件和原有组件上分别选择两个对象。

（11）角度：指定两个对象（可绕指定轴）之间的角度。

"角度"约束用于确定具有方向矢量的两对象间的关系。注意选择对象时，按照提示栏要求"为'角度'选择第一个对象或拖动几何体"，选择的第一个对象或拖动的几何体为转动件，且顺时针转动为正，逆时针转动为负。

"角度"约束有两种子类型："3D 角"约束和"方向角度"约束。

① 3D 角：用于在没有定义旋转轴的情况下设置两个对象之间的角度约束。需要选择两个有效对象（在组件和装配体中各选择一个对象，例如选择实体面）。

② 方向角度：用于依据选定的旋转轴设置两个对象之间的相对旋转角度。需要选择三个对象，其中一个对象可以是轴或者边。

7.4　爆炸装配图

在打开一个现有装配体时，或者在执行当前组件的装配操作后，为查看装配体下的所有组件，以及各组件在子装配体以及总装配中的装配关系，可使用爆炸视图（简称"爆炸图"）功能查看装配关系。

7.4.1　新建爆炸视图

爆炸图是在装配模型中按照装配关系偏离原来的位置的拆分图形，可以方便用户查看装配中的零件及其相互之间的装配关系。爆炸图在本质上也是一个视图，与其他用户定义的视图一样。爆炸图与显示部件关联，并存储在显示部件中。用户可以在任何视图中显示

图 7-26　"新建爆炸"对话框

爆炸图，并对该图进行任何 UG 允许的操作，该操作也将同时影响到非爆炸图中的组件。单击"菜单"→"装配"→"爆炸图"→"新建爆炸"，弹出"新建爆炸"对话框，如图 7-26 所示。

输入新建爆炸图的名称，或接受系统的默认名称"Explosion 1"（系统默认的名称是以"Explosion N"的形式表示，N 为大于或等于 1 的自然数序号），单击"确定"按钮，完成爆炸图创建。需要注意的是，此时视图并没有变化，要观察装配体的爆炸视图，还要利用"自动爆炸组件"的命令。

7.4.2　自动爆炸组件

"自动爆炸组件"功能用于基于组件的装配约束重定位当前爆炸中的组件。自动爆炸时将保持组件之间的关联条件，沿表面的正交方向自动分离组件。单击"菜单"→"装配"→"爆炸图"→"自动爆炸组件"，弹出"类选择"对话框，如图 7-27 所示，在"对象"面板中设置自动爆炸对象。可单击"全选"按钮，或者用鼠标框选右侧的整个装配体，从而选择整个整配体作为自动爆炸对象。

图 7-27　"类选择"对话框设置（自动爆炸组件）

单击"确定"按钮,弹出"自动爆炸组件"对话框。输入"距离"值如 200,单击"确定"按钮,完成自动爆炸组件的过程。指定的距离值为绝对距离值,即组件从当前位置移动指定的距离值。自动爆炸组件操作如图 7-28 所示。

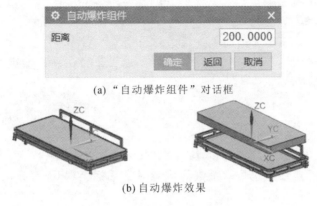

(a)"自动爆炸组件"对话框

(b) 自动爆炸效果

图 7-28　自动爆炸组件操作

7.4.3　取消爆炸组件

取消爆炸组件是把组件恢复到原先的未爆炸位置,即恢复到组件的装配位置。单击"菜单"→"装配"→"爆炸图"→"取消爆炸组件",弹出"类选择"对话框。可以框选创建的爆炸组件,或者单击"全选"按钮,再单击"确定"按钮完成爆炸组件的恢复。

7.4.4　编辑爆炸

在执行自动爆炸操作之后,各个零部件的相对位置并非按照正确的规律分布,还需要使用"编辑爆炸"工具将零部件调整到最佳的位置。编辑爆炸图即是重新定位当前爆炸图中选定的组件。单击"菜单"→"装配"→"爆炸图"→"编辑",弹出"编辑爆炸"对话框,如图 7-29 所示。

在"编辑爆炸"对话框中,点选"选择对象",根据系统提示选定要编辑或者移动的对象,可以在绘图区或装配导航器的装配树中点选要移动编辑的组件。然后在"编辑爆炸"对话框中点选"移动对象",通过移动手柄把选定的组件移动到指定的目标位置,获得新的位置关系的爆炸图。编辑爆炸组件操作如图 7-29 所示。选择对象后也可点选"只移动手柄",把手柄移动至视图中的其他位置,如图 7-30 所示。

图 7-29　编辑爆炸组件(移动对象)

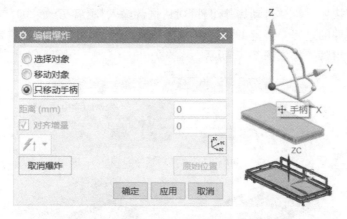

图 7-30　编辑爆炸组件(只移动手柄)

　　利用"编辑爆炸"对话框也可取消爆炸或者对齐手柄至 WCS。对齐手柄至 WCS 如图 7-31 所示。

图 7-31　"对齐手柄至 WCS"操作

7.4.5　删除爆炸

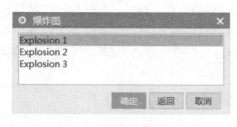

图 7-32　"爆炸图"列表框

　　当不需要显示装配体的爆炸效果时,可执行"删除爆炸"操作将爆炸图删除。单击"菜单"→"装配"→"爆炸图"→"删除爆炸",弹出"爆炸图"列表框,如图 7-32 所示。

　　该列表框中列出了所有创建的爆炸图,选择想要删除的爆炸图的名称,单击"确定"按钮,即可完成爆炸图的删除。

　　注意:不能够直接将图形窗口中显示的爆炸图删除。如果要删除它,系统会弹出"删除爆炸"提示框,如图 7-33 所示。需要先将其复位,方可进行删除爆炸视图的操作。

图 7-33　"删除爆炸"提示框

在删除爆炸图前，可查看当前要删除爆炸图的信息。单击"菜单"→"信息"→"装配"→"爆炸"，弹出信息提示框，如图 7-34 所示。

通过单击"菜单"→"装配"→"爆炸图"→"隐藏爆炸"，然后再单击"菜单"→"装配"→"爆炸图"→"删除爆炸"，即可完成爆炸图删除操作。"爆炸图"下拉快捷菜单如图 7-35 所示。

图 7-34　信息提示框　　　　　　　　　　　　图 7-35　"爆炸图"下拉快捷菜单

7.4.6　切换爆炸

在一个装配体中可以建立多个爆炸图。当建立了多个爆炸图而要进行切换时，可以通过快捷方式来实现。在"装配"模块中，单击"爆炸图"按钮，在打开的"爆炸图"工具栏中的下拉列表中选择所需要的爆炸图名称即可。如果选择"（无爆炸）"，也可以返回到无爆炸的装配位置。切换爆炸图操作如图 7-36 所示。

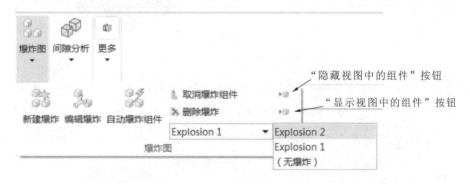

图 7-36　切换爆炸图操作

通过此操作方法，单击图 7-36 所示快捷菜单中"隐藏视图中的组件"按钮（或"显示视图中的组件"按钮），也可使视图中的组件隐藏（或显示出来）。

7.4.7　创建追踪线

在爆炸图中创建组件的追踪线，有利于查看组件的装配位置和装配方式。在系统主操作界面功能区"装配"选项卡中单击"爆炸图"下的"创建追踪线"按钮 ♪，打开"追踪线"对话框，如图 7-37(a) 所示。

　　下面以模型"model61"和"model68"的装配体爆炸图为基础,介绍创建追踪线的方法。创建追踪线之间一般先要编辑爆炸图移动组件。利用"新建爆炸"和"编辑爆炸"命令或"自动爆炸组件"命令,使螺钉组件"model68"相对组件"model61"向下方移动 300 mm。

　　在"追踪线"对话框中,单击"起始"面板中的"指定点"按钮,在下拉列表中选择"圆弧中心/椭圆中心/球心",在"终止"面板中"终止方向"栏的"指定矢量"下拉列表中选择"曲线/轴矢量",点选螺钉上端面边缘线指定起点,如图 7-37(b)所示。在"终止"面板的"终止对象"下拉列表选择"点"或"分量"选项。选择"点"和"分量"的含义如下。

　　(1)点:确定另一点来定义追踪线,选择时需注意查看矢量方向。

　　(2)分量:在装配区中选择配合的组件即可。

　　如在此处选择"分量"选项,点选配合件"model61"模型即可"终止"选项组的指定。当有多种可能的追踪线时,可单击"路径"面板的"备选解"按钮,选择符合设计意图的追踪线的设计。

　　单击"确定"或"应用"按钮,完成追踪线的创建。创建的追踪线如图 7-38 所示。用同样的方法可创建其他追踪线。

(a)"追踪线"对话框　　　　　(b)指定追踪线起点与终点

图 7-37　利用"追踪线"对话框指定追踪线起点与终点

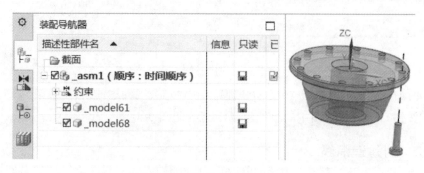

图 7-38　创建一条追踪线

7.5 替换组件

在装配过程中,可选取指定的组件将其替换为新的组件。要执行替换组件操作,可在"装配"选项卡中单击"更多"→"替换组件"。或者在"装配导航器"中选取要替换的组件,然后右击选择"替换组件"选项,打开"替换组件"对话框,如图 7-39 所示。

在该对话框中单击"替换件"面板下的"选择部件"按钮,在绘图区中选取替换组件;如果在"替换件"列表中没有所要求的组件,也可以在"搜索"栏中输入替换件的名称,然后在"已加载的部件"列表框中选择该替换组件;或单击"浏览"按钮,指定路径选取该组件,该组件即显示在"未加载的部件"列表框中且被选择,如图 7-40 所示。指定替换组件后,展开"设置"面板,勾选"保持关系"复选框,单击"确定"按钮,完成组件替换。若勾选"替换装配中的所有事例"复选框,则所有的原组件都将被替换。

图 7-39 "替换组件"对话框

图 7-40 "替换组件"对话框设置

装配导航器中装配树中的组件被替换为新的组件,装配树中的名字也被替换,如图 7-41(a)、(b)所示。

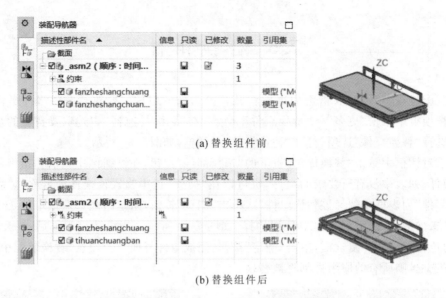

(a) 替换组件前

(b) 替换组件后

图 7-41　替换组件前、后装配导航器显示状态

7.6　移 动 组 件

在装配过程中或已经执行装配后，如果使用约束条件的方法不能满足设计者的实际装配需要，还可以手动编辑的方式将该组件移动到指定位置处。

要移动组件，可在"装配"选项卡中单击"移动组件"按钮，打开"移动组件"对话框。或在"装配导航器"中要移动的组件上右击，在弹出的快捷菜单中选择"移动"命令，打开"移动组件"对话框，如图 7-42 所示。

图 7-42　"移动组件"对话框

选取要移动的组件,对"变换"面板、"复制"面板和"设置"面板等中的参数进行设置,然后单击"确定"或"应用"按钮,完成移动组件操作。如将床板向 XC 正向移动 100 mm,"移动组件"对话框中的参数设置如图 7-43 所示。

图 7-43　移动组件设置

7.7　新建父对象

在 UG NX 11.0 软件中,可以根据需要新建当前显示部件的父部件。若要为部件导航器中当前显示部件创建父部件,可以在装配面板中单击"装配"→"组件"→"新建父对象"或在"主页"选项卡的"装配"组中单击"添加"下方的"新建父对象"按钮 ,打开"新建父对象"对话框,如图 7-44 所示。

在"模型"选项卡的"模板"表中选择一个模板,再指定名称和文件夹,单击"确定"按钮,装配导航器中会出现一个空的新父部件文件,该父部件文件将被作为工作部件。新建父对象前后的装配导航器如图 7-45 所示。

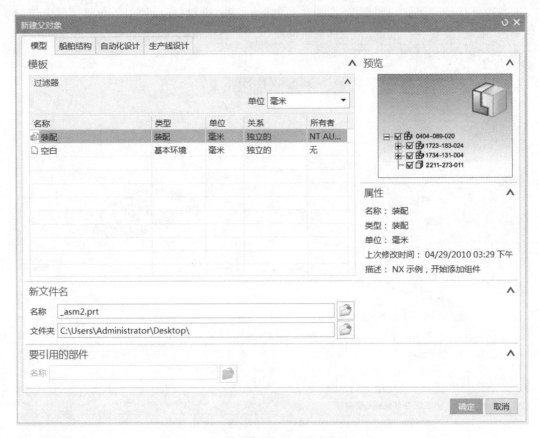

图 7-44　"新建父对象"对话框

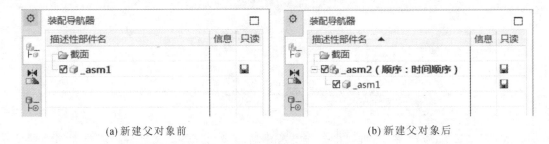

(a) 新建父对象前　　　　　　　　　　　　　(b) 新建父对象后

图 7-45　新建父对象前后的导航器

7.8　装配干涉检查

在装配过程中,有时候会出现组件之间发生干涉的情况,为了避免干涉造成的危害,要利用 UG NX 11.0 软件提供的功能命令进行分析。单击"菜单"→"分析"→"简单干涉",弹出"简单干涉"对话框,如图 7-46 所示。

按照提示要求,分别选择干涉检查的"第一体"和"第二体",完成二者之间的干涉检查。

单击"菜单"→"分析"→"装配间隙"→"执行分析",弹出"间隙分析"对话框(见图 7-47)和"间隙浏览器"阅读框(见图 7-48)。

图 7-46　"简单干涉"对话框　　　　　　　　　　图 7-47　"间隙分析"对话框

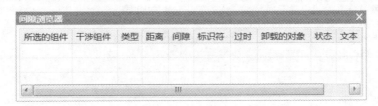

图 7-48　"间隙浏览器"阅读框

　　选择要分析的对象后,单击"确定"按钮,在间隙浏览器中会显示目前装配体的装配情况,如图 7-49 所示。

　　干涉情况有以下五种。

　　(1) 接触干涉:两个对象相互接触,但没有干涉,系统给出一个接触干涉的点。

　　(2) 硬干涉:两个对象相交,有公共部分,系统建立一个干涉实体。

图 7-49 装配情况显示

（3）软干涉：两个对象之间的最小距离小于间隙区域，但不接触，系统建立表示最小距离的一条线。

（4）包容干涉：一个对象完全包含在另一个对象内，系统建立表示干涉被包容实体的复本。

（5）不干涉：两个对象之间的距离大于间隙区域。

当需要对对象进行进一步的分析或编辑时，可在对应组件工具条上右击，打开快捷菜单，进一步对分析的对象进行相应操作，以便于进一步的编辑修改。如在快捷栏中单击"计算穿透深度"，将出现对应距离值，如图 7-50 所示。

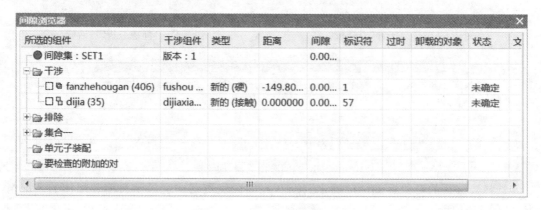

图 7-50 显示计算穿透深度值

7.9　阵 列 组 件

　　"阵列组件"功能用于把一个组件复制到指定的阵列中,快速生成阵列的组件。在装配过程中,除了重复添加相同组件来提高装配效率以外,对于按照圆周或线性分布的组件,还可使用"阵列组件"命令一次获得多个特征,并且阵列的组件将按照原组件的约束关系进行定位,从而可极大地提高产品装配的准确性和装配设计效率。单击"菜单"→"装配"→"组件"→"阵列组件",弹出"阵列组件"对话框。

　　"阵列组件"对话框的"布局"下拉列表中列出了三种阵列布局方式:"线性"、"圆形"、"参考"。

　　(1)线性:根据一个或者两个线性方向进行阵列。

　　(2)圆形:根据旋转轴和可选的径向间距参数进行组件阵列。

　　(3)参考:根据阵列的定义进行组件阵列。

　　如对某螺栓件进行线性阵列操作,根据要求进行线性布局阵列,沿"−XC"方向,将"节距"设置为 440 mm,其他参数采用默认设置,如图 7-51 所示。单击"确定"按钮,完成线性阵列。线性阵列后的效果如图 7-52 所示。

图 7-51　线性阵列组件

图 7-52　螺栓件的线性阵列

　　如根据要求进行圆形阵列,则"阵列组件"对话框如图 7-53 所示。在"阵列定义"面板的"间距"下拉列表中选择"数量和跨距",在"数量"文本框中输入"6","跨角"文本框中输入"360","指定矢量"选择"ZC";单击"指定点"按钮,打开"点"对话框,选择坐标系原点。其他参数采用默认设置。单击"应用"或"确定"按钮,完成圆形阵列操作。圆形阵列参数设置如图7-53所示,螺栓件的圆形阵列效果如图 7-54 所示。

图 7-53　圆形阵列参数设置　　　　　　图 7-54　螺栓件的圆形阵列

7.10　镜 像 装 配

在装配过程中,对于关于一个基准面对称分布的组件,可使用"镜像装配"功能一次获得多个特征,并且镜像的组件将按照原组件的约束关系进行定位。"镜像装配"功能更加适合对称组件的装配,有利于提高装配效率。该功能用于创建整个装配或选定组件的镜像版本。下面仍以 7.9 节中的螺栓件为例介绍镜像装配操作。

在装配模块下,通过单击"装配"→"组件"→"镜像装配",或者通过主页模块下的下拉菜单,单击"菜单"→"装配"→"组件"→"镜像装配",打开"镜像装配向导"对话框,如图 7-55 所示。

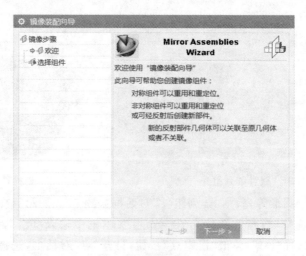

图 7-55　"镜像装配向导"对话框

按照"镜像装配向导"对话框的提示与要求,单击"下一步"按钮,选择螺钉作为要镜像的组件,如图 7-56(a)所示。单击"下一步"选择镜像平面,单击"创建基准平面"按钮 ▢ (见图

7-56(b)),打开"基准平面"对话框,如图 7-56(c)所示。在"类型"下拉列表中选择"YC-ZC 平面",单击"确定"按钮。

在"镜像装配向导"对话框中,点选命名规则以创建镜像的新部件文件名,如图 7-56(d)所示。单击"下一步"按钮,可以选择镜像类型,如图 7-56(e)、(f)所示。或者直接再次单击"下一步"按钮,采用默认类型。

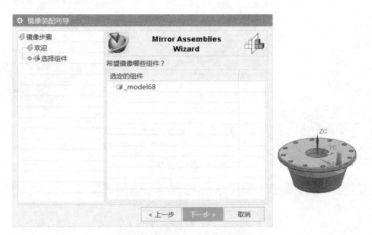

(a)选择螺钉作为要镜像的组件

(b)点选"创建基准平面"按钮

(c)"基准平面"对话框

图 7-56 镜像装配操作

(d) 点选命名规则

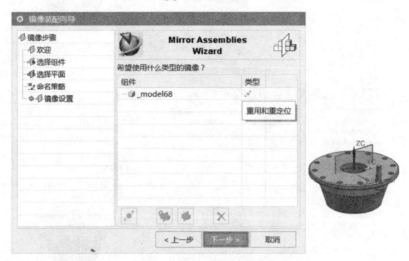

(e) 进入镜像类型设置

(f) 选择镜像类型

续图 7-56

单击"完成"按钮,隐藏创建的"YC-ZC 平面"。螺钉的镜像装配效果如图 7-57 所示。

如果在镜像装配中单击"重用和重定位"按钮,可以激活"关联镜像"按钮 、"非关联镜像"按钮 和"排除"按钮 ,如图 7-58 所示。可按照要求进行"重用和重定位"的选择。如点选"非关联镜像"按钮 ,在单击"下一步"按钮后,将弹出如图 7-59 所示的提示信息。

图 7-57　螺钉的镜像装配

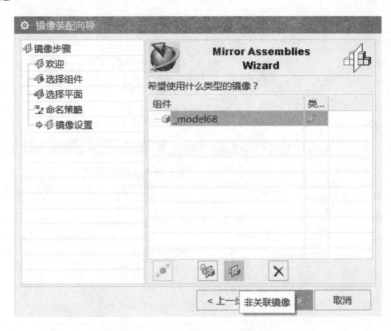

图 7-58　激活"关联镜像"等功能按钮

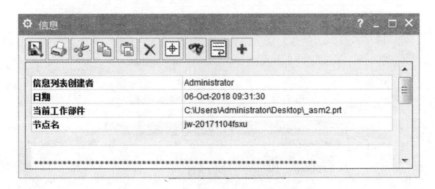

图 7-59　提示信息及"信息"提示框

单击"下一步"按钮,"镜像装配向导"对话框功能显示如图 7-60 所示。

继续单击"下一步"按钮,再单击"重新命名新部件文件"按钮 (见图 7-61),打开如图 7-62 所示的"命名部件"对话框,利用该对话框,可重新命名部件或接受系统自动命名的文件名称,如"mirror-model68.prt"。命名后单击"确定"按钮即可返回到上一级对话框。再单击"完成"按钮,完成镜像装配操作。

图 7-60　"镜像装配向导"对话框功能显示

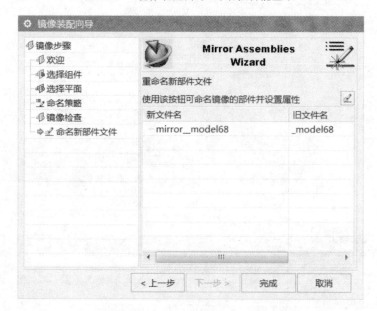

图 7-61　激活"重新命名部件"按钮

图 7-62　"命名部件"对话框

　　此时在"装配导航器"中将显示出以"非关联镜像"方式获得的新组件。以默认方式和"非关联镜像"方式获得新组件时,装配导航器显示分别如图 7-63(a)、(b)所示。

(a) 以默认方式获得新组件

(b) 以"非关联镜像"方式获得新组件

图 7-63　以默认方式和"非关联镜像"方式获得的新组件在装配导航器中的显示

7.11　设置工作部件与显示部件

在装配设计中,有时需要更改(定义)工作部件与显示部件。

工作部件是即将要编辑的部件,工作部件与非工作部件在绘图区中的显示也是不同的,如图 7-64 所示螺栓为工作部件。

定义工作部件与显示部件都可以通过装配导航器来完成。在装配导航器中要设置的部件上右击,从弹出的快捷菜单中选择"设为工作部件"或"设为显示部件",如图 7-65 所示。

将部件设置为显示部件后,其他部件在装配操作区内(绘图区)将不可见。若要显示父项组件,也可在装配导航器中右击该显示部件,从弹出的快捷菜单中选择"显示父项",然后指定父项组件。显示父项操作如图 7-66 所示。

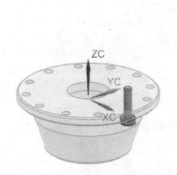

图 7-64　螺栓工作部件　　　图 7-65　利用装配导航器设置　　　图 7-66　显示父项操作
工作部件与显示部件

7.12　装配设计步骤

7.12.1　自底向上装配的步骤

下面以床体和床垫的装配为例介绍自底向上的装配步骤。

单击"文件"→"新建",打开"新建"对话框,点选"装配"命令,同样可以设置新文件名和装配文件放置的目录。单击"确定"按钮,进入装配环境,并打开"添加组件"对话框,如图7-67所示。在该对话框中单击"打开"按钮,选择装配文件夹中的零部件,则组件显示在"已加载的部件"列表框中,在"放置"面板的"定位"下拉列表中选择"绝对原点",单击"确定"按钮,完成第一个组件定位。

完成定位后的组件如图7-68所示。

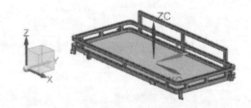

图7-67　"添加组件"对话框　　　　　　图7-68　完成定位后的组件

同样,在"添加组件"对话框中单击"打开"按钮,选择与上一个零部件具有约束关系的零部件,在"定位"下拉列表中选择"根据约束",如图7-69所示。

单击"确定"或者"应用"按钮,打开"装配约束"对话框,参数设置如图7-70所示。

按照对话框和提示栏要求"为'接触/对齐'选择第一个对象或拖动几何体",选择两个对象——床体的上表面和床垫的下表面,完成两个组件面与面的接触约束。此时装配导航器

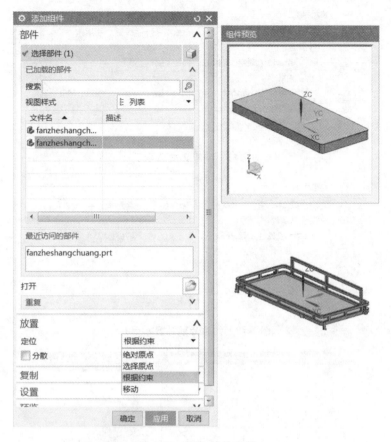

图 7-69　添加其他组件

图 7-70　"装配约束"参数设置

显示如图 7-71 所示。装配导航器中"约束导航器"显示如图 7-72 所示。

　　"装配约束"对话框中,在"要约束的几何体"面板的"方位"下拉列表中选择"接触",分别点选视图中两组件左侧侧面,作为要约束的对象,完成约束。在"预览"面板中勾选"在主窗口中预览组件",显示床体与床垫装配效果,如图 7-73 所示。

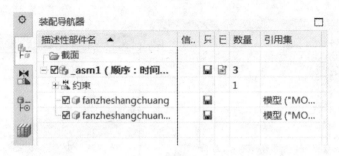

图 7-71　装配导航器显示

图 7-72　约束导航器显示(1)

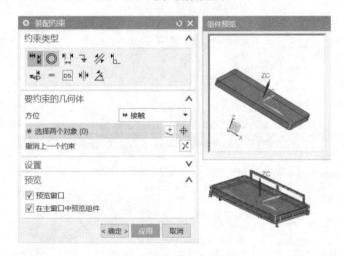

图 7-73　装配后组件显示

　　为确保两个零部件的完全约束,还可以继续添加约束,例如添加两个面的接触对齐约束。用同样的方法,完成对另外一对面的约束。约束完成后装配导航器中的约束导航器如图 7-74 所示,显示有三个约束。

　　约束完成后的装配体如图 7-75 所示。

图 7-74　约束导航器显示(2)　　　　　　　　　图 7-75　装配体

　　继续添加装配的零部件,按照同样方法完成整个折叠沙发床的装配。

　　装配完成后对文件进行保存。单击"文件"→"保存"→"全部保存",出现"命名部件"对话框,如图 7-76 所示。

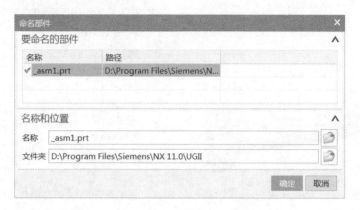

图 7-76　"命名部件"对话框

　　可对名称和存储的文件路径做修改。如:命名为"zhuangpeishili_asm1",存储到计算机桌面"折叠沙发床"文件夹里的"源文件"文件夹中(存储路径为 C:\Users\Administrator\Desktop\折叠沙发床\源文件),如图 7-77 所示。

　　单击"确定"按钮,提示栏将提示"全部部件成功地保存",完成装配部件的保存。在计算机桌面对应文件夹中将能找到存储的文件,如图 7-78 所示。

zhuangpei
shili_asm1

图 7-77　命名文件和存储路径修改　　　　　图 7-78　存储的文件

7.12.2　自顶向下装配的步骤

　　自顶向下装配设计方式按照前面介绍,也有两种方法:一是在装配时先创建几何模型,再创建新组件,并把几何模型加到新组件中;二是在装配中创建空的新组件,并使其成为工作部件,并按照"上、下文"设计的设计方法在其中创建几何模型。

　　下面以创建如图 7-79 所示的装配体模型为例介绍自顶向下的装配步骤。

　　(1) 打开 UG NX 11.0 软件,单击"新建"按钮,将新文件名修改为"top. prt",单击"确定"按钮,进入装配环境。

　　(2) 创建组件 1。

　　单击"装配"选项卡"组件"组中的"新建"按钮,打开"新组件文件"对话框,在该对话框中将组件名设置为"t1"。单击"确定"按钮,弹出"新建组件"对话框,组件名显示为"T1",如图

7-80 所示。单击"确定"按钮,完成组件 1 的创建。

图 7-79　装配体模型　　　　　　　　　　图 7-80　"新建组件"对话框

在装配导航器中,右击"t1",在弹出的快捷菜单中选择"设为工作部件"(见图 7-81),即可按照建模方式绘制模型 t1,如图 7-82 所示。

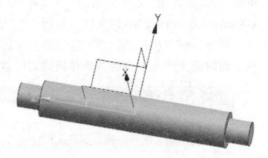

图 7-81　设置模型 t1 为工作部件　　　　　　图 7-82　组件 t1 三维模型

（3）在装配导航器中右击"top"装配体,将其设置为工作部件。

（4）创建组件 2。

选择主菜单,单击"装配"→"组件"→"新建",在弹出的"新组件文件"对话框中将组件名设置为"t2"。单击"确定"按钮,弹出"新建组件"对话框,组件名显示为"T2"。单击"确定"按钮,完成组件 2 的创建。

在装配导航器中右击"t2",在弹出的快捷菜单中选择"设为工作部件"。绘制组件 t2 三维模型,如图 7-83 所示。

图 7-83　组件 t2 三维模型

（5）在装配导航器中将"top"装配体设置为工作部件。

（6）对组件 t1 与 t2 进行装配。

单击主菜单中的"装配"→"组件位置"→"装配约束",打开"装配约束"对话框,完成两个零件的装配。再利用"镜像装配"功能完成 t2 的镜像操作。获得装配体如图 7-84 所示。装配导航器显示了装配过程记录,如图 7-85 所示。

图 7-84 装配体

图 7-85 装配导航器装配过程记录

自顶向下设计也是 WAVE 库的重要应用之一,通过在装配中建立总体参数或整体造型,并将控制几何对象的关联性复制到相关组件,可实现控制产品的细节设计。WAVE 几何链接器提供了在工作部件中建立相关(或不相关)几何体的命令。在主菜单"装配"选项卡的"更多"选项中有"WAVE 几何链接器"命令。

7.13 装配序列

装配序列主要用于为产品的设计和制造提供方便查看装配过程的工具。利用对应命令可以建立不同的装配和拆卸顺序,并仿真组件运动,回放排序的信息。

装配序列基本操作步骤如下:

(1)打开装配文件。

打开生成序列的装配文件,在装配导航器中抑制约束:展开约束,按住计算机键盘上的"shift"键,全选,右击选择"抑制"命令,如图 7-86 所示。

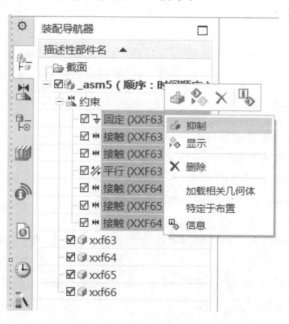

图 7-86 抑制约束操作

（2）进入装配序列。

单击"装配"选项卡"常规"组中的"序列"按钮 ，进入装配序列环境，相应的界面如图 7-87 所示。

单击"主页"选项卡"装配序列"面板中的"新建"按钮 ，新建"序列 1"，如图 7-88 所示，并激活装配序列各工具按钮。

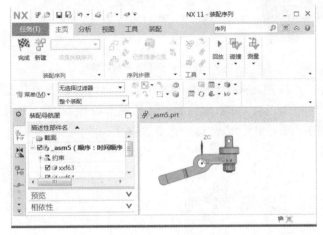

图 7-87　装配序列环境界面

图 7-88　新建"序列 1"

（3）打开装配导航器。

展开"装配导航器"中的部件列表。

（4）拆卸装配体。

在"主页"选项卡的"序列步骤"面板中单击"拆卸"按钮 ，弹出"类选择"对话框。在装配导航器中选择要拆卸的组件，单击"确定"按钮，完成拆卸。或在装配导航器中选择多个对象，单击"一起拆卸"按钮。

（5）导出序列过程。

单击"菜单"→"工具"→"导出至电影"，打开"录制电影"对话框，完成序列动画的生成。

以上为最基本的操作步骤，还有更多命令，读者可自行练习。

【基础操作案例】

案例 7-1：十四缸星型发动机序列设计

十四缸星型发动机的装配序列设计步骤如下。

（1）启动 UG NX 11.0 软件，打开本章配套资源"装配序列源文件"文件夹中的"shisigangxingxingfadongji.prt"文件，如图 7-89 所示。

（2）拆卸各组件。

① 单击"菜单"→"插入"→"装配"→"序列"，并单击"新建"按钮（见图 7-90），新建"序列_1"。

② 展开装配导航器中所有部件列表，左击选择"shisigangxingxingfadongji"中的"xxf92"，单击"拆卸"按钮（见图 7-91）。

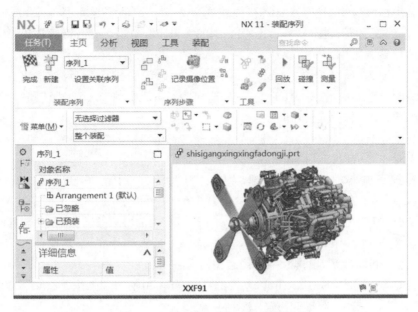

图 7-89　十四缸星型发动机装配序列

图 7-90　"新建"按钮

图 7-91　"拆卸"按钮

③ 在装配导航器中,左击选择"shisigangxingxingfadongji"中的"xxf91×7",单击"一起拆卸"按钮(见图 7-91)。

④ 在装配导航器中,左击选择"shisigangxingxingfadongji"中的"xxf90×7",单击"一起拆卸"按钮。

⑤ 在装配导航器中,按住 Ctrl 键,左击依次选择"xxf59"、"xxf58"、"xxf57"、"xxf56"、"xxf55"、"xxf54",单击"拆卸"按钮。

⑥ 在装配导航器中,按住 Ctrl 键,左击选择"_asm1"的子装配体"_asm7×28"中的"xxf79"和"_asm8"的子装配体"_asm7×28"中的"xxf79",单击"一起拆卸"按钮。

⑦ 在装配导航器中,按住 Ctrl 键,左击选择"_asm1"的子装配体"_asm7×28"中的"xxf77"和"_asm8"的子装配体"_asm7×28"中的"xxf77",单击"一起拆卸"按钮。

⑧ 在装配导航器中,按住 Ctrl 键,左击选择"_asm1"的子装配体"_asm6×28"中的"xxf78"和"_asm8"的子装配体"_asm6×28"中的"xxf78",单击"一起拆卸"按钮。

⑨ 在装配导航器中,按住 Ctrl 键,左击选择"_asm1"的子装配体"_asm6×28"中的"xxf77"和"_asm8"的子装配体"_asm6×28"中的"xxf77",单击"一起拆卸"按钮。

⑩ 在装配导航器中,按住 Ctrl 键,左击选择"_asm1"的子装配体"xxf76×7"、"xxf80×7"和"_asm8"的子装配体"xxf76×7"、"xxf80×7",单击"一起拆卸"按钮。

⑪ 在装配导航器中,按住 Ctrl 键,左击选择"_asm1"的子装配体"_asm5×14"中的"xxf66"和"_asm8"的子装配体"_asm5×14"中的"xxf66",单击"一起拆卸"按钮。

⑫ 在装配导航器中,按住 Ctrl 键,左击选择"_asm1"的子装配体"_asm5×14"中的"xxf65"和"_asm8"的子装配体"_asm5×14"中的"xxf65",单击"一起拆卸"按钮。

⑬ 在装配导航器中,按住 Ctrl 键,左击选择"_asm1"的子装配体"_asm5×14"中的"xxf64"和"_asm8"的子装配体"_asm5×14"中的"xxf64",单击"一起拆卸"按钮。

⑭ 在装配导航器中,按住 Ctrl 键,左击选择"_asm1"中的"xxf70×7"和"_asm8"中的"xxf70×7",单击"一起拆卸"按钮。

⑮ 在装配导航器中,按住 Ctrl 键,左击选择"_asm1"中的"xxf69×7"和"_asm8"中的"xxf69×7",单击"一起拆卸"按钮。

⑯ 在装配导航器中,按住 Ctrl 键,左击选择"_asm1"中的子装配体"xxf67×14"和"xxf68×7"、"_asm1"的子装配体"_asm5×14"中的"xxf63"、"_asm8"中的子装配体"xxf67×14"和"xxf68×7"、"_asm8"的子装配体"_asm5×14"中的"xxf63",单击"一起拆卸"按钮。

⑰ 在装配导航器中,按住 Ctrl 键,左击选择"_asm1"中的子装配体"xxf62×14"、"_asm8"中的"xxf62×14",单击"一起拆卸"按钮。

⑱ 在装配导航器中,按住 Ctrl 键,左击选择"_asm1"中的子装配体"xxf61×7"、"_asm8"中的"xxf61×7",单击"一起拆卸"按钮。

⑲ 在装配导航器中,按住 Ctrl 键,左击选择"_asm1"的子装配体"_asm2×7"中的"xxf24"和"_asm8"的子装配体"_asm2×7"中的"xxf24",单击"一起拆卸"按钮。

⑳ 在装配导航器中,按住 Ctrl 键,左击选择"_asm1"的子装配体"_asm2×7"中的"xxf23×2"和"_asm8"的子装配体"_asm2×7"中的"xxf23×2",单击"一起拆卸"按钮。

㉑ 在装配导航器中,按住 Ctrl 键,左击选择"_asm1"的子装配体"_asm2×7"中的"xxf21×2"和"_asm8"的子装配体"_asm2×7"中的"xxf21×2",单击"一起拆卸"按钮。

㉒ 在装配导航器中,按住 Ctrl 键,左击选择"_asm1"的子装配体"_asm2×7"中的"xxf20×2"和"_asm8"的子装配体"_asm2×7"中的"xxf20×2",单击"一起拆卸"按钮。

㉓ 在装配导航器中,按住 Ctrl 键,左击选择"_asm1"的子装配体"_asm2×7"中的"xxf19×2"和"_asm8"的子装配体"_asm2×7"中的"xxf19×2",单击"一起拆卸"按钮。

㉔ 在装配导航器中,按住 Ctrl 键,左击选择"_asm1"中的子装配体"xxf60×28"和"_asm8"中的子装配体"xxf60×28",单击"一起拆卸"按钮。

㉕ 在装配导航器中,按住 Ctrl 键,左击选择"_asm1"的子装配体"_asm2×7"中的"xxf17"和"_asm8"的子装配体"_asm2×7"中的"xxf17",单击"一起拆卸"按钮。

㉖ 在装配导航器中,按住 Ctrl 键,左击选择"_asm1"的子装配体"_asm2×7"中的"xxf18×2"和"_asm8"的子装配体"_asm2×7"中的"xxf18×2",单击"一起拆卸"按钮。

㉗ 在装配导航器中,按住 Ctrl 键,左击选择"_asm1"的子装配体"_asm2×7"中的"xxf22×2"和"_asm8"的子装配体"_asm2×7"中的"xxf22×2",单击"一起拆卸"按钮。

㉘ 在装配导航器中,按住 Ctrl 键,左击选择"_asm1"的子装配体"_asm4×28"中的"xxf75"和"_asm8"的子装配体"_asm4×28"中的"xxf75",单击"一起拆卸"按钮。

㉙ 在装配导航器中,按住 Ctrl 键,左击选择"_asm1"的子装配体"_asm4×28"中的"xxf74"和"_asm8"的子装配体"_asm4×28"中的"xxf74",单击"一起拆卸"按钮。

㉚ 在装配导航器中,按住 Ctrl 键,左击选择"_asm1"的子装配体"_asm3×7"中的"xxf71"和"_asm8"的子装配体"_asm3×7"中的"xxf71",单击"一起拆卸"按钮。

㉛ 在装配导航器中,按住 Ctrl 键,左击选择"_asm1"的子装配体"_asm3×7"中的"xxf72

×2”和“_asm8”的子装配体“_asm3×7”中的“xxf72×2”，单击“一起拆卸”按钮。

㉜ 在装配导航器中，按住 Ctrl 键，左击选择“_asm1”的子装配体“_asm3×7”中的“xxf73×2”和“_asm8”的子装配体“_asm3×7”中的“xxf73×2”，单击“一起拆卸”按钮。

㉝ 在装配导航器中，按住 Ctrl 键，左击选择“_asm1”中的“xxf14×7”和“_asm8”中的“xxf14×7”，单击“一起拆卸”按钮。

㉞ 在装配导航器中，按住 Ctrl 键，左击选择“_asm1”中的“xxf07×28”和“_asm8”中的“xxf07×28”，单击“一起拆卸”按钮。

㉟ 在装配导航器中，按住 Ctrl 键，左击选择“_asm1”中的“xxf06×28”和“_asm8”中的“xxf06×28”，单击“一起拆卸”按钮。

㊱ 在装配导航器中，按住 Ctrl 键，左击选择“_asm1”中的“xxf05×7”、“_asm8”中的“xxf05×7”，单击“一起拆卸”按钮。

㊲ 在装配导航器中，按住 Ctrl 键，左击选择“_asm1”中的“xxf04×7”、“_asm8”中的“xxf04×7”，单击“一起拆卸”按钮。

㊳ 在装配导航器中，按住 Ctrl 键，左击选择“_asm1”中的“xxf16×7”、“_asm8”中的“xxf16×7”，单击“一起拆卸”按钮。

㊴ 在装配导航器中，按住 Ctrl 键，左击选择“_asm1”中的“xxf15×7”、“_asm8”中的 xxf15×7，单击“一起拆卸”按钮。

㊵ 在装配导航器中，按住 Ctrl 键，左击选择“_asm1”中的“xxf53×12”，单击“一起拆卸”按钮。

㊶ 在装配导航器中，按住 Ctrl 键，左击选择“_asm1”中的“xxf52×12”，单击“一起拆卸”按钮。

㊷ 在装配导航器中，按住 Ctrl 键，左击选择“_asm1”中的“xxf51”、“xxf50”，单击“拆卸”按钮。

㊸ 在装配导航器中，按住 Ctrl 键，左击选择“_asm1”中的“xxf49×12”，单击“一起拆卸”按钮。

㊹ 在装配导航器中，按住 Ctrl 键，左击选择“_asm1”中的“xxf48×12”，单击“一起拆卸”按钮。

㊺ 在装配导航器中，按住 Ctrl 键，左击选择“_asm1”中的“xxf46×12”，单击“一起拆卸”按钮。

㊻ 在装配导航器中，按住 Ctrl 键，左击选择“_asm1”中的“xxf45×12”，单击“一起拆卸”按钮。

㊼ 在装配导航器中，按住 Ctrl 键，左击选择“_asm1”中的“xxf44×24”，单击“一起拆卸”按钮。

㊽ 在装配导航器中，按住 Ctrl 键，左击选择“_asm1”中的“xxf43”，单击“拆卸”按钮。

㊾ 在装配导航器中，按住 Ctrl 键，左击选择“_asm1”中的“xxf41×12”，单击“一起拆卸”按钮。

㊿ 在装配导航器中，按住 Ctrl 键，左击选择“_asm1”中的“xxf40×12”，单击“一起拆卸”按钮。

(51) 在装配导航器中，按住 Ctrl 键，左击选择“_asm1”中的“xxf39×12”，单击“一起拆卸”按钮。

(52) 在装配导航器中，按住 Ctrl 键，左击选择“_asm1”中的“xxf38×12”，单击“一起拆卸”按钮。

(53) 在装配导航器中，按住 Ctrl 键，左击选择“_asm1”中的“xxf42”、“xxf37”、“xxf36”、“xxf35”、“xxf34”、“xxf33”，单击“拆卸”按钮。

(54) 在装配导航器中，按住 Ctrl 键，左击选择“_asm8”中的“xxf86×12”，单击“一起拆卸”按钮。

(55) 在装配导航器中，按住 Ctrl 键，左击选择“_asm8”中的“xxf85×12”，单击“一起拆卸”按钮。

(56) 在装配导航器中，按住 Ctrl 键，左击选择“_asm8”中的“xxf84”、“xxf83”，单击“拆卸”按钮。

(57) 在装配导航器中，按住 Ctrl 键，左击选择“_asm8”中的“xxf46×12”，单击“一起拆卸”按钮。

(58) 在装配导航器中，按住 Ctrl 键，左击选择“_asm8”中的“xxf45×12”，单击“一起拆卸”按钮。

(59) 在装配导航器中，按住 Ctrl 键，左击选择“_asm8”中的“xxf44×24”，单击“一起拆卸”按钮。

(60) 在装配导航器中，按住 Ctrl 键，左击选择“_asm8”中的“xxf43”，单击“拆卸”按钮。

(61) 在装配导航器中，按住 Ctrl 键，左击选择“_asm8”中的“xxf41×12”，单击“一起拆卸”按钮。

(62) 在装配导航器中，按住 Ctrl 键，左击选择“_asm8”中的“xxf40×12”，单击“一起拆卸”按钮。

(63) 在装配导航器中，按住 Ctrl 键，左击选择“_asm8”中的“xxf39×12”，单击“一起拆卸”按钮。

(64) 在装配导航器中，按住 Ctrl 键，左击选择“_asm8”中的“xxf38×12”，单击“一起拆卸”按钮。

(65) 在装配导航器中，按住 Ctrl 键，左击选择“_asm8”中的“xxf37”、“xxf42”、“xxf36”、“xxf35”、“xxf34”、“xxf33”，单击“拆卸”按钮。

(66) 在装配导航器中，左击选择“shisigangxingxingfadongji”中的“xxf89×12”，单击“一起拆卸”按钮。

(67) 在装配导航器中，左击选择“shisigangxingxingfadongji”中的“xxf88×12”，单击“一起拆卸”按钮。

(68) 在装配导航器中，左击选择“shisigangxingxingfadongji”中的“xxf87×24”，单击“一起拆卸”按钮。

(69) 在装配导航器中，按住 Ctrl 键，左击选择“_asm8”中的“xxf81”、“xxf02”，单击“拆卸”按钮。

(70) 在装配导航器中，按住 Ctrl 键，左击选择“_asm8”中的“xxf13×2”，单击“一起拆卸”按钮。

(71) 在装配导航器中，按住 Ctrl 键，左击选择“_asm8”中的“xxf12”，单击“拆卸”按钮。

(72) 在装配导航器中，按住 Ctrl 键，左击选择“_asm8”中的“xxf11×6”，单击“一起拆卸”按钮。

⑬ 在装配导航器中,按住 Ctrl 键,左击选择"_asm8"中的"xxf10×6",单击"一起拆卸"按钮。

⑭ 在装配导航器中,按住 Ctrl 键,左击选择"_asm8"中的"xxf82"、"xxf08"、"xxf09",单击"拆卸"按钮。

⑮ 在装配导航器中,按住 Ctrl 键,左击选择"_asm1"中的"xxf32×2",单击"一起拆卸"按钮。

⑯ 在装配导航器中,按住 Ctrl 键,左击选择"_asm1"中的"xxf31×2",单击"一起拆卸"按钮。

⑰ 在装配导航器中,按住 Ctrl 键,左击选择"_asm1"中的"xxf29×12",单击"一起拆卸"按钮。

⑱ 在装配导航器中,按住 Ctrl 键,左击选择"_asm1"中的"xxf27"、"xxf30"、"xxf28"、"xxf26"、"xxf93",单击"拆卸"按钮。

⑲ 在装配导航器中,按住 Ctrl 键,左击选择"_asm1"中的"xxf13×2",单击"一起拆卸"按钮。

⑳ 在装配导航器中,按住 Ctrl 键,左击选择"_asm1"中的"xxf12",单击"拆卸"按钮。

㉑ 在装配导航器中,按住 Ctrl 键,左击选择"_asm1"中的"xxf11×6",单击"一起拆卸"按钮。

㉒ 在装配导航器中,按住 Ctrl 键,左击选择"_asm1"中的"xxf10×6",单击"一起拆卸"按钮。

㉓ 在装配导航器中,按住 Ctrl 键,左击选择"_asm1"中的"xxf09"、"xxf08"、"xxf03"、"xxf02"、"xxf01",单击"拆卸"按钮。

（3）导出拆卸序列动画。

① 单击"菜单"→"工具"→"导出至电影",弹出"录制电影"对话框。

② 选择需要保存的文件的位置,并为文件命名(默认保存在所打开文件的位置)。

③ 单击"OK"按钮,导出并保存拆卸序列动画。

（4）导出装配序列动画。

① 在导出拆卸动画后,图形窗口无部件显示。此时,单击"菜单"→"工具"→"导出至电影"命令,弹出"录制电影"对话框。

② 选择需要保存的文件的位置并为文件命名(默认保存在所打开文件的位置),单击"OK"按钮,导出并保存装配序列动画。

（5）存储序列。

① 单击"完成"按钮,退出装配序列任务环境。

② 单击"保存"按钮,存储所创建的序列。

创建序列后,要查看动画,单击"回放"组中向前播放等按钮即可,如图 7-92 所示。

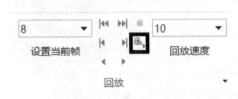

图 7-92 "回放"组参数与命令按钮

案例 7-2:组件"_asm2. prt"装配爆炸图

以组件"_asm2. prt"装配爆炸图为例,设计步骤如下:

图 7-93　"新建爆炸"对话框

（1）启动 UG NX 11.0 软件，打开本章配套资源"素材"文件夹内"装配爆炸图"子文件夹中的"_asm2.prt"文件。

（2）单击"菜单"→"装配"→"爆炸图"→"新建爆炸"，弹出"新建爆炸"对话框，如图7-93所示。在"名称"文本框中输入"爆炸图"，单击"确定"按钮，完成爆炸图的创建。

（3）单击"菜单"→"装配"→"爆炸图"→"编辑爆炸"，弹出"编辑爆炸"对话框，如图 7-94所示。点选"选择对象"命令，在装配导航器中，左击选择"xxf23×2"。切换至"移动对象"，在图形窗口中选择坐标系的"+ZC"轴，在"距离"文本框中输入"100"，如图 7-95 所示。单击"应用"按钮，完成"xxf23×2"的移动操作。

图 7-94　"编辑爆炸"对话框

图 7-95　"编辑爆炸"对话框设置

（4）在"编辑爆炸"对话框中点选"选择对象"，在装配导航器中按住 Ctrl 键并左击选择"xxf21×2"。切换至"移动对象"，在图形窗口中选择坐标系的"+ZC"轴方向，在"距离"文本框中输入"100"。单击"应用"按钮，完成"xxf21×2"的移动操作。

（5）点选"选择对象"命令，在装配导航器中按住 Ctrl 键并左击选择"xxf20×2"。切换至"移动对象"，在图形窗口中选择坐标系的"+ZC"轴方向，在"距离"文本框中输入"100"。单击"应用"按钮，完成"xxf20×2"的移动操作。

（6）点选"选择对象"命令，在装配导航器中按住 Ctrl 键并左击选择"xxf19×2"和"xxf24"。切换至"移动对象"，在图形窗口中选择坐标系的"+ZC"轴方向，在"距离"文本框中输入"250"。单击"应用"按钮，完成"xxf19×2"和"xxf24"的移动。

（7）点选"选择对象"命令，在装配导航器中按住 Ctrl 键并左击选择"xxf17"。切换至"移动对象"，在图形窗口中选择坐标系的"+ZC"轴方向，在距离文本框中输入"300"。单击"应用"按钮，完成 xxf17 的移动操作。

（8）执行"选择对象"命令，在"装配导航器"中，按住 Ctrl 键并左击选择"xxf18×2"。切换至"移动对象"，在图形窗口中选择坐标系的"+ZC"轴方向，在"距离"文本框中输入"400"。单击"确定"按钮，完成"xxf18×2"的移动和爆炸图的创建，如图 7-96 所示。

图 7-96　创建的爆炸图

案例 7-3：十四缸星型发动机渲染

以渲染"shisigangxingxingfadongji. prt（十四缸星型发动机）"装配体为例，如图 7-97 所示。

图 7-97　渲染效果图

渲染设计步骤如下：

（1）启动 UG NX 11.0 软件，打开本书配套资源"素材"文件夹内"渲染源文件"子文件夹中的"shisigangxingxingfadongji. prt"文件。

① 单击菜单中的"视图"→"可视化"→"艺术外观任务"，进入艺术外观环境。在"系统场景"资源板中左击选择"白色艺术外观"，如图 7-98 所示。

② 在装配导航器中只显示总装配体"shisigangxingxingfadongji"中的"xxf90×7"、"xxf91×7"和"xxf92"。在图形窗口中框选显示的部件，在"系统艺术外观材料"资源板的"金属"文件夹中，左击选择"铬"，如图 7-99 所示。

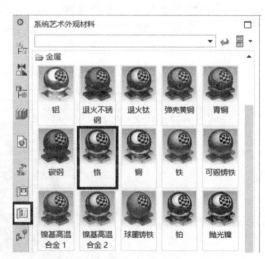

图 7-98　系统场景选择　　　　　　　　　　图 7-99　金属材料选择

③ 在装配导航器中只显示"_asm1"子装配体"_asm5×14"中的"xxf63"，"_asm8"子装配体"_asm5×14"中的"xxf63"。在图形窗口中框选显示的部件，在"系统艺术外观材料"的"汽车"文件夹中，左击选择"车漆-蓝色"。

④ 在装配导航器中只显示"_asm1"中的"xxf76×7"和"xxf80×7"，以及"_asm8"中的"xxf76×7"和"xxf80×7"。在图形窗口中框选显示的部件，在"系统艺术外观材料"的"汽

车"文件夹中,左击选择"车漆-红色"。

⑤ 在装配导航器中只显示"_asm1"中的"xxf05×7"、"xxf47"、"xxf54"、"xxf59"、"_asm1"子装配体"_asm3×7"中的"xxf71","_asm8"中的"xxf05×7"、"xxf84","_asm8"子装配体"_asm3×7"中的"xxf71",在图形窗口中框选显示的部件,在"系统艺术外观材料"的"汽车"文件夹中,左击选择"车漆-黑色"。

⑥ 在装配导航器中只显示"_asm1"中的"xxf01"、"xxf27×2"、"xxf28"、"xxf30"、"xxf43"、"xxf51"、"xxf58","_asm1"子装配体"_asm2×7"中的"xxf17"、"xxf24","_asm8"中的"xxf81"、"xxf43","_asm8"子装配体"_asm2×7"中的"xxf17"、"xxf24"。在图形窗口中框选显示的部件,在"系统艺术外观材料"的"金属"文件夹中,左击选择"铝"。

⑦ 在装配导航器中显示总装配体"shisigangxingxingfadongji"的所有部件,然后隐藏总装配体"shisigangxingxingfadongji"中的"xxf89×12"、"xxf88×12"、"xxf87×24"、"xxf90×7"、"xxf91×7"、"xxf92","_asm1"中的"xxf01"、"xxf05×7"、"xxf27×2"、"xxf28"、"xxf30"、"xxf43"、"xxf47"、"xxf51"、"xxf54"、"xxf58"、"xxf59"、"xxf76×7"、"xxf80×7","_asm1"子装配体"_asm2×7"中的"xxf17"、"xxf24","_asm1"子装配体"_asm5×14"中的"xxf63"、"_asm1"子装配体"_asm3×7"中的"xxf71","_asm8"中的"xxf81"、"xxf05×7"、"xxf43"、"xxf76×7"、"xxf80×7"、"xxf84","_asm8"的子装配体"_asm2×7"中的"xxf17"、"xxf24"、"_asm8"的子装配体"_asm5×14"中的"xxf63"、"_asm8"的子装配体"_asm3×7"中的"xxf71"。在图形窗口中框选显示的部件,在"系统艺术外观材料"的"金属"文件夹中,左击选择"钢"。

⑧ 在系统主界面上边框条的"选择"组中选择"面",可根据自己的意愿,选择"_asm1"中零件模型"xxf58"和"_asm8"中零件模型"xxf84"上的文字特征轮廓截面,定义外观材料。

(2) 进行光线追踪艺术外观设置。

① 单击"菜单"→"艺术外观"→"光线追踪艺术外观",弹出"光线追踪艺术外观"对话框,如图 7-100 所示。

图 7-100　"光线追踪艺术外观"对话框

1—"开始/继续"按钮;2—"暂停"按钮;3—"高品质交互"按钮;4—"启动静态图像"按钮;5—"保存图像"按钮

② 选择"高质交互"→"启动静态图像",然后开始渲染。

③ 当对渲染的图像满意时,单击"暂停"按钮,然后单击"保存图像"按钮,弹出"保存图像"对话框,选择需要导出图片的格式(见图 7-101),并选择保存位置和设置文件名。

④ 单击"菜单"→"任务"→"完成艺术外观",完成渲染。

图 7-101 "保存图像"对话框

案例 7-4:十四缸星型发动机组件_asm2 装配

本案例源文件为本章配套资源"素材"文件夹内的"装配源文件"子文件夹中的文件"_asm2. prt"(组件_asm2装配图参见图 7-102)。

启动 UG NX 11.0 软件,新建文件名为"_asm2"的装配文件。

十四缸星型发动机组件_asm2 装配设计步骤如下。

(1) 添加组件 xxf17。

① 单击"菜单"→"插入"→"装配"→"组件"→"添加组件",弹出"添加组件"对话框。

② 单击"打开"按钮,在本章配套资源"素材"文件夹的"装配"子文件夹中选择"xxf17"。

图 7-102 组件_asm2 装配图

③ 在"添加组件"对话框中,"定位"栏选择"绝对原点","多重添加"栏选择"无","引用集"栏选择"模型","图层选项"栏选择"原始的"。具体设置如图 7-103 所示。单击"确定"按钮,完成组件 xxf17 的添加。

图 7-103 添加组件 xxf17

(2) 为组件 xxf17 创建约束。

① 单击"菜单"→"插入"→"装配"→"组件位置"→"装配约束",弹出"装配约束"对话框。

② "约束类型"栏选择"固定"图标,单击"要约束的几何体"面板中的"选择对象"按钮,

选择图中指定的对象,如图 7-104 所示。单击"确定"按钮,完成对组件 xxf17 的固定约束。

图 7-104   组件 xxf17 的约束

(3) 添加组件 xxf18。

① 单击"菜单"→"插入"→"装配"→"组件"→"添加组件",弹出"添加组件"对话框。

② 单击"打开"按钮,在本书配套资源"素材"文件夹内的"装配源文件"子文件夹中选择"xxf18"。

③ 在"添加组件"对话框中,"定位"栏选择"根据约束","多重添加"栏选择"无","引用集"栏选择"模型","图层选项"栏选择"原始的"。

④ 单击"确定"按钮,完成组件 xxf18 的添加。

(4) 为组件 xxf17 和 xxf18 创建约束。

① 单击"菜单"→"插入"→"装配"→"组件位置"→"装配约束",弹出"装配约束"对话框。

② "约束类型"栏选择"接触对齐"图标,"方位"栏选择"自动判断中心/轴",如图 7-105(a)所示;单击"要约束的几何体"面板中的"选择对象"按钮,先选择组件"xxf17"中指定的孔壁为对象 1,再选择组件"xxf18"中指定的孔壁为对象 2,如图 7-105(b)所示。

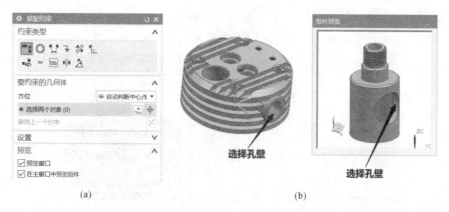

(a)   (b)

图 7-105   组件 xxf17 与 xxf18 之间的约束操作(1)

③ 单击"确定"按钮,创建组件 xxf17 和 xxf18 之间的第一组接触对齐约束。

④ 单击"菜单"→"插入"→"装配"→"组件位置"→"装配约束",弹出"装配约束"对话框。

⑤ "约束类型"栏选择"接触对齐"图标,"方位"栏选择"自动判断中心/轴",如图 7-106(a)所示;单击"要约束的几何体"面板中的"选择对象"按钮,先选择组件 xxf17 中指定的面为对象 1,再选择组件 xxf18 中指定的面为对象 2,如图 7-106(b)所示。

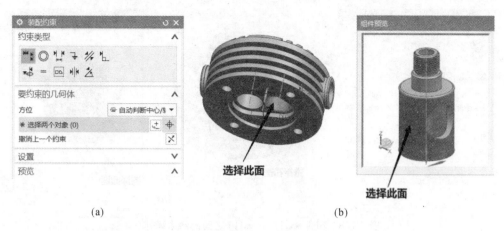

(a)　　　　　　　　　　　　　　　　　　(b)

图 7-106　组件 xxf17 与 xxf18 之间的约束操作(2)

⑥ 单击"确定"按钮，创建组件 xxf17 与 xxf18 之间的第二组接触对齐约束。

（5）添加组件 xxf19。

① 单击"菜单"→"插入"→"装配"→"组件"→"添加组件"，弹出"添加组件"对话框。

② 单击"打开"按钮，在本章配套资源"素材"文件夹内的"装配"子文件夹中选择"xxf19"。

③ 在"添加组件"对话框中，"定位"栏选择"根据约束"，"多重添加"栏选择"无"，"引用集"栏选择"模型"，"图层选项"栏选择"原始的"，如图 7-107 所示。

图 7-107　添加 xxf19 组件

④ 单击"确定"按钮，完成组件 xxf19 的添加。

（6）为组件 xxf17 和 xxf19 创建约束。

① 单击"菜单"→"插入"→"装配"→"组件位置"→"装配约束"，弹出"装配约束"对话框。

② "约束类型"栏选择"接触对齐"图标，"方位"栏选择"自动判断中心/轴"，如图 7-108(a)所示；单击"要约束的几何体"面板中的"选择对象"按钮，先选择组件 xxf17 中指定的孔壁为对象 1，再选择组件 xxf19 中指定的面为对象 2，如图 7-108(b)所示。

③ 单击"确定"按钮，创建组件 xxf17 与 xxf19 之间的第一组接触对齐约束。

④ 单击"菜单"→"插入"→"装配"→"组件位置"→"装配约束"，弹出"装配约束"对话框。

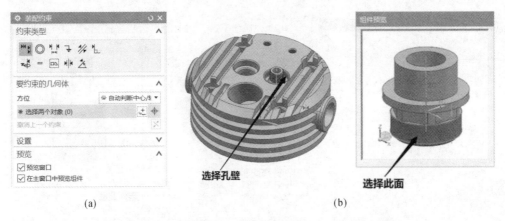

图 7-108　组件 xxf17 与 xxf19 之间的约束操作(1)

⑤ "约束类型"栏选择"接触对齐"图标,"方位"栏选择"接触",如图 7-109(a)所示;单击"要约束的几何体"面板中的"选择对象"按钮,先选择组件 xxf17 中指定的台阶面为对象 1,再选择组件 xxf19 中指定的端面为对象 2,如图7-109(b)所示。

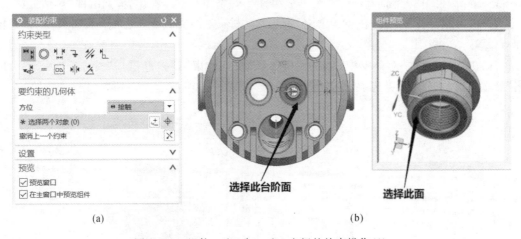

图 7-109　组件 xxf17 与 xxf19 之间的约束操作(2)

⑥ 单击"确定"按钮,创建组件 xxf17 与 xxf19 之间的第二组接触对齐约束。

(7) 添加组件 xxf20。

① 单击"菜单"→"插入"→"装配"→"组件"→"添加组件",弹出"添加组件"对话框。

② 单击"打开"按钮,在本章配套资源"素材"文件夹内的"装配"子文件夹中选择"xxf20"。

③ 在"添加组件"对话框中,"定位"栏选择"根据约束","多重添加"栏选择"无","引用集"选择"整个部件","图层选项"栏选择"原始的"。

④ 单击"确定"按钮,完成组件 xxf20 的添加。

(8) 为组件 xxf19 和 xxf20 创建约束。

① 单击"菜单"→"插入"→"装配"→"组件位置"→"装配约束",弹出"装配约束"对话框。

② "约束类型"栏选择"接触对齐"图标,"方位"栏选择"自动判断中心/轴",如图 7-110(a)所示;单击"要约束的几何体"面板中的"选择对象"按钮,先选择组件 xxf19 中指定的面为对象 1,再选择组件 xxf20 中指定的基准轴为对象 2,如图 7-110(b)所示。

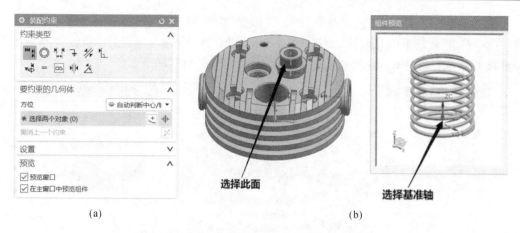

(a)　　　　　　　　　　　　　　　　　　　　　(b)

图 7-110　组件 xxf19 与 xxf20 之间的约束操作(1)

③ 单击"确定"按钮,创建组件 xxf19 与 xxf20 之间的第一组接触对齐约束。

④ 单击"菜单"→"插入"→"装配"→"组件位置"→"装配约束",弹出"装配约束"对话框。

⑤ "约束类型"栏选择"接触对齐"图标,"方位"栏选择"接触",如图 7-111(a)所示;单击"要约束的几何体"面板中的"选择对象"按钮,先选择组件 xxf19 中指定的面为对象 1,再选择组件 xxf20 中指定的面为对象 2,如图 7-111(b)所示。

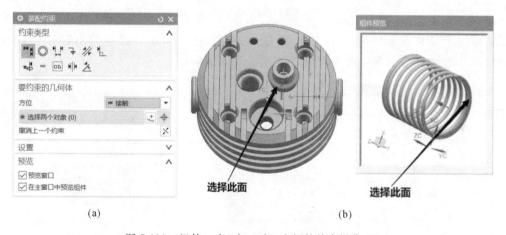

(a)　　　　　　　　　　　　　　　　　　　　　(b)

图 7-111　组件 xxf19 与 xxf20 之间的约束操作(2)

⑥ 单击"确定"按钮,创建组件 xxf19 与 xxf20 之间的第二组接触对齐约束。

(9) 添加组件 xxf21。

① 单击"菜单"→"插入"→"装配"→"组件"→"添加组件",弹出"添加组件"对话框。

② 单击"打开"按钮,在本章配套资源"素材"文件夹内的"装配"子文件夹中选择"xxf21"。参数设置同组件 xxf17。

③ 在"添加组件"对话框中,"定位"栏选择"根据约束","多重添加"栏选择"无","引用集"栏选择"模型","图层选项"栏选择"原始的"。

④ 单击"确定"按钮,完成组件 xxf21 的添加。

(10) 为组件 xxf19 和 xxf21 创建约束。

① 单击"菜单"→"插入"→"装配"→"组件位置"→"装配约束",弹出"装配约束"对话框。

②"约束类型"栏选择"接触对齐"图标,"方位"栏选择"自动判断中心/轴",如图 7-112 (a)所示;单击"要约束的几何体"面板中的"选择对象"按钮,先选择组件 xxf19 中指定的面为对象 1,再选择组件 xxf21 中指定的面为对象 2,如图 7-112(b)所示。

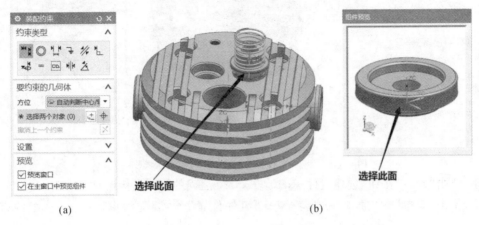

图 7-112　组件 xxf19 与 xxf21 之间的约束操作(1)

③ 单击"确定"按钮,创建组件 xxf19 与 xxf21 之间的第一组接触对齐约束。

④ 单击"菜单"→"插入"→"装配"→"组件位置"→"装配约束",弹出"装配约束"对话框。

⑤"约束类型"栏选择"接触对齐"图标,"方位"栏选择"接触",如图 7-113(a)所示;单击"要约束的几何体"面板中的"选择对象"按钮,先选择组件 xxf20 中指定的面为对象 1,再选择组件 xxf21 中指定的台阶面为对象 2,如图 7-113(b)所示。

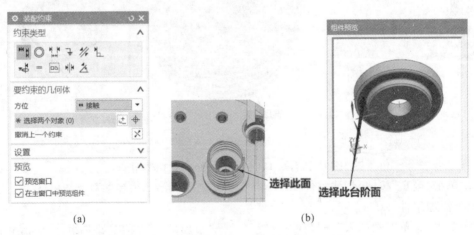

图 7-113　组件 xxf19 与 xxf21 之间的约束操作(2)

⑥ 单击"确定"按钮,创建组件 xxf20 与 xxf21 之间的第二组接触对齐约束。

(11) 添加组件 xxf22。

① 单击"菜单"→"插入"→"装配"→"组件"→"添加组件",弹出"添加组件"对话框。

② 单击"打开"按钮,在本章配套资源"素材"文件夹内的"装配"子文件夹中选择"xxf22"。

③ 在"添加组件"对话框中,"定位"栏选择"根据约束","多重添加"栏选择"无","引用集"栏选择"模型","图层选项"栏选择"原始的"。

④ 单击"确定"按钮,完成组件 xxf22 的添加。

(12) 为组件 xxf21 和 xxf22 创建约束。

① 单击"菜单"→"插入"→"装配"→"组件位置"→"装配约束",弹出"装配约束"对话框。

② "约束类型"栏选择"接触对齐"图标,"方位"栏选择"自动判断中心/轴",如图 7-114(a)所示;单击"要约束的几何体"面板中的"选择对象"按钮,先选择组件 xxf21 中指定的面为对象 1,再选择组件 xxf22 中指定的面为对象 2,如图 7-114(b)所示。

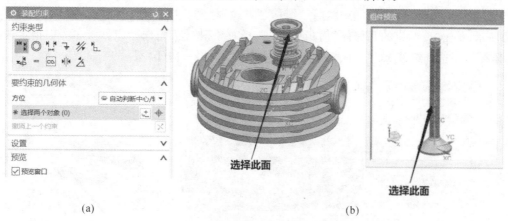

(a) (b)

图 7-114　组件 xxf21 与 xxf22 之间的约束操作(1)

③ 单击"确定"按钮,创建组件 xxf21 与 xxf22 之间的第一组接触对齐约束。

④ 单击"菜单"→"插入"→"装配"→"组件位置"→"装配约束",弹出"装配约束"对话框。

⑤ "约束类型"栏选择"接触对齐"图标,"方位"栏选择"对齐",如图 7-115(a)所示;单击"要约束的几何体"面板中的"选择对象"按钮,先选择组件 xxf21 中指定的台阶面为对象 1,再选择组件 xxf22 中指定的面为对象 2,如图 7-115(b)所示。

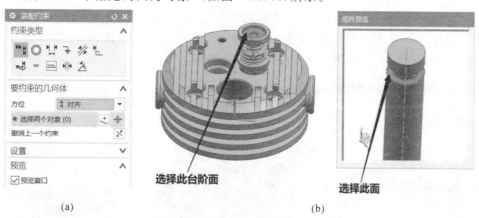

(a) (b)

图 7-115　组件 xxf21 与 xxf22 之间的约束操作(2)

⑥ 单击"确定"按钮,创建组件 xxf21 与 xxf22 之间的第二组接触对齐约束。

(13)添加组件 xxf23。

① 单击"菜单"→"插入"→"装配"→"组件"→"添加组件",弹出"添加组件"对话框。

② 单击"打开"按钮,在本章配套资源"素材"文件夹内的"装配"子文件夹中选择

"xxf23"。

③ 在"添加组件"对话框中,"定位"栏选择"根据约束","多重添加"栏选择"无","引用集"栏选择"模型","图层选项"栏选择"原始的"。

④ 单击"确定"按钮,完成组件 xxf23 的添加。

(14) 为组件 xxf22 和 xxf23 创建约束。

① 单击"菜单"→"插入"→"装配"→"组件位置"→"装配约束",弹出"装配约束"对话框。

② "约束类型"栏选择"接触对齐"图标,"方位"栏选择"自动判断中心/轴",如图 7-116 (a)所示;单击"要约束的几何体"面板中的"选择对象"按钮,先选择组件 xxf22 中指定的面为对象 1,再选择组件 xxf23 中指定的面为对象 2,如图 7-116(b)所示。

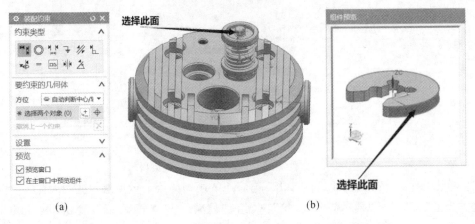

(a)   (b)

图 7-116　组件 xxf22 与 xxf23 之间的约束操作(1)

③ 单击"确定"按钮,创建组件 xxf22 与 xxf23 之间的第一组接触对齐约束。

④ 单击"菜单"→"插入"→"装配"→"组件位置"→"装配约束",弹出"装配约束"对话框。

⑤ "约束类型"栏选择"接触对齐"图标,"方位"栏选择"接触",如图 7-117(a)所示;单击"要约束的几何体"面板中的"选择对象"按钮,先选择组件 xxf22 中指定的面为对象 1,再选择组件 xxf23 中指定的面为对象 2,如图 7-117(b)所示。

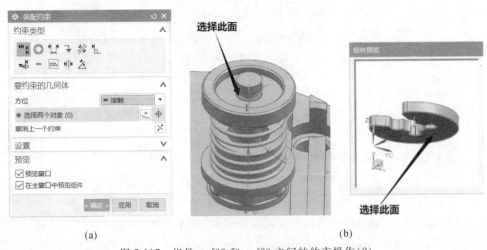

(a)   (b)

图 7-117　组件 xxf22 和 xxf23 之间的约束操作(2)

⑥ 单击"确定"按钮,创建组件 xxf22 与 xxf23 之间的第二组接触对齐约束。

(15) 对组件 xxf18～xxf23 进行镜像操作。

① 单击"菜单"→"插入"→"装配"→"组件"→"镜像装配",弹出"镜像装配向导"对话框,如图 7-118 所示。

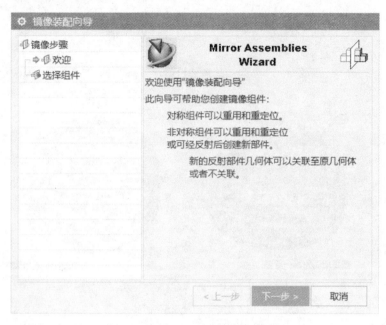

图 7-118　"镜像装配向导"对话框

② 单击"下一步"按钮,系统提示"希望镜像哪些组件?",如图 7-119 所示。按住 Ctrl 键,在装配导航器中选择 xxf18、xxf19、xxf20、xxf21、xxf22 和 xxf23 共六个组件。

图 7-119　选择要镜像的组件

③ 单击"下一步"按钮,系统提示"希望使用哪个平面作为镜像平面?",如图 7-120(a)所示。单击"创建基准平面"按钮,弹出"基准平面"对话框,如图 7-120(b)所示。"类型"选择"二等分","第一平面"选择如图 7-120(c)所示的平面,"第二平面"选择如图 7-120(d)所示的平面(选择的两个平面关于 YZ 平面对称)。单击"确定"按钮,完成基准平面的创建。

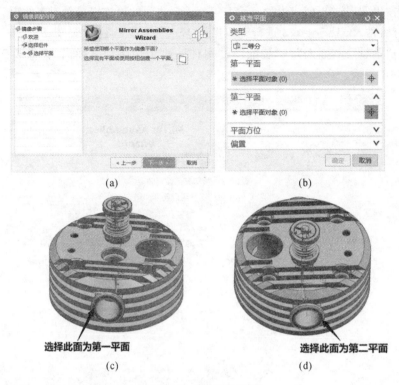

(a)　　　　　　　　　　　　　　(b)

选择此面为第一平面　　　　　　　　选择此面为第二平面

(c)　　　　　　　　　　　　　　(d)

图 7-120　创建镜像平面

④ 单击"下一步"按钮,系统提示"希望如何命名新部件文件?",采用默认设置,如图 7-121所示。

⑤ 单击"下一步"按钮,系统提示"希望使用什么类型的镜像?",采用默认设置。

⑥ 单击"下一步"按钮,系统提示"您希望如何定位镜像的实例?",采用默认设置,如图 7-122 所示。单击"完成"按钮,完成镜像装配。

图 7-121　命名组件

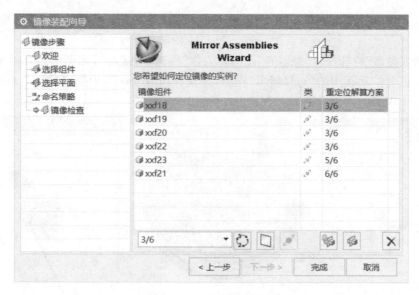

图 7-122　定位镜像实例

（16）添加组件 xxf24。

① 单击"菜单"→"插入"→"装配"→"组件"→"添加组件"，弹出"添加组件"对话框。

② 单击"打开"按钮，在本章配套资源"素材"文件夹内的"装配"子文件夹中选择"xxf24"。

③ 在"添加组件"对话框中，"定位"栏选择"根据约束"，"多重添加"栏选择"无"，"引用集"栏选择"模型"，"图层选项"栏选择"原始的"。

④ 单击"确定"按钮，完成组件 xxf24 的添加。

（17）为组件 xxf17 和 xxf24 创建约束。

① 单击"菜单"→"插入"→"装配"→"组件位置"→"装配约束"，弹出"装配约束"对话框。

② "约束类型"栏选择"接触对齐"图标，"方位"栏选择"自动判断中心/轴"，如图 7-123（a）所示；单击"要约束的几何体"面板中的"选择对象"按钮，先选择组件 xxf17 中指定的面为对象 1，再选择组件 xxf24 中指定的面为对象 2，如图 7-123（b）所示。

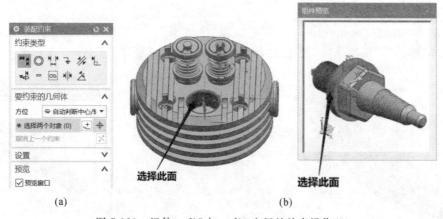

(a)　　　　　　　　　　　　　　(b)

图 7-123　组件 xxf17 与 xxf24 之间的约束操作（1）

③ 单击"确定"按钮，创建组件 xxf17 与 xxf24 之间的第一组接触对齐约束。

④ 单击"菜单"→"插入"→"装配"→"组件位置"→"装配约束",弹出"装配约束"对话框。

⑤ "约束类型"栏选择"接触对齐"图标,"方位"栏选择"接触",如图 7-124(a)所示;单击"要约束的几何体"面板中的"选择对象"按钮,先选择组件 xxf17 中指定的面为对象 1,再选择组件 xxf24 中指的面为对象 2,如图 7-124 所示。

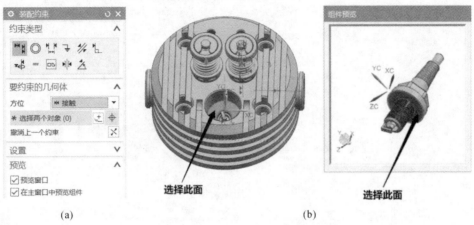

(a)   (b)

图 7-124　组件 xxf17 与 xxf24 之间的约束操作(2)

⑥ 单击"确定"按钮,创建组件 xxf17 与 xxf24 之间的第二组接触对齐约束。

综上,完成组件_asm2 的装配。

案例 7-5:十四缸星型发动机组件_asm5 装配

本案例源文件在本章配套资源"素材"文件夹内的"装配"子文件夹中(组件_asm5 装配图参见图 7-125)。

首先新建文件,步骤如下。

(1) 启动 UG NX 11.0 软件。

(2) 新建名为"_asm5"的装配文件。

然后进行十四缸星型发动机组件_asm5 装配设计,步骤如下。

(1) 添加组件 xxf63。

① 单击"菜单"→"插入"→"装配"→"组件"→"添加组件",弹出"添加组件"对话框。

② 单击"打开"按钮,在本章配套资源"素材"文件夹内的"装配"子文件夹中选择"xxf63"。

③ 在"添加组件"对话框中,"定位"栏选择"绝对原点","多重添加"栏选择"无","引用集"栏选择"模型","图层选项"栏选择"原始的",如图 7-126 所示。

图 7-125　组件_asm5 装配图　　　　图 7-126　添加组件 xxf63

④ 单击"确定"按钮,完成组件 xxf63 的添加。

（2）为组件 xxf63 创建约束。

① 单击"菜单"→"插入"→"装配"→"组件位置"→"装配约束",弹出"装配约束"对话框。

② "约束类型"栏选择"固定",如图 7-127（a）所示;单击"要约束的几何体"面板中的"选择对象"按钮,选择组件 xxf63 中指定的对象,如图7-127（b）所示。

③ 单击"确定"按钮,完成对组件 xxf63 的固定约束。

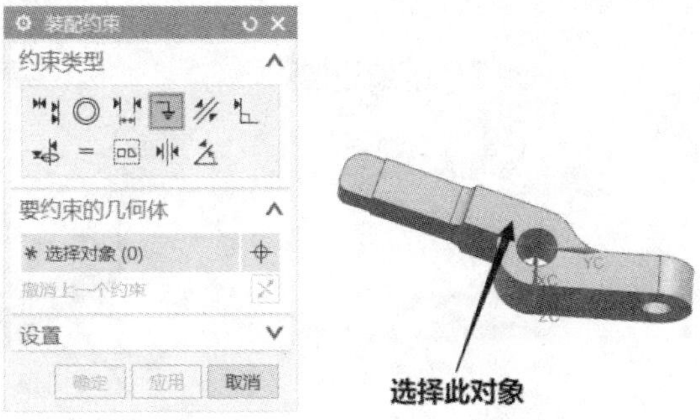

（3）添加组件 xxf64。

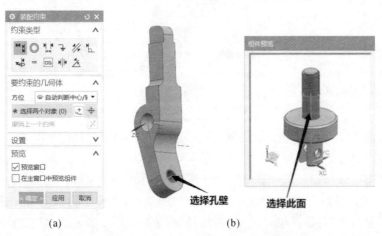

图 7-127　组件 xxf63 的固定约束

① 单击"菜单"→"插入"→"装配"→"组件"→"添加组件",弹出"添加组件"对话框。

② 单击"打开"按钮,在本章配套资源"素材"文件夹内的"装配"子文件夹中选择"xxf64"。

③ 在"添加组件"对话框中,"定位"栏选择"根据约束","多重添加"栏选择"无","引用集"栏选择"模型","图层选项"栏选择"原始的"。

④ 单击"确定"按钮,完成组件 xxf64 的添加。

（4）为组件 xxf63 和组件 xxf64 创建约束。

① 单击"菜单"→"插入"→"装配"→"组件位置"→"装配约束",弹出"装配约束"对话框。

② "约束类型"栏选择"接触对齐"图标,"方位"栏选择"自动判断中心/轴",如图 7-128（a）所示;单击"要约束的几何体"栏中的"选择对象"按钮,先选择组件 xxf63 中指定的孔壁为对象 1,再选择组件 xxf64 中指定的面为对象 2,如图 7-128（b）所示。

图 7-128　组件 xxf63 与 xxf64 之间的约束操作（1）

③ 单击"确定"按钮,创建组件 xxf63 与 xxf64 之间的第一组接触对齐约束。

④ 单击"菜单"→"插入"→"装配"→"组件位置"→"装配约束",弹出"装配约束"对话框。

⑤ "约束类型"栏选择"接触对齐"图标,"方位"栏选择"接触",如图 7-129（a）所示;单击

"要约束的几何体"面板中的"选择对象"按钮,先选择组件 xxf63 中指定的面为对象 1,再选择组件 xxf64 中指定的面为对象 2,如图 7-129(b)所示。

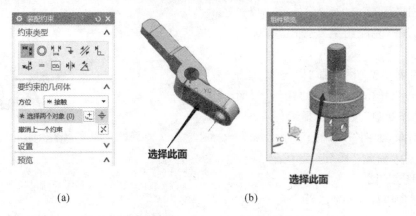

(a)　　　　　　　　　　　　　(b)

图 7-129　组件 xxf63 与 xxf64 之间的约束操作(2)

⑥ 单击"确定"按钮,创建组件 xxf63 与 xxf64 之间的接触对齐约束。

⑦ 单击"菜单"→"插入"→"装配"→"组件位置"→"装配约束",弹出"装配约束"对话框。

⑧ "约束类型"栏选择"平行",如图 7-130(a)所示;单击"要约束的几何体"面板中的"选择对象"按钮,先选择组件 xxf63 中指定的面为对象 1,再选择组件 xxf64 中指定的面为对象 2,如图 7-130 所示。

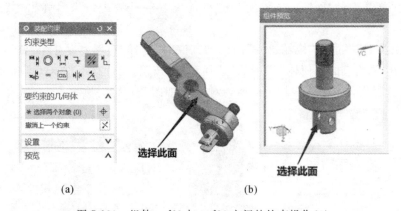

(a)　　　　　　　　　　　　　(b)

图 7-130　组件 xxf63 与 xxf64 之间的约束操作(3)

⑨ 单击"确定"按钮,创建组件 xxf63 与 xxf64 之间的平行约束。

(5) 添加组件 xxf65。

① 单击"菜单"→"插入"→"装配"→"组件"→"添加组件",弹出"添加组件"对话框。

② 单击"打开"按钮,在本章配套资源"素材"文件夹内的"装配"子文件夹中选择"xxf65"。

③ 在"添加组件"对话框中,"定位"栏选择"根据约束","多重添加"栏选择"无","引用集"栏选择"模型","图层选项"栏选择"原始的"。

④ 单击"确定"按钮,完成组件 xxf65 的添加。

(6) 为组件 xxf64 和 xxf65 创建约束。

① 单击"菜单"→"插入"→"装配"→"组件位置"→"装配约束",弹出"装配约束"对话框。

② "约束类型"栏选择"接触对齐"图标,"方位"栏选择"自动判断中心/轴",如图 7-131 (a)所示;单击"要约束的几何体"面板中的"选择对象"按钮,先选择组件 xxf64 中指定的面为对象 1,再选择组件 xxf65 中指定的面为对象 2,如图 7-131(b)所示。

③ 单击"确定"按钮,创建组件 xxf64 与 xxf65 之间的接触对齐约束。

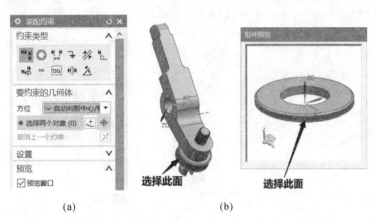

图 7-131　组件 xxf64 与 xxf65 之间的约束操作

(7) 为组件 xxf63 和 xxf65 创建约束。

① 单击"菜单"→"插入"→"装配"→"组件位置"→"装配约束",弹出"装配约束"对话框。

② "约束类型"栏选择"接触对齐"图标,"方位"栏选择"接触",如图 7-132(a)所示;单击"要约束的几何体"面板中的"选择对象"按钮,先选择组件 xxf63 中指定的面为对象 1,再选择组件 xxf65 中指定的面为对象 2,如图 7-132(b)所示。

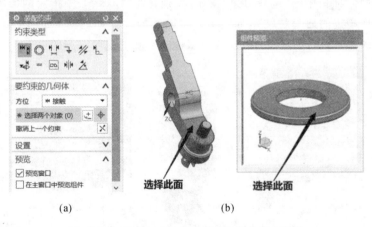

图 7-132　组件 xxf63 与 xxf65 之间的约束操作

③ 单击"确定"按钮,创建组件 xxf63 与 xxf65 之间的接触对齐约束。

(8) 添加组件 xxf66。

① 单击"菜单"→"插入"→"装配"→"组件"→"添加组件",弹出"添加组件"对话框。

② 单击"打开"按钮,在本书配套资源"素材"文件夹内的"装配"子文件夹中选择"xxf66"。

③ 在"添加组件"对话框中,"定位"栏选择"根据约束","多重添加"栏选择"无","引用集"选择"模型","图层选项"栏选择"原始的"。

④ 单击"确定"按钮,完成组件 xxf66 的添加。

（9）为组件 xxf64 和 xxf66 创建约束。

① 单击"菜单"→"插入"→"装配"→"组件位置"→"装配约束"，弹出"装配约束"对话框。

② "约束类型"栏选择"接触对齐"图标，"方位"栏选择"自动判断中心/轴"，如图 7-133（a）所示；单击"要约束的几何体"面板中的"选择对象"按钮，先选择组件 xxf64 中指定的面为对象 1，再选择组件 xxf66 中指定的孔壁为对象 2，如图 7-133（b）所示。

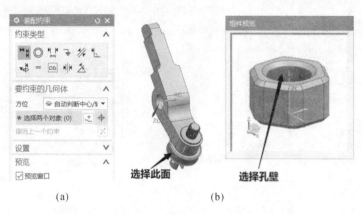

图 7-133　组件 xxf64 与 xxf66 之间的装配约束

③ 单击"确定"按钮，创建组件 xxf64 与 xxf66 之间的接触对齐约束。

（10）为组件 xxf65 和 xxf66 创建约束。

① 单击"菜单"→"插入"→"装配"→"组件位置"→"装配约束"，弹出"装配约束"对话框。

② "约束类型"栏选择"接触对齐"图标，"方位"栏选择"接触"，如图 7-134（a）所示；单击"要约束的几何体"面板中的"选择对象"按钮，先选择组件 xxf65 中指定的面为对象 1，再选择组件 xxf66 中指定的面为对象 2，如图 7-134（b）所示。

③ 单击"确定"按钮，创建组件 xxf65 与 xxf66 之间的接触对齐约束。

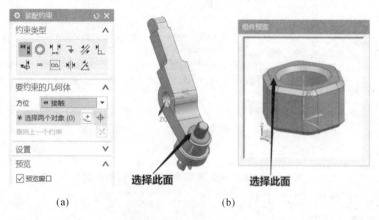

图 7-134　组件 xxf65 与 xxf66 之间的约束操作

至此完成组件_asm5 的装配。

案例 7-6："shisigangxingxingfadongji"总装配设计

本案例源文件在本章配套资源"素材"文件夹内的"装配"子文件夹中（完成的装配图参见图 7-135）。

　　启动 UG NX 11.0 软件,新建文件名为"shisigangxingxingfadongji"的装配文件。"新建"对话框设置如图7-136所示,单击"确定"按钮,进入装配环境。

图 7-135　shisigangxingxingfadongji(十四缸星型发动机)装配图

图 7-136　"新建"对话框

十四缸星型发动机总装配体"shisigangxingxingfadongji"装配设计步骤如下。

(1) 添加组件_asm1。

① 单击"菜单"→"插入"→"装配"→"组件"→"添加组件",弹出"添加组件"对话框。

②单击"打开"按钮,弹出"打开"对话框,在本章配套资源"素材"文件夹内的"装配"子文件夹中选择"_asm1"。

③在"添加组件"对话框中,"定位"栏选择"绝对原点","多重添加"栏选择"无","引用集"栏选择"模型","图层选项"栏选择"原始的"。

④单击"确定"按钮,完成组件_asm1的添加。

(2)为组件_asm1创建约束。

①单击"菜单"→"插入"→"装配"→"组件位置"→"装配约束",弹出"装配约束"对话框。

②"约束类型"栏选择"固定约束"图标,单击"要约束的几何体"中的"选择对象"按钮,选择图中指定的对象,如图7-137所示。

③单击"确定"按钮,完成对组件_asm1的固定约束。

选择此对象

图7-137　创建组件_asm1的固定约束

(3)添加组件_asm8。

①单击"菜单"→"插入"→"装配"→"组件"→"添加组件",弹出"添加组件"对话框。

②单击"打开"按钮,弹出"打开"对话框,在本章配套资源"素材"文件夹内的"装配"子文件夹中选择"_asm8"。

③在"添加组件"对话框中,"定位"栏选择"根据约束","多重添加"栏选择"无","引用集"栏选择"模型","图层选项"栏选择"原始的"。

④单击"确定"按钮,完成组件_asm8的添加。

(4)为组件_asm1和_asm8创建约束。

①单击"菜单"→"插入"→"装配"→"组件位置"→"装配约束",弹出"装配约束"对话框。

②"约束类型"栏选择"接触对齐"图标,"方位"栏选择"自动判断中心/轴";单击"要约束的几何体"中的"选择对象"按钮,先选择装配体_asm1的组件xxf26中指定的面为对象1,再选择装配体_asm8的组件xxf82中指定的面为对象2,如图7-138所示。

③单击"确定"按钮,创建组件_asm1与_asm8之间的第一组接触对齐约束。

④单击"菜单"→"插入"→"装配"→"组件位置"→"装配约束",弹出"装配约束"对话框。

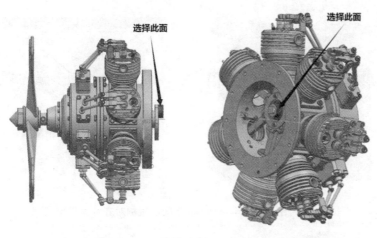

图 7-138 组件_asm1 与_asm8 之间的接触对齐约束操作(1)

⑤ "约束类型"栏选择"接触对齐","方位"栏选择"自动判断中心/轴";单击"要约束的几何体"中的"选择对象"按钮,先选择装配体_asm1 的组件 xxf28 中指定的面为对象 1,选择装配体_asm8 的组件 xxf81 中指定的面为对象 2,如图 7-139 所示。

⑥ 单击"确定"按钮,创建组件_asm1 与_asm8 之间的第二组接触对齐约束。

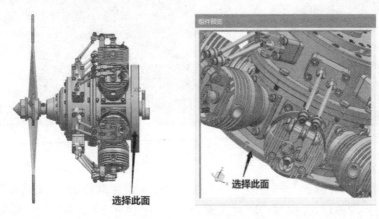

图 7-139 组件_asm1 与_asm8 之间的接触对齐约束操作(2)

⑦ 单击"菜单"→"插入"→"装配"→"组件位置"→"装配约束",弹出"装配约束"对话框。

⑧ "约束类型"选择"接触对齐"图标,"方位"栏选择"接触";单击"要约束的几何体"面板中的"选择对象"按钮,先选择装配体_asm1 的组件 xxf28 中指定的面为对象 1,再选择装配体_asm8 的组件 xxf81 中指定的面为对象 2,如图 7-140 所示。

⑨ 单击"确定"按钮,创建组件_asm1 与_asm8 之间的第三组接触对齐约束。

⑩ 单击"菜单"→"插入"→"装配"→"组件位置"→"装配约束",弹出"装配约束"对话框。

⑪ "约束类型"栏选择"接触对齐"图标,"方位"栏选择"自动判断中心/轴";单击"要约束的几何体"面板中的"选择对象"按钮,先选择装配体_asm1 的组件 xxf28 中指定的孔壁为对象 1,再选择装配体_asm8 的组件 xxf81 中指定的孔壁为对象 2,如图 7-141 所示。

⑫ 单击"确定"按钮,创建组件_asm1 与_asm8 之间的第四组接触对齐约束。

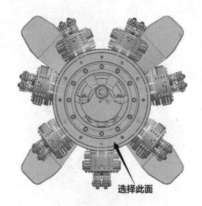

图 7-140　组件_asm1 与_asm8 之间的接触对齐约束操作（3）

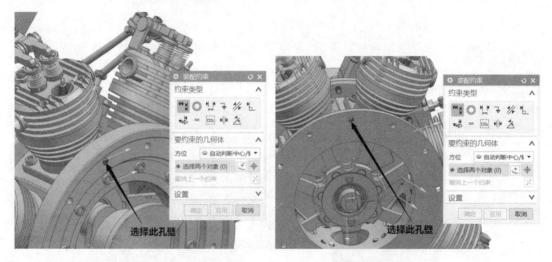

图 7-141　组件_asm1 与_asm8 之间的接触对齐约束操作（4）

（5）添加组件 xxf87。

① 单击"菜单"→"插入"→"装配"→"组件"→"添加组件"，弹出"添加组件"对话框。

② 单击"打开"按钮，弹出"打开"对话框，在本章配套资源"素材"文件夹内的"装配"子文件夹中选择"xxf87"。

③ 在"添加组件"对话框中，"定位"栏选择"根据约束"，"多重添加"栏选择"无"，"引用集"栏选择"模型"，"图层选项"栏选择"原始的"。

④ 单击"确定"按钮，完成组件 xxf87 的添加。

（6）为组件_asm8 和 xxf87 创建约束。

① 单击"菜单"→"插入"→"装配"→"组件位置"→"装配约束"，弹出"装配约束"对话框。

② "约束类型"栏选择"接触对齐"图标，"方位"栏选择"自动判断中心/轴"；单击"要约束的几何体"面板中的"选择对象"按钮，先选择装配体_asm8 的 xxf81 组件中指定的孔壁为对象 1，再选择 xxf87 组件中指定的面为对象 2，如图 7-142 所示。

③ 单击"确定"按钮，创建组件_asm8 的 xxf87 之间的第一组接触对齐约束。

④ 单击"菜单"→"插入"→"装配"→"组件位置"→"装配约束"，弹出"装配约束"对话框。

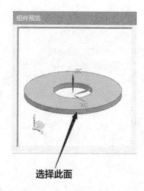

图 7-142　组件_asm8 与 xxf87 之间的接触对齐约束操作(1)

⑤ "约束类型"栏选择"接触对齐"图标,"方位"栏选择"接触";单击"要约束的几何体"面板中的"选择对象"按钮,先选择装配体_asm8 的 xxf81 组件中指定的面为对象 1,选择组件 xxf87 中指定的面为对象 2,如图 7-143 所示。

⑥ 单击"确定"按钮,创建组件_asm8 与 xxf87 之间的第二组接触对齐约束。

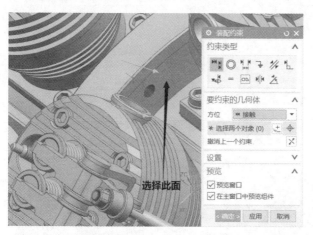

图 7-143　组件_asm8 和 xxf87 之间的接触对齐约束(2)

(7) 添加组件 xxf88。

① 单击"菜单"→"插入"→"装配"→"组件"→"添加组件",弹出"添加组件"对话框。

② 单击"打开"按钮,弹出"打开"对话框,在本章配套资源文件夹内的"装配"文件夹中选择"xxf88"。

③ 在"添加组件"对话框中,"定位"栏选择"根据约束","多重添加"栏选择"无","引用集"栏选择"模型","图层选项"栏选择"原始的"。

④ 单击"确定"按钮,完成组件 xxf88 的添加。

(8) 为组件_asm8 和 xxf88 创建约束。

① 单击"菜单"→"插入"→"装配"→"组件位置"→"装配约束",弹出"装配约束"对话框。

② "约束类型"栏选择"接触对齐"图标,"方位"栏选择"自动判断中心/轴";单击"要约

束的几何体"面板中的"选择对象"按钮,先选择装配体_asm8 的 xxf81 组件中指定的孔壁为对象 1,再选择 xxf88 组件中指定的面为对象 2,如图 7-144 所示。

③ 单击"确定"按钮,创建组件_asm8 与 xxf88 之间的接触对齐约束。

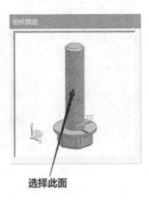

图 7-144　组件_asm8 与 xxf88 之间的接触对齐约束操作

（9）为组件 xxf87 和 xxf88 创建约束。

① 单击"菜单"→"插入"→"装配"→"组件位置"→"装配约束",弹出"装配约束"对话框。

② "约束类型"栏选择"接触对齐"图标,"方位"栏选择"接触";单击"要约束的几何体"面板中的"选择对象"按钮,先选择组件 xxf87 中指定的面为对象 1,再选择组件 xxf88 中指定的面为对象 2,如图 7-145 所示。

③ 单击"确定"按钮,创建组件 xxf87 与 xxf88 之间的接触对齐约束。

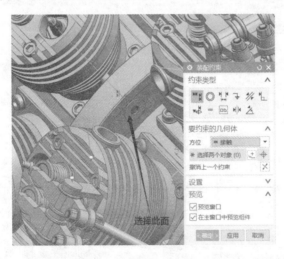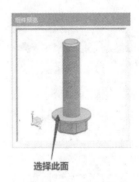

图 7-145　组件 xxf87 与 xxf88 之间的接触对齐约束操作

（10）添加组件 xxf87。

① 单击"菜单"→"插入"→"装配"→"组件"→"添加组件",弹出"添加组件"对话框。

② 单击"打开"按钮,弹出"打开"对话框,在本章配套资源"素材"文件夹内的"装配"子文件夹中选择"xxf87"。

③ 在"添加组件"对话框中,"定位"栏选择"根据约束","多重添加"栏选择"无","引用

集"栏选择"模型","图层选项"栏选择"原始的"。

④ 单击"确定"按钮，完成组件 xxf87 的添加。

（11）为组件 xxf88 和 xxf87 创建约束。

① 单击"菜单"→"插入"→"装配"→"组件位置"→"装配约束"，弹出"装配约束"对话框。

② "约束类型"栏选择"接触对齐"图标，"方位"栏选择"自动判断中心/轴"；单击"要约束的几何体"面板中的"选择对象"按钮，先选择组件 xxf88 中指定的面为对象 1，再选择组件 xxf87 中指定的面为对象 2，如图 7-146 所示。

③ 单击"确定"按钮，完成对组件 xxf88 和 xxf87 的接触对齐约束。

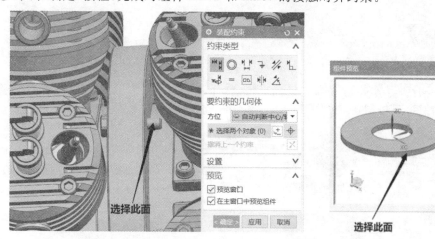

图 7-146　组件 xxf88 与 xxf87 之间的接触对齐约束操作

（12）为组件 _asm1 和 xxf87 创建约束。

① 单击"菜单"→"插入"→"装配"→"组件位置"→"装配约束"，弹出"装配约束"对话框。

② "约束类型"栏选择"接触对齐"图标，"方位"栏选择"接触"；单击"要约束的几何体"面板中的"选择对象"按钮，先选择部件_asm1 的 xxf28 组件中指定的面为对象 1，再选择 xxf87 组件中指定的面为对象 2，如图 7-147 所示。

③ 单击"确定"按钮，完成对组件 _asm1 和 xxf87 的接触对齐约束。

（13）添加组件 xxf89。

① 单击"菜单"→"插入"→"装配"→"组件"→"添加组件"，弹出"添加组件"对话框。

② 单击"打开"按钮，弹出"打开"对话框，在本书配套资源"素材"文件夹内的"装配"子文件夹中选择"xxf89"。

③ 在"添加组件"对话框中，"定位"栏选择"根据约束"，"多重添加"栏选择"无"，"引用集"栏选择"模型"，"图层选项"栏选择"原始的"。

④ 单击"确定"按钮，完成组件 xxf89 的添加。

（14）为组件 xxf88 和 xxf89 创建约束。

① 单击"菜单"→"插入"→"装配"→"组件位置"→"装配约束"，弹出"装配约束"对话框。

② "约束类型"栏选择"接触对齐"图标，"方位"栏选择"自动判断中心/轴"；单击"要约束的几何体"面板中的"选择对象"按钮，先选择组件 xxf88 中指定的面为对象 1，再选择组件

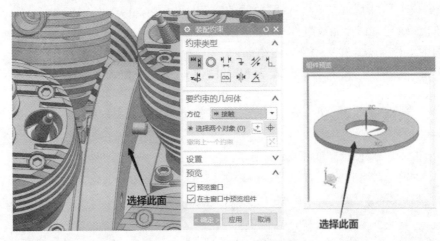

图 7-147　组件_asm1 与 xxf87 之间的接触对齐约束操作

xxf89 中指定的面为对象 2,如图 7-148 所示。

③ 单击"确定"按钮,创建组件 xxf88 与 xxf89 之间的接触对齐约束。

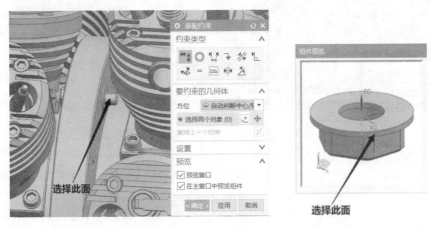

图 7-148　组件 xxf88 与 xxf89 之间的接触对齐约束操作

(15) 为组件 xxf87 和 xxf89 创建约束。

① 单击"菜单"→"插入"→"装配"→"组件位置"→"装配约束",弹出"装配约束"对话框。

② "约束类型"栏选择"接触对齐"图标,"方位"栏选择"接触";单击"要约束的几何体"面板中的"选择对象"按钮,先选择组件 xxf87 中指定的台阶面为对象 1,再选择组件 xxf89 中指定的面为对象 2,如图 7-149 所示。

③ 单击"确定"按钮,创建组件 xxf87 与 xxf89 之间的接触对齐约束。

(16) 阵列组件 xxf87、xxf88 和 xxf89。

① 单击"菜单"→"插入"→"装配"→"组件"→"阵列组件",弹出"阵列组件"对话框。

② 在"要形成阵列的组件"面板中,单击"选择组件"按钮,然后按住 Ctrl 键,在装配导航器中选择"xxf87×2"、"xxf88"和"xxf89"共四个组件;在"阵列定义"面板中,"布局"栏选择"圆形","指定矢量"栏选择"ZC"轴,"指定点"栏选择"圆弧中心/椭圆中心/球心"拾取器并选择图 7-150 中指定的边;在"间距"栏选择"数量和跨距",在"数量"文本框中输入"12",在"跨角"文本框输入"360",如图 7-150 所示。

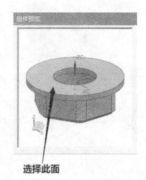

图 7-149　组件 xxf87 与 xxf89 之间的接触对齐约束操作

③ 单击"确定"按钮,完成阵列组件的创建。

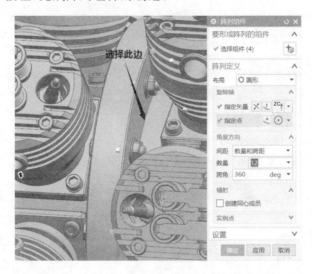

图 7-150　组件 xxf87×2、xxf88、xxf89 阵列操作

(17) 添加组件 xxf90。

① 单击"菜单"→"插入"→"装配"→"组件"→"添加组件",弹出"添加组件"对话框。

② 单击"打开"按钮,弹出"打开"对话框,在本章配套资源"素材"文件夹内的"装配"子文件夹中选择"xxf90"。

③ 在"添加组件"对话框中,"定位"栏选择"根据约束","多重添加"栏选择"无","引用集"栏选择"模型","图层选项"栏选择"原始的"。

④ 单击"确定"按钮,完成组件 xxf90 的添加。

(18) 为组件_asm2 和 xxf17 创建约束。

① 单击"菜单"→"插入"→"装配"→"组件位置"→"装配约束",弹出"装配约束"对话框。

② "约束类型"栏选择"接触对齐"图标,"方位"栏选择"自动判断中心/轴";单击"要约束的几何体"面板中的"选择对象"按钮,选择装配体_asm1 的子装配体_asm2 中的 xxf17 组件(任选七个中的一个)中指定的面为对象 1,选择 xxf90 组件中指定的面为对象 2,如图7-151所示。

③ 单击"确定"按钮,创建组件_asm1 与 xxf90 之间的接触对齐约束。

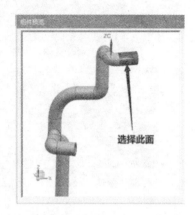

图 7-151　组件_asm1 与 xxf90 之间的接触对齐约束操作(1)

(19) 为组件_asm8 和 xxf90 创建约束。

① 单击"菜单"→"插入"→"装配"→"组件位置"→"装配约束",弹出"装配约束"对话框。

② "约束类型"栏选择"接触对齐"图标,"方位"栏选择"自动判断中心/轴";单击"要约束的几何体"面板中的"选择对象"按钮,先选择装配体_asm8 的子装配体_asm2 中的组件 xxf17(在图 7-152 所示视角下与第一组约束中组件 xxf17 逆时针方向相邻)中指定的面为对象 1,选择 xxf90 组件中指定的面为对象 2,如图 7-152 所示。

③ 单击"确定"按钮,创建组件_asm8 与 xxf90 之间的接触对齐约束。

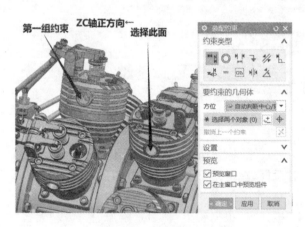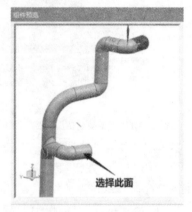

图 7-152　组件_asm8 与 xxf90 之间的接触对齐约束操作

(20) 为组件_asm1 和 xxf90 创建约束。

① 单击"菜单"→"插入"→"装配"→"组件位置"→"装配约束",弹出"装配约束"对话框。

② "约束类型"栏选择"接触对齐","方位"栏选择"接触";单击"要约束的几何体"中的"选择对象"按钮,先选择装配体_asm1 的子装配体_asm2 的组件 xxf17 中指定的台阶面为对象 1,选择组件 xxf90 中指定的面为对象 2,如图 7-153 所示。

③ 单击"确定"按钮,创建组件_asm1 与 xxf90 之间的接触对齐约束。

注意:如果出现图 7-154 所示的这种错误提示,出错的装配约束会变成红色,在装配导

图 7-153　组件_asm1 与 xxf90 之间的接触对齐约束操作

航器中分别选中组件_asm1 和 xxf90 的接触对齐约束、组件_asm8 和 xxf90 的接触对齐约束（见图 7-154(b)）并右击，在弹出的快捷菜单中选择"反向"命令，可以修改组件 xxf90 的装配方向并消除装配约束的错误。

(a)　　　　　　　　　　　　　　　(b)

图 7-154　调整装配方向

（21）添加组件 xxf91。

① 单击"菜单"→"插入"→"装配"→"组件"→"添加组件"，弹出"添加组件"对话框。

② 单击"打开"按钮，弹出"打开"对话框，在本章配套资源"素材"文件夹内的"装配"子文件夹中选择"xxf91"。

③ 在"添加组件"对话框中，"定位"栏选择"根据约束"，"多重添加"栏选择"无"，"引用集"栏选择"模型"，"图层选项"栏选择"原始的"。

④单击"确定"按钮，完成组件 xxf91 的添加。

（22）为组件_asm1 和 xxf91 创建约束。

① 单击"菜单"→"插入"→"装配"→"组件位置"→"装配约束"，弹出"装配约束"对

话框。

②"约束类型"栏选择"接触对齐","方位"栏选择"自动判断中心/轴";单击"要约束的几何体"面板中的"选择对象"按钮,先选择装配体_asm1的子装配体_asm2中的组件 xxf17（任选七个中的一个）中指定的面为对象 1,再选择 xxf91 组件中指定的面为对象 2,如图 7-155 所示。

③ 单击"确定"按钮,创建组件_asm1 与 xxf91 之间的接触对齐约束。

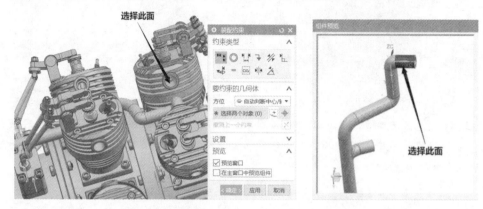

图 7-155　组件_asm1 与 xxf91 之间的接触对齐约束操作

(23) 为组件_asm8 和 xxf91 创建约束。

① 单击"菜单"→"插入"→"装配"→"组件位置"→"装配约束",弹出"装配约束"对话框。

②"约束类型"栏选择"接触对齐","方位"栏选择"自动判断中心/轴","要约束的几何体"面板中的"选择对象"按钮,选择装配体_asm8 的子装配体_asm2 中的 xxf17 组件（在图 7-156 所示视角下与第一组约束中 xxf17 部件顺时针方向相邻）中指定的面为对象 1,选择 xxf91 组件中指定的面为对象 2,如图 7-156 所示。

③ 单击"确定"按钮,创建组件_asm8 与 xxf91 之间的接触对齐约束。

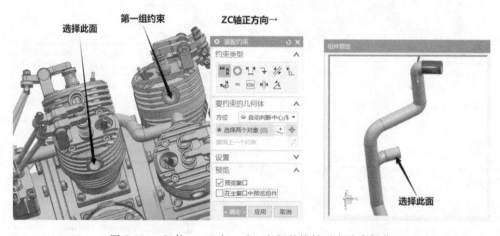

图 7-156　组件_asm8 与 xxf91 之间的接触对齐约束操作

(24)为组件_asm1 和 xxf91 创建约束。

① 单击"菜单"→"插入"→"装配"→"组件位置"→"装配约束",弹出"装配约束"对话框。

②"约束类型"栏选择"接触对齐","方位"栏选择"接触","要约束的几何体"栏选择装配体_asm1 的子装配体_asm2 的组件 xxf17 中指定的台阶面为对象 1,选择组件 xxf91 中指定的面为对象 2,如图 7-157 所示。

③ 单击"确定"按钮,创建组件_asm1 与 xxf91 之间的接触对齐约束。

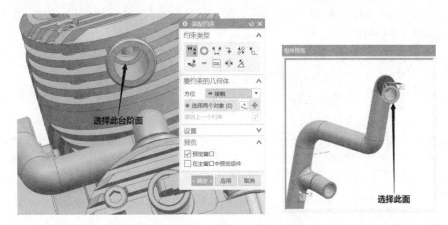

图 7-157　组件_asm1 与 xxf91 之间的接触对齐约束操作

(25) 阵列组件 xxf90 和 xxf91。

① 单击"菜单"→"插入"→"装配"→"组件"→"阵列组件",弹出"阵列组件"对话框。

② 在"要形成阵列的组件"面板中,单击"选择组件"按钮,然后按住 Ctrl 键,在装配导航器中选择"xxf90"和"xxf91"组件;在"阵列定义"面板中,"布局"栏选择"圆形","指定矢量"栏选择"ZC","指定点"栏选择"圆弧中心/椭圆中心/球心"拾取器并选择图 7-158 所示指定的边;在"间距"下拉列表中选择"数量和跨距",在"数量"文本框中输入"7",在"跨角"文本框中输入"360"。具体设置如图 7-158 所示。

③ 单击"确定"按钮,完成阵列组件的创建。

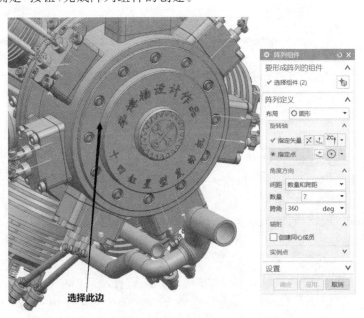

图 7-158　创建组件 xxf90、xxf91 阵列

（26）添加组件 xxf92。

① 单击"菜单"→"插入"→"装配"→"组件"→"添加组件"，弹出"添加组件"对话框。

② 单击"打开"按钮，弹出"打开"对话框，在本章配套资源"素材"文件夹内的"装配"子文件夹中选择"xxf92"。

③ 在"添加组件"对话框中，"定位"栏选择"根据约束"，"多重添加"栏选择"无"，"引用集"栏选择"模型"，"图层选项"栏选择"原始的"。

④ 单击"确定"按钮，完成组件 xxf92 的添加。

（27）为组件_asm8 和 xxf92 创建约束。

① 单击"菜单"→"插入"→"装配"→"组件位置"→"装配约束"，弹出"装配约束"对话框。

② "约束类型"栏选择"接触对齐"图标，"方位"栏选择"自动判断中心/轴"；单击"要约束的几何体"面板中的"选择对象"按钮，先选择装配体_asm8 的组件 xxf84 中指定的面为对象 1，选择组件 xxf92 中指定的面为对象 2，如图 7-159 所示。

③ 单击"确定"按钮，创建组件_asm8 与 xxf92 之间的接触对齐约束。

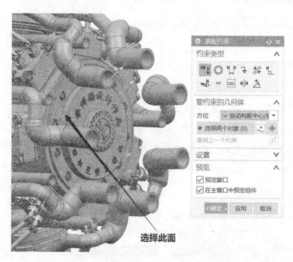

图 7-159　组件_asm8 与 xxf92 之间的接触对齐约束操作

（28）为组件 xxf90 和 xxf92 创建约束。

① 单击"菜单"→"插入"→"装配"→"组件位置"→"装配约束"，弹出"装配约束"对话框。

② "约束类型"栏选择"接触对齐"图标，"方位"栏选择"对齐"；单击"要约束的几何体"面板中的"选择对象"按钮，先选择组件 xxf90（任选七个中的一个）中指定的面为对象 1，再选择组件 xxf92 中指定的台阶面（任选七个中的一个）为对象 2，如图 7-160 所示。

③ 单击"确定"按钮，创建组件 xxf90 与 xxf92 之间的第一组接触对齐约束。

④ 单击"菜单"→"插入"→"装配"→"组件位置"→"装配约束"，弹出"装配约束"对话框。

⑤ "约束类型"栏选择"接触对齐"，"方位"栏选择"自动判断中心/轴"；单击"要约束的几何体"面板中的"选择对象"按钮，先选择组件 xxf90（任选七个中的一个）中指定的面为对象 1，再选择组件 xxf92 中指定的面（任选七个中的一个）为对象 2，如图 7-161 所示。

⑥ 单击"确定"按钮，创建组件 xxf90 与 xxf92 之间的第二组接触对齐约束。

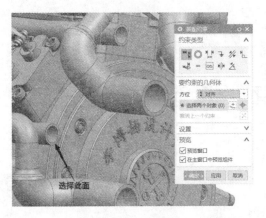

图 7-160　组件 xxf90 与 xxf92 之间的接触对齐约束操作(1)

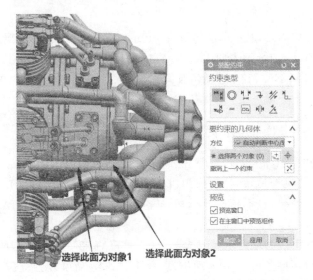

图 7-161　组件 xxf90 与 xxf92 之间的接触对齐约束操作(2)

至此完成十四缸星型发动机的装配设计。完成后的装配树和总装配体如图 7-162 所示。

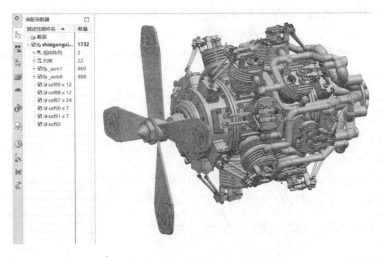

图 7-162　十四缸星型发动机总装配图

第8章 运动仿真

8.1 概　述

运动仿真

本章主要介绍 UG NX 11.0 运动仿真(motion simulation)的相关概念、研究对象、工作环境以及界面配置方法,使学习者对 UG NX 11.0 运动仿真的功能和工作界面有初步的了解。主要内容包括:UG NX 11.0 运动仿真概述、UG NX 11.0 运动仿真的工作界面、运动仿真模块的参数设置。

8.1.1　UG NX 11.0 运动仿真概述

UG NX 运动仿真是在初步设计、建模、组装完成的机构模型的基础上,添加一系列的机构用于连接和驱动,使机构运转,从而模拟机构的实际运动,分析机构的运动规律,研究机构静止或运行时的受力情况,进而依据分析和研究所产生的数据,对机构模型提出改进和优化设计方案。

运动仿真模块是 UG NX 的主要组成部分,它可以直接使用主模型的装配文件,并可以对一组机构模型进行不同条件下的运动仿真,每个仿真运动可以独立编辑而不会影响主模型的装配。

UG NX 机构运动仿真主要包括以下五个方面内容:

(1)分析机构的动态干涉情况。主要是研究机构运行时各个子系统或零件之间有无干涉情况,及时发现设计中的问题。在机构设计中期对已经完成的子系统进行运动仿真,还可以为下一步的设计提供空间数据参考,以便留有足够的空间进行其他子系统的设计。

(2)跟踪并绘制零件的运动轨迹。在机构运动仿真时,可以指定运动构件中的任一点为参考并绘制其运动轨迹,这对于研究机构的运行状况很有帮助。

(3)分析机构中零件的位移、速度、加速度、作用力与反作用力以及力矩等。

(4)根据分析研究的结果初步修改机构的设计。一旦提出改进意见,就可以直接修改机构主模型进行验证。

(5)生成机构运动的动画视频,与产品的早期市场活动同步。机构的运行视频可以用于产品的宣传展示,便于同客户交流,也可以作为内部评审时的资料。

8.1.2　UG NX 11.0 运动仿真的工作界面

下面主要介绍进入 UG NX 11.0 运动仿真模块的操作方法、UG NX 11.0 运动仿真工作界面以及相关概念。

UG NX 运动仿真通常在机构初步设计建模完成
后进行。

1. 操作方法及工作界面

以图 8-1 所示的连杆机构模型为例，介绍进入 UG
NX 11.0 运动仿真模块的操作方法。在该机构模型
中，各杆件之间用销连接，当连杆 1 作为主动杆进行匀
速转动时，同时带动连杆 2 和连杆 3 进行运动。

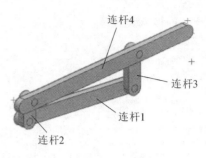

图 8-1　连杆机构模型

该连杆机构运动仿真操作步骤如下。

（1）打开机构模型。

（2）选择"应用模块"→"运动"，如图 8-2 所示，进入运动仿真模块。

说明：如果当前已处于运动仿真环境，则跳过步骤（2）。

（3）激活仿真数据。在图 8-3 所示的运动导航器中右击"motion_1"，在图 8-4 所示的快
捷菜单中选择"设为工作状态"命令。

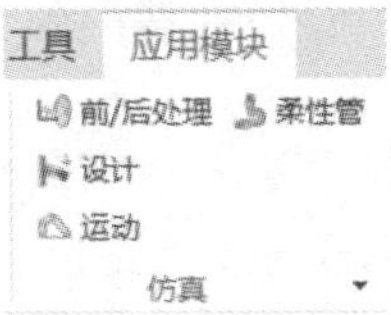

图 8-2　应用模块 　　　　　　图 8-3　运动导航器 　　　　　　图 8-4　快捷菜单

2. 相关术语及概念

对 UG NX 机构运动仿真模块中常用的术语解释如下。

（1）机构：由一定数量的连杆和固定连杆所组成，能在指定驱动下完成特定动作的装
配体。

（2）连杆：组成机构的零件单元，是具有机构特征的刚体，它代表了实际中的杆件，所以
连杆有相应的属性，如质量、惯性、初始位移和速度等。连杆相互连接，构成运动机构，它是
主要以"连接"方式添加到一个装配体中的元件。连接元件与它附着的元件间有相对运动。

（3）固定连杆：以一般的装配约束添加到一个装配体中的元件。固定连杆在机构运行
时保持固定或者与其附着的连杆间没有相对运动。

（4）运动副：为了组成一个具有运动作用的机构，必须把两个相邻连杆以一种方式连接
起来，这种连接必须是可动连接，不能是固定连接。这种使两个连杆接触而又保持某些相对
运动的可动连接即称为运动副，如旋转副、滑动副等。

（5）自由度：反映各种连接类型不同的运动（平移和旋转）限制。

（6）驱动：为机构中的主动件提供动力来源，可以在运动副上放置驱动，并指定位置、速
度或加速度与时间的函数关系。

（7）解算方案：定义机构的分析类型和计算参数。其中分析类型包括运动学/动力学分
析、静态平衡分析以及控制/动力学分析等。

3. 运动仿真模块中的菜单及按钮

在运动仿真模块中，与机构相关的操作命令主要位于"菜单"命令组的"插入"下拉菜单
中，如图 8-5 所示。

对运动仿真模块的工具条中各按钮的说明如下。

图 8-5　"插入"下拉菜单

（1）"环境"按钮：用于设置解算方案类型——"运动学"、"动力学"或"控制"。

（2）"解算方案"按钮：用于创建一个新解算方案，其中定义了分析类型、解算方案类型以及特定用于解算方案的载荷和运动驱动。

（3）"连杆"按钮：用于定义表示为机构中刚体的连杆。

（4）"运动副"按钮：用于定义机构中连杆间的受约束运动。

（5）"驱动体"按钮：用于为机构中的运动副创建一个独立的驱动。

（6）"智能点"按钮：用于创建一个与选定集合体关联的点（但不在使用相同几何体的连杆中自动包含它）。

（7）"标记"按钮：用于在需要分析结果的连杆上创建一个标记。

（8）"传感器"按钮：用于创建传感器对象，以监控运动对象在一定仿真条件下的位置。

（9）"函数管理器"按钮：用于创建函数（YX 表格或数学算式）并绘图，以定义运动驱动，或应用标量力和矢量力/扭矩。

（10）"柔性连杆"按钮：用于定义该机构中的柔性连杆。

（11）"齿轮副"按钮：用于定义两个运动副之间的相对旋转运动。

（12）"齿轮齿条副"按钮：用于定义滑动副和旋转副之间的相对运动。

（13）"线缆副"按钮：用于定义两个滑动副之间的相对运动。

（14）"2-3 传动副"按钮：用于定义两个或三个旋转副、滑动副和柱面副之间的相对运动。

（15）"弹簧"按钮：用于创建一个柔性单元，以在两个连杆之间、一个连杆和框架之间、一个可平移运动副中或一个旋转副上施加力和扭矩。

（16）"阻尼器"按钮：用于在两个连杆之间、一个连杆和机架之间、一个可平移的运动副或一个旋转副上创建一个反作用力或扭矩。

（17）"衬套"按钮：用于创建一个常规或圆柱形衬套，以在两个连杆之间定义一个柔性关系。

（18）"3D 接触"按钮：用于在一个体和一个静止对象之间、在两个移动体之间或为针对一个体支撑另一个定义接触。

（19）"2D 接触"按钮：用于在两个共面的曲线之间创建接触，以使附着到这些曲线上的连杆产生与材料有关的影响。

（20）"点在线上副"按钮：用于约束连杆上的一个点，以保持其与曲线的接触。

（21）"线在线上副"按钮：用于约束连杆上的一条曲线，以保持其与另一曲线的接触。

（22）"点在面上副"按钮：用于约束连杆上的一个点，以保持其与面的接触。

（23）"标量力"按钮：用于在两个连杆之间或在一个连杆和一个框架之间创建一个标量力。

（24）"标量扭矩"按钮：用于在围绕旋转副的轴上创建一个标量扭矩。

（25）"矢量力"按钮：用于在两个连杆之间或在一个连杆和一个框架之间创建一个力，

以既定的 Z 轴或以绝对坐标系的轴为中心施加。

（26）"矢量扭矩"按钮：用于在两个连杆或在一个连杆和一个框架之间创建一个扭矩，以既定的 Z 轴或绝对坐标系的轴为中心施加。

（27）"轮胎"按钮：用于创建车辆轮胎组件。

（28）"路面"按钮：用于创建要在轮胎组件中使用的路面组件。

（29）"基本轮胎属性"按钮：用于创建要在轮胎组件中使用的基本轮胎属性。

（30）"PMDC 电动机"按钮：用于创建 PMDC（永磁直流）电动机对象，以定义电动机的参数。

（31）"信号图"按钮：用于创建信号图，该图向电动机提供闭环或开环输入信号。

（32）"控制输入"按钮：用于创建机构输出变量，供控制系统使用。

（33）"控制输出"按钮：用于创建孔氏系统输出变量以驱动机构。

（34）"工厂输入"按钮：用于创建控制系统输入变量以驱动机构。

（35）"工厂输出"按钮：用于创建机构输出变量，供控制系统使用。

（36）"机电"按钮：用于创建几点接口以与 MATLAB 或 Amesim 进行协同仿真。

（37）"求解"按钮：用于解算运动仿真方案并生成结果集。

（38）"干涉"按钮：用于检查机构与选定的几何体在运动中是否存在碰撞。

（39）"测量"按钮：用于计算运动的每一步中两组集合体的最小距离或最小夹角。

（40）"追踪"按钮：用于在运动的每一步创建选定几何对象的副本。

（41）"模型检查"按钮：用于验证所有运动对象。

（42）"动画"按钮：用于根据机构在指定时间内的仿真步数，执行基于时间的运动仿真。

8.1.3 运动仿真模块的参数设置

参数设置主要用于设置系统的一些控制参数，可以在"运动首选项"对话框和"用户默认设置"对话框中进行参数设置。进入不同的模块时，在预设置菜单上显示的命令有所不同，且每一个模块还有其相应的特殊设置。

1."运动首选项"对话框

在 UG NX 11.0 运动仿真模块中，选择"菜单"→"首选项"→"运动（T）"，将弹出"运动首选项"对话框，如图 8-6 所示。该对话框主要用于设置运动仿真的环境参数，如运动对象的显示方式、单位、重力常数、求解器参数和后处理参数等。

对图 8-6 所示的"运动首选项"对话框中部分项目说明如下。

（1）名称显示：该选项用于控制机构中的连杆、运动副以及其他对象的名称是否显示在图形区中，对于打开的机构对象和以后创建的对象均有效。

（2）贯通显示：该选项用于控制机构对象图标的显示效果，选中该复选框后所有对象的图标会完整显示，不会受到模型的遮挡，也不会受到模型的显示样式（如着色、线框等）的影响。

图 8-6 "运动首选项"对话框

（3）图标比例：该选项用于控制机构对象图标的显示比例，比例数值越大，机构中的运动副和驱动等图标的显示比例越大，比例修改对机构中的现有对象和以后创建的对象均有效。

（4）角度单位：该选项用于设置机构中输入或显示的角度单位。单击"角度单位"栏下方的"列出单位"按钮，会弹出一个信息窗口，在该窗口中会显示当前机构中的所有单位。需要注意的是，机构的单位制由创建的原始主模型决定，在单击"列出单位"按钮得到的信息窗口中只能查看当前单位，而不能修改单位。

（5）质量属性：该选项用于控制运动仿真时是否启动机构的质量属性，也就是机构中零件的质量、重心以及惯性等参数。如果是简单的位移分析，可以不考虑质量。但是在进行动力学分析时，必须启用质量属性。

（6）重力常数：单击该按钮，将弹出如图 8-7 所示的"全局重力常数"对话框，在该对话框中可以设置重力的方向及大小。

图 8-7　"全局重力常数"对话框　　　　　　　图 8-8　"求解参数器"对话框

（7）求解参数器：单击该按钮，将弹出图 8-8 所示的"求解器参数"对话框，在该对话框中可以设置运动仿真求解器的参数。求解器是用于解算运动仿真方案的工具，是一种基于积分和微积分方程理论的数学计算软件。

2."用户默认设置"对话框

在 UG NX 11.0 运动仿真模块中，除了可以利用"首选项"下拉菜单进行运动仿真参数设置之外，单击"文件"→"实用工具"→"用户默认设置（D）"，在弹出的"用户默认设置"对话框(见图 8-9),也可以进行参数设置。

　　在"用户默认设置"对话框左侧列表框中单击"运动分析"下的"预处理器"节点,选择"求解器和环境"选项卡,可以设置求解器的类型以及仿真环境。

　　在 UG NX 11.0 运动仿真模块中,内嵌的求解器有两种,分别是 RecurDyn 求解器和 Adams 求解器。这两种求解器计算的结果基本相同,只是在操作步骤上有所差异。

　　仿真环境包括运动学仿真环境和动力学仿真环境。仿真环境也可以在运动仿真界面中选择和修改。

　　在"用户默认设置"对话框中选择"常规"选项卡,可以设置默认的角度单位和重力常数。单击"用户默认设置"对话框左侧列表框中"运动分析"下的"预处理器"节点,再选择"对象显示"选项卡,可以设置机构对象默认的显示颜色以及显示样式。单击"运动分析"下的"预处理器"节点,选择"连杆选择"选项卡,可以设置为定义连杆而选择对象时的选取过滤器。

　　在"用户默认设置"对话框中单击"运动分析"下的"分析"节点,选择"全部",可以设置分析时是否默认启用质量属性以及默认的机构运动时间和计算步数。

　　在"用户默认设置"对话框中单击"运动分析"下的"分析"节点,选择"Adams"选项卡,可以设置分析时是否默认启用 Adams 求解器参数。

　　在"用户默认设置"对话框中单击"运动分析"下的"后处理器"节点,可以设置默认的机构动画播放模式和显示模式。

图 8-9　"用户默认设置"对话框

3. 用户默认设置的导入/导出

在"用户默认设置"对话框中单击"管理当前设置"按钮 ✈，在该对话框中单击"导出默认设置"按钮，可以将修改的默认设置保存为 dpv 文件；也可以单击"导入默认设置"按钮，导入现有的设置文件。为了保证所有默认设置均有效，建议在导入默认设置后重新启动软件。

8.2　UG NX 11.0 运动仿真基础

本节介绍使用 UG NX 11.0 进行机构运动仿真与分析模块的一般操作过程，使学习者熟悉 UG NX 11.0 的运动仿真模块的界面和掌握该模块的使用方法，并能熟悉 UG NX 11.0 机构运动仿真与分析的一般流程。

8.2.1　UG NX 11.0 运动仿真流程

通过 UG NX 11.0 进行机构运动仿真的一般流程如下：
(1) 将创建好的模型调入装配模块进行装配。
(2) 进入机构运动仿真模块。
(3) 新建一组运动学或动力学仿真数据。
(4) 为机构定义连杆。
(5) 在机构中定义运动副和其他连接。
(6) 为连杆定义驱动体。
(7) 设置解算方案。
(8) 求解。
(9) 执行运动仿真。
(10) 获取运动分析结果。

下面以图 8-1 所示的连杆机构模型为例，介绍使用 UG NX 11.0 进行机构运动仿真的详细流程。

8.2.2　进入运动仿真模块

机构的运动仿真建立在已经初步完成的装配主模型基础之上，运动仿真的对象也可以是非装配模型的点、线、面、体等几何元素。但在使用非装配模型进行仿真时，无法直接定义机构的质量属性，机构管理起来较混乱，所得到的结果也不准确，所以要进行运动仿真的机构模型，最好是有具体参数的真正的装配模型。对无参数的装配模型也能进行运动仿真，但是无法直接在运动仿真模块中修改主模型尺寸。可以预先使用"装配约束"功能对机构模型中的各个元件进行装配，以确定其大致的位置，也可以不进行装配约束，直接在运动仿真模块中添加运动副进行连接。

下面说明进入运动仿真模块的操作步骤。
(1) 打开装配模型。
(2) 选择"应用模块"→"运动"，进入运动仿真模块。

进入运动仿真模块后，系统主界面左侧将显示图 8-3 所示的"运动导航器"界面。运动导航器是运动仿真模块中的重要工具，很多操作都可以利用该工具完成。

　　进入运动仿真模块后,系统会自动在当前的工作目录中新建一个与装配模型同名的文件夹,用于放置模型所有运动仿真数据。该文件夹必须与装配模型处在同一目录中,且不能删除,在进行复制移动时,该文件夹也需要一起移动,否则将不能读取和查看已完成的运动仿真数据。

8.2.3　新建运动仿真数据

　　在进入机构仿真模块后,需要新建一组运动仿真数据。在新建运动仿真数据时,要根据研究的对象和分析目的,定义正确的分析环境。

　　新建运动仿真数据的操作步骤:

1.新建运动仿真文件

　　在图 8-10 所示的"运动导航器"中右击"素材",在弹出的快捷菜单中选择"新建仿真"命令,打开如图 8-11 所示的"环境"对话框。

图 8-10　选择"新建仿真"命令　　　　　　　图 8-11　"环境"对话框(1)

对"环境"对话框中的部分面板介绍如下。

1)"分析类型"面板

该面板用于设置当前运动仿真的分析类型,有"运动学"和"动力学"两个选项。

(1)运动学:选中该选项,将进行运动学分析。在运动学分析中主要研究机构的位移、速度、加速度与反作用力,并根据解算时间和解算步长对机构做动画仿真。运动学仿真机构中的连杆和运动副都是刚性的,机构的自由度为 0,机构的重力、外部载荷以及机构摩擦会影响反作用力,但不会影响机构的运动。当选中"运动学"单选项时,"环境"对话框显示如图 8-12 所示,此时将不能定义高级分析解算方案。

图 8-12　"环境"对话框(2)

　　(2)动力学:选中该单选项,将进行动力学分析。动力学分析将考虑机构实际运行时各种因素的影响,机构中的初始力、摩擦力、组件的质量和惯性等参数都会影响机构的运动。

当机构的自由度为 1 或 1 以上时,必须进行动力学分析。如果要进行机构的静态平衡研究,也必须进行动力学分析,否则将无法在解算方案中选择"静力平衡"选项。

2）"RecurDyn 解算方案选项"面板

该面板用于设置动力学仿真的高级计算方案,仅对动力学仿真有效。

（1）电动机驱动:选中该复选框,可以在运动仿真模块中创建 PDMC（永磁支流）电动机,并结合信号图工具,来模拟电动机对象。

（2）协同仿真:选中该复选框,即可启用"工厂输入"和"工厂输出"工具,在运动仿真中创建特殊的输入输出变量,以实现协同仿真。

（3）柔体运动学:选中该复选框,可以在运动仿真模块中为连杆添加柔性连接,并进行柔体动力学仿真。

3）"组件选项"面板

选中该面板中的"基于组件的仿真"复选框,在创建连杆时只能选择装配组件,某些运动仿真只有在基于装配的主模型中才能完成。

4）"仿真名"面板

该面板下方的文本框用于设置当前创建的运动仿真名文件名称。在一个机构模型中可以创建多个仿真文件,默认文件名称将为"motion_1"、"motion_2"……依次递增。

2. 设置运动环境

在"环境"对话框中进行如下操作。

（1）定义分析类型。在"分析类型"面板选中"动力学"单选项。

（2）定义分析解算方案。取消勾选"高级结算方案"面板中的三个复选框。

（3）定义模型选取类型。选中对话框中的"基于组件的仿真"复选框。

（4）定义仿真名称。在"仿真名"下方的文本框中采用默认的仿真名称"motion_1"。

说明:

在创建运动仿真的装配主模型时,如果预先使用"装配约束"装配各个零件,进入运动仿真模块中新建文件时,会弹出"机构运动副向导"对话框,在该对话框中可以自动将每个零件定义为"连杆",并根据模型中的装配约束和零件的自由度自动将配对条件映射到运动副,也就是自动创建连杆和运动副。如果装配主模型中的约束被抑制或没有约束,或者使用的是非装配主模型,将不会弹出"机构运动副向导"对话框。

在 UG NX 11.0 运动仿真中,"机构运动副向导"可以用于快速地创建连杆和运动副,简化操作步骤,节省创建时间,是十分有用的工具。但是系统自动创建的连杆和运动副也不是完美的,有时需要做进一步的修改。在本章的案例中,采用的是含有装配约束的装配主模型,但是为了便于在后文中介绍连杆和运动副的添加方法,将不使用"机构运动副向导"工具自动创建连杆和运动副。

在"运动导航器"界面右击"motion_1",在弹出的快捷菜单中可以对创建的仿真文件进行保存、重命名和删除等操作,如图 8-13 所示。

图 8-13　快捷菜单

8.2.4 定义连杆

新建运动仿真文件完成后,需要将机构中的元件定义为"连杆"。这里的"连杆"并不是单指"连杆机构"中的杆件,而是指能够满足运动需要的、使用运动副连接在一起的机构元件。机构中所有参与当前运动仿真的部件都必须定义为连杆,在机构运行时固定不动的元件则需要定义为"无运动副固定连杆"。

定义连杆需要先指定一个几何体对象,然后自动或者手动定义其质量属性,再根据机构运动条件判断是否需要定义初速度,最后确定该连杆在机构运动时是否固定。如果固定,则需要选中"连杆"对话框中的"无运动副固定连杆"复选框。

激活"定义连杆"命令有以下三种方法。

方法一:选择下拉菜单"插入"→"链接"。

方法二:在"运动"工具条中单击"连杆"按钮。

方法三:在"运动导航器"界面右击"motion_1",在弹出的快捷菜单中选择"新建连杆"命令。

定义连杆的详细操作步骤如下。

(1)定义固定连杆 1。

① 选择下拉菜单"插入"→"链接",弹出如图8-14所示的"连杆"对话框。

② 单击"连杆对象"面板下的"选择对象",在系统提示下选取连杆 1,如图 8-1 所示。

③ 定义连杆质量属性。在"质量属性选项"下拉列表中选择"自动"选项。

④ 设置连杆类型。在"设置"区域中勾选"无运动副固定连杆"复选框。

⑤ 定义连杆名称。在"名称"文本框中采用默认的连杆名称"L001"。

⑥ 单击"确定"按钮,完成无运动副固定连杆 1 的定义。

图 8-14 "连杆"对话框

(2)定义连杆 2。

① 选择下拉菜单"插入"→"链接",弹出"连杆"对话框。

② 定义连杆对象。单击"连杆对象"面板下的"选择对象",选取连杆 2。

③ 定义连杆质量属性。在"质量属性选项"下拉列表中选择"自动"选项。

④ 设置连杆类型。在"设置"面板中取消勾选"无运动副固定连杆"复选框。

⑤ 定义连杆名称。在"名称"文本框中采用默认的连杆名称"L002"。

⑥ 单击"确定"按钮,完成连杆 2 的定义。

(3)定义其他连杆。参照步骤(2),选取连杆 3(L003)和连杆 4(L004)。

说明:

① 连杆定义完成后,在"运动导航器"的"motion 1"节点下显示连杆,如图 8-15 所示。

②在任意连杆节点上右击,在弹出的快捷菜单中选择"编辑"命令(或者双击任意节点),将弹出"连杆"对话框,可以在其中对连杆进行编辑操作。

③ 在固定连杆"L001"上右击，在弹出的快捷菜单中选择"释放连杆"命令，如图 8-17 所示，可以将固定的连杆释放（取消固定）。

④ 在一般连杆"L002"上右击，在弹出的快捷菜单中选择"固定连杆"命令，可以将一般的连杆固定。

⑤ 利用图 8-16 所示的快捷菜单还可以对连杆进行删除、重命名并查看信息等操作。

图 8-15　连杆定义完成后的"运动导航器"界面

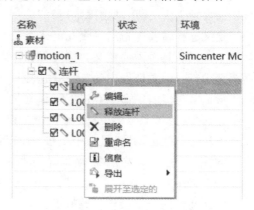

图 8-16　"运动导航器"界面（2）

8.2.5　定义运动副

连杆定义完成后，为了组成一个能够运动的机构，必须把两个相邻连杆以一种方式连接起来。这种连接必须是可动连接，不能是固定连接，所以需要为每个部件赋予一定的运动学特性，这种使两个连杆接触而又保持某些相对运动的可动连接称为"运动副"。在运动学中，连杆和运动副是相辅相成的，缺一不可。

运动副是指机构中两连杆之间组成的可动连接，添加运动副的目的是为了约束连杆之间的位置，限制连杆之间的相对运动并定义连杆之间的运动方式。在 UG NX 11.0 运动仿真中，系统提供了多种运动副可供使用，以满足连杆之间的相对运动要求，如"旋转副"可以实现连杆之间的相对旋转，"滑动副"可以实现连杆之间的直线平移。

激活"运动副"命令有以下四种方法。

方法一：选择下拉菜单"插入"→"运动副"。

方法二：在"运动"工具条中单击"运动副"按钮。

方法三：在"运动导航器"界面右击"motion_1"，在弹出的快捷菜单中选择"新建运动副"命令。

对于图 8-1 所示机构，连杆使用旋转副实现相对旋转，所以需要在连杆的铰接处定义旋转副。定义运动副首先要选取定义的连杆对象，然后通过指定一点来定义旋转轴的参考点，最后定义一个矢量来指定旋转轴的位置和旋转方向。当定义的连杆和无运动副固定连杆连接时，定义一个旋转轴即可；当定义的连杆和非固定连杆连接时，则需要指定"啮合连杆"并定义另一个旋转轴。以图 8-1 所示机构为例，定义运动副的操作步骤如下。

（1）添加连杆 1 的固定副。

① 选择下拉菜单"插入"→"运动副"，弹出图 8-17 所示的"运动副"对话框。

② 定义运动副类型。在"运动副"对话框"定义"选项卡的"类型"下拉列表中选择"固定副"选项。

③ 选择连杆。选择连杆 1 为定义对象。

注意：在选择参考连杆时，系统会自动默认鼠标单击的位置为旋转轴原点，鼠标单击的位置和对象不同，原点的位置也不同。如果在选择连杆时单击的是连杆上的任意位置，将导致原点的位置错误，此时必须在"运动副"对话框的"操作"区域中单击"指定原点"按钮，重新选择原点。

④ 设置指定原点。在"运动副"对话框"操作"面板的"指定原点"下拉列表中选择"圆弧中心"选项，选取连杆 1 圆弧圆心为指定原点。

⑤ 设置旋转轴矢量。在"操作"面板的"方位类型"下拉列表中选择"矢量"选项，在"指定矢量"栏选择"XC"轴。

⑥ 设置运动副名称。在"名称"文本框中采用默认的运动副名称"J001"。

⑦ 单击"确定"按钮，完成固定副的创建。

图 8-17　"运动副"对话框

（2）添加连杆 1 和连杆 2 之间的旋转副。

参照步骤（1），选择连杆 2 为定义对象，选取连杆 1 圆弧中心为参考原点，可完成旋转副创建。

（3）添加连杆 3 和连杆 1 之间的旋转副。

同理，选择连杆 3 为定义对象，选取连杆 3 圆弧圆心为原点参考，可完成旋转副的创建。

（4）添加连杆 4 和连杆 2 之间的旋转副。

同理，选择连杆 4 为定义对象，指定连杆 2 的圆弧圆心为原点参考，并选择连杆 2 为定义对象，定义为啮合连杆。最后，完成旋转副的创建。

（5）添加连杆 4 和连杆 3 之间的共线运动副。

① 选择下拉菜单"插入"→"运动副"，弹出"运动副"对话框。

② 定义运动副类型。在"运动副"对话框"定义"选项卡的"类型"下拉列表中选择"共线运动副"选项。

③ 选择连杆。选取连杆 4 为定义对象。

④ 设置指定原点。在"运动副"对话框"操作"面板的"指定原点"下拉列表中选择"圆弧中心"选项，再选取连杆 4 的圆弧中心为指定原点。

⑤ 设置旋转轴矢量。在"操作"面板的"方位类型"下拉列表中选择"矢量"选项，在"指定矢量"下拉列表中选择"XC"轴。

⑥ 设置啮合连杆。在"运动副"对话框的"基本"区域中选中"啮合连杆"复选框，单击"基本件"面板中的"选择连杆"按钮，选取连杆 3 为啮合连杆；在"基本件"面板的"指定原点"下拉列表中选择"圆弧中心"选项，在模型中选取连杆 4 的圆弧圆心为参考原点；在"基本件"面板的"方位类型"下拉列表中选择"矢量"选项，在"指定矢量"下拉列表中选择"XC"轴。

⑦ 定义运动副名称。在"名称"文本框中采用默认的运动副名称"J005"。

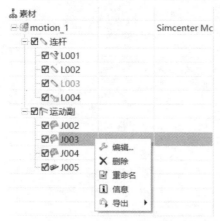

图 8-18　连杆定义完成后的"运动导航器"界面

⑧ 单击"确定"按钮，完成共线运动副的创建。

说明：

① 连杆定义完成后，在"运动导航器"中"运动副"节点下会显示机构中的所有运动副，如图 8-18 所示。

② 在任意运动副节点上右击，在系统弹出的快捷菜单中选择"编辑"命令，将弹出"运动副"对话框，可以在其中对运动副进行编辑操作。

③ 在图 8-18 所示的快捷菜单中还可以对运动副进行删除、重命名和查看信息等操作。

8.2.6　定义驱动

在 UG NX 11.0 运动仿真中，为了模拟机构的实际运行状况，在定义运动副之后，需要在机构中添加"驱动"促使机构运转。"驱动"是机构运动的动力来源，没有驱动，机构将无法进行运行仿真。驱动一般添加在机构中的运动副之上，当两个连杆以单个自由度的运动副进行连接时，使用驱动可以让它们以特定方式运动。

定义驱动有以下四种方法。

方法一：单击"菜单"→"插入"→"驱动体"。

方法二：在"运动"工具条中单击"驱动"按钮。

方法三：在"运动导航器"界面右击"motion_1"，在弹出的快捷菜单中选择"新建驱动"命令。

方法四：在"运动导航器"中双击"运动副"节点下需定义驱动的运动副，在弹出的"运动副"对话框中选择"驱动"选项卡，如图8-19所示，在该选项卡中定义驱动。

在"驱动"选项卡中，"旋转"下拉列表用于选择为运动副添加驱动的类型，其中有以下选项。

（1）多项式：选择该选项，运动副将产生一个定常运动（旋转或者是线性运动），需要的参数是位移、速度和加速度。

（2）简谐：选择该选项，运动副将产生一个简谐运动，需要的参数是振幅、频率、相位和角位移。

（3）功能：选择该选项，将给运动副添加一个复杂的、符合数学规律的函数运动。

（4）铰接运动：选择该选项，运动副将以特定的步长和特定的步数进行运动，需要的参数是步长和位移。

图 8-19　"驱动"选项卡

"初位移"文本框中输入的数值用于确定运动副初始位移；"初速度"文本框中输入的数值用于确定运动副的初始速度；"加速度"文本框输入的数值用于确定运动副的加速度；"加加速度"文本框中输入的数值用于确定运动副的加加速度。

在图8-1所示机构中，连杆1是无运动副固定连杆，连杆2作为驱动连杆进行旋转运动，所以需要在连杆1与连杆2铰接的旋转副J002上定义驱动，这里设置旋转角速度为60°/s（度每秒）。

定义驱动的操作步骤如下。

（1）单击"菜单"→"插入"→"驱动体"，弹出"驱动"对话框。

（2）选取定义对象。在运动导航器中单击"运动副"节点下的运动副"J002"，选取旋转副J002为定义对象，此时图形区中显示驱动图标。

说明：在选取运动副"J002"时，如果无法在图形区中选取，可以直接在"运动导航器"中单击"J002"节点。

（3）定义驱动参数。

① 选择驱动类型。在"驱动"选项卡的"旋转"下拉列表中选择"外项式"选项。

② 定义初始速度。在"初速度"文本框中输入值"60"，如图8-20所示。

（4）定义驱动名称。采用系统默认的名称"Drv001"。

（5）单击"确定"按钮，完成驱动体的定义。

说明：

① 驱动定义完成后，"运动导航器"界面如图8-21所示，在"驱动容器"节点下显示机构中的所有驱动。

② 在任意驱动节点上右击，在弹出的快捷菜单中选择"编辑"命令，可以在弹出的"驱

动"对话框中对驱动体进行编辑操作。

③ 在图 8-21 所示的快捷菜单中还可以对驱动进行重命名、导出和查看信息等操作。

图 8-20 "驱动"对话框

图 8-21 "运动导航器"界面

8.2.7 定义解算方案并求解

定义解算方案就是设置机构的分析条件,包括定义解算方案类型、分析类型、时间、步数、重力参数以及求解参数等。对一个机构可以定义多种解算方案,对不同的解算方案可以定义不同的分析条件。

激活定义"解算方案"命令有以下三种方法。

方法一:单击"菜单"→"插入"→"解算方案"。

方法二:在"设置"工具栏中单击"解算方案"按钮。

方法三:在"运动导航器"界面右击"motion_1",在弹出的快捷菜单中选择"新建解算方案"命令。

定义解算方案的操作步骤如下。

(1) 选择单击"菜单"→"插入"→"解算方案",弹出如图 8-22 所示的"解算方案"对话框。在"解算方案"对话框中,"解算方案类型"下拉列表中有以下选项。

① 常规驱动:机构在指定的时间段内按指定的步数进行运动仿真。

② 铰接运动驱动:机构以指定的步数的步长进行运动。

③ 电子表格驱动:用电子表格功能进行常规和关节运动驱动的仿真。

"分析类型"下拉列表用于选择解算方案的分析类型;"时间"文本框用于设置所用时间段的长度;"步数"文本框用于在设置的时间段确定几个瞬态位置来进行分析和显示。

(2) 定义解算方案选项。

① 定义解算方案类型。在"解算方案类型"下拉列表中选择"常规驱动"选项。

② 定义分析类型。在"分析类型"下拉列表中选择"运动学/动力学"选项。

③ 定义机构运行时间。在"时间"文本框中输入值"30"。

④ 定义机构运行步数。在"步数"文本框中输入值"50"。

（3）取消自动求解。取消勾选"解算方案"对话框中的"按'确定'进行解算"复选框。

如果勾选"按'确定'进行解算"复选框，当完成结算方案的定义并单击"确定"按钮后，系统会自动对解算方案进行求解。

（4）单击"确定"按钮，完成解算方案的定义。

（5）根据解算方案进行求解。单击"菜单"→"分析"→"运动"→"求解"，对解算方案进行求解。

说明：

① 解算方案定义并求解完成后，"运动导航器"界面如图 8-23 所示，在"Solution_1"节点下显示当前活动的结算方案。右击"Solution_1"节点，在图 8-23 所示的快捷菜单中还可以对解算方案进行删除、重命名和查看信息等操作。

② 如果当前机构中有多组解算方案，则需要先激活一组结算方案，才能对该方案进行编辑和求解。激活方法是双击该结算方案节点或者是右击方案节点"Solution_1"，然后在弹出的快捷菜单中选择"激活"命令。激活后的解算方案节点右侧会显示"活动"字符提示。

图 8-22　"解算方案"对话框

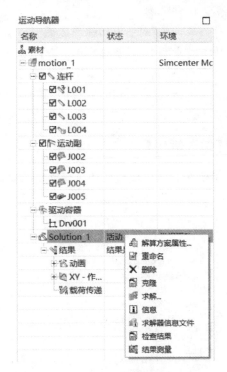

图 8-23　"运动导航器"界面

8.2.8　生成动画

完成一组解算方案的求解后，即可以查看机构的运行状态并将结果输出为动画视频文件，也可以根据结果对机构运行情况、关键位置的运动轨迹、运动状态下组件干涉情况等做进一步的分析，以便检验和改进机构的设计。

查看动画并输出视频文件的操作步骤如下。

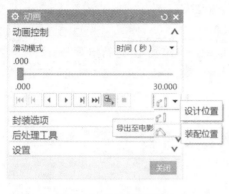

图 8-24　"动画"对话框

（1）选择单击"菜单"→"分析"→"运动"→"动画"，弹出图 8-24 所示的"动画"对话框。

在"动画"对话框中，"滑动模式"下拉列表用于选择滑动模式，其中包括"时间（秒）"和"步数"两种选项。

① 时间（秒）：选择该选项时，动画机构以设定的时间进行运动。

② 步数：选择该选项时，动画机构以设定的步数进行运动。

单击"设计位置"按钮，可以使运动模型回到运动仿真前置处理之前的初始三维实体设计状态。

单击"装配位置"按钮，可以使运动模型回到运动仿真前置处理后的 ADAMS 运动分析模型状态。

（2）播放动画。在"动画"对话框的播放区域中单击"播放"按钮，即可播放动画。

（3）保存动画。

① 在"动画"对话框的播放区域中单击"导出至电影"按钮，弹出"录制电影"对话框。

② 在"录制电影"对话框的"文件名"文本框中输入动画文件的名称"连杆机构"，然后单击"确定"按钮，机构将自动运行并输出动画。

（4）单击"确定"按钮，完成动画的定义。

（5）选择下拉菜单"文件"→"保存"，保存模型。

【综合案例】

案例 8-1：七缸星型发动机运动仿真实现

七缸星型发动机运动导航器与七缸星型发动机模型分别如图 8-25(a)、(b)所示。

(a)

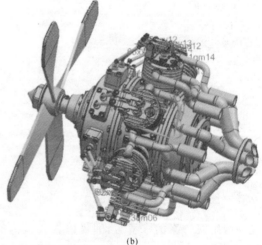

(b)

图 8-25　运动导航器与模型

新建"zongzhuangpei"运动仿真步骤如下：

　　（1）创建仿真文件。

　　① 在"应用模块"选项卡的"仿真"组中,单击"运动"按钮,进入运动仿真模块。

　　② 在"运动导航器"中右击"zongzhuangpei"节点,弹出"环境"对话框,如图 8-26 所示。在"分析类型"面板中选择"动力学",在"组件选项"面板中勾选"基于组件的仿真",在"运动副向导"面板中取消勾选"新建仿真时启动运动副向导",在"仿真名"文本框中输入文件名"xxfdjydfz"。

　　③ 单击"确定"按钮,完成 xxfdjydfz 仿真文件的创建。

　　（2）创建连杆 01gd。

　　① 单击"菜单"→"插入"→"链接",弹出"连杆"对话框,如图 8-27 所示。

図 8-26　"环境"对话框

　　② 在"连杆"对话框中,单击"连杆对象"面板下的"选择对象"按钮,然后按住 Ctrl 键,在装配导航器中选择"xxf81"、"xxf04×7"、"xxf05×7"、"xxf06×28"、"xxf07×28"、"xxf33"、"xxf36"、"xxf43"、"xxf44×48"、"xxf45×24"、"xxf46×24"、"xxf47"、"xxf48×12"、"xxf49×12"、"xxf50"、"xxf51"、"xxf52×12"、"xxf53×12"、"xxf17"（在"_asm2×7"中）、"xxf18×2"（在"_asm2×7"中）、"xxf19×2"（在"_asm2×7"中）、"xxf24"（在"_asm2×7"中）、"xxf60×28"、"xxf61×7"、"xxf62×14"、"xxf67×14"、"xxf68×7"、"xxf69×7"、"xxf70×7"、"_asm3×7"中的"xxf71"、"_asm4×28"中的"xxf74"、"xxf75"、"xxf93"、"xxf84"、"xxf85×12"、"xxf86×12"、"xxf92"、"xxf94×7"和"xxf95×7"共 451 个对象。在"设置"面板中勾选"无运动副固定连杆",在"名称"文本框中输入"01gd"。

　　③ 单击"确定"按钮,完成连杆 01gd 的创建,如图 8-28 所示。

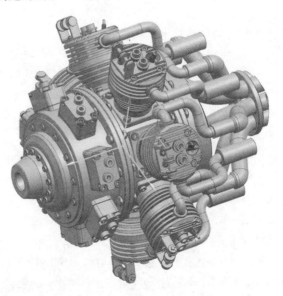

図 8-27　"连杆"对话框

図 8-28　连杆 01gd 的创建

（3）创建连杆 02zz。

① 单击"菜单"→"插入"→"链接"，弹出"连杆"对话框，对话框参数设置如图 8-29 所示。

② 在"连杆"对话框的"连杆对象"面板中，单击"选择对象"按钮，然后按住 Ctrl 键，在装配导航器中选择"xxf02"、"xxf03"、"xxf26"、"xxf34"、"xxf54"、"xxf55"、"xxf56"、"xxf57"、"xxf58"、"xxf59"和"xxf83"共 11 个对象。在"设置"面板中取消勾选"无运动副固定连杆"，在"名称"文本框中输入"02zz"。

③ 单击"确定"按钮，完成连杆 02zz 的创建，如图 8-30 所示。

图 8-29　"连杆"对话框设置

图 8-30　连杆 02zz 的创建

（4）创建连杆 03cp。

① 单击菜单中的"插入"→"链接"，弹出"连杆"对话框。

② 在"连杆"对话框中，单击"连杆对象"面板中的"选择对象"按钮，然后按住 Ctrl 键，在装配导航器中选择"xxf35"、"xxf37"、"xxf38×12"、"xxf39×12"、"xxf40×12"、"xxf41×12"和"xxf42"共 51 个对象，在"设置"面板中取消勾选"无运动副固定连杆"，在"名称"文本框中输入"03cp"。

③ 单击"确定"按钮，完成 03cp 连杆的创建，如图 8-31 所示。

（5）创建连杆 04gp。

① 单击"菜单"→"插入"→"链接"，弹出"连杆"对话框。

② 在"连杆"对话框中，单击"连杆对象"面板中的"选择对象"按钮，然后按住 Ctrl 键，在装配导航器中选择"xxf08"、"xxf09"、"xxf11×6"、"xxf12"和"xxf13×2"共 11 个对象。在"设置"面板中取消勾选"无运动副固定连杆"，在"名称"文本框中输入"04gp"。

③ 单击"确定"按钮，完成连杆 04gp 的创建，如图 8-32 所示。

图 8-31　03cp 连杆的创建　　　　　　　　图 8-32　04gp 连杆的创建

（6）为组件 xxf10 创建连杆。

① 单击"菜单"→"插入"→"链接"，弹出"连杆"对话框。

② 在"连杆"对话框中，单击"连杆对象"面板中的"选择对象"按钮，然后选择紫色标记的 xxf10，在"设置"面板中取消勾选"无运动副固定连杆"，在"名称"文本框中输入"05hl02"。

③ 单击"确定"按钮，完成连杆 05hl02 的创建，如图 8-33（a）所示。

④ 在装配导航器中将其他部件隐藏，仅显示"xxf10×6"。与创建连杆 5hl02 相同的方法，按图 8-33（b）中标注的顺序为没有特殊颜色标记的组件 xxf10 依次创建连杆 06hl03、07hl04、08hl05、09hl06 和 10hl07。注意＋ZC 轴的方向垂直于屏幕向内。

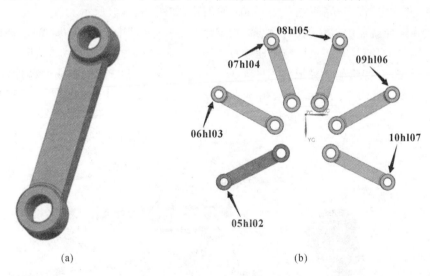

（a）　　　　　　　　　　　　　　　　　（b）

图 8-33　组件 xxf10 的连杆的创建

（7）为组件 xxf15 和 xxf16 创建连杆。

① 单击"菜单"→"插入"→"链接"命令，弹出"连杆"对话框。

② 在"连杆"对话框中，单击"连杆对象"面板中的"选择对象"按钮，然后选择蓝色标记的 xxf15 和粉色标记的 xxf16；在"设置"面板中取消勾选"无运动副固定连杆"，在"名称"文本框输入"11hs01"。

③ 单击"确定"按钮，完成连杆 11hs01 的创建，如图 8-34 所示。

④ 在装配导航器中将其他部件隐藏，仅显示"xxf15×7"和"xxf16×7"。采用与创建连

杆 11hs01 相同的方法,按图 8-34(b)中标注的顺序为没有特殊颜色标记的零件 xxf15 和 xxf16 组成的部件依次创建连杆 12hs02、13hs03、14hs04、15hs05、16hs06 和 17hs07。

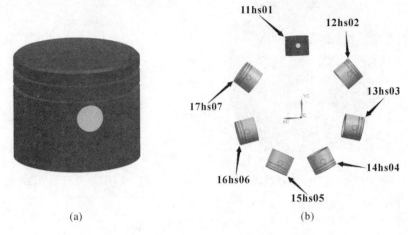

图 8-34   组件 xxf15 和 xxf16 的连杆的创建

(8) 为组件 xxf20～xxf23 创建连杆。

① 单击菜单中的"插入"→"链接",弹出"连杆"对话框。

② 在"连杆"对话框中,单击"连杆对象"面板中的"选择对象"按钮,然后选择_asm2 中红色标记的 xxf20、xxf21、xxf22 和 xxf23;在"设置"面板中取消勾选"无运动副固定连杆",在"名称"文本框中输入"18qm01"。

③ 单击"确定"按钮,完成连杆 18qm01 的创建,如图 8-35(a)所示。

④ 在装配导航器中将其他部件隐藏,仅显示"_asm2×7"中的"xxf20×2"、"xxf21×2"、"xxf22×2"和"xxf23×2"。采用与创建连杆 18qm01 相同的方法,按图 8-35(b)中标注的顺序为_asm2 中没有特殊颜色标记的零件 xxf20、xxf21、xxf22 和 xxf23 组成的部件,依次创建连杆 19qm02、20qm03、21qm04、22qm05、23qm06、24qm07、25qm08、26qm09、27qm10、28qm11、29qm12、30qm13 和 31qm14。

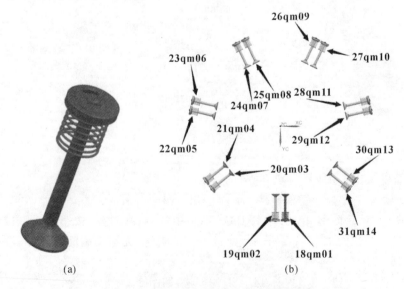

图 8-35   组件 xxf20～xxf23 的连杆的创建

（9）为组件 xxf72 和 xxf73 及组件_asm6、_asm7 创建连杆。

① 单击菜单中的"插入"→"链接"，弹出"连杆"对话框。

② 在"连杆"对话框中，单击"连杆对象"面板中的"选择对象"按钮，然后选择_asm3 中带绿色标记的零件 xxf72 和 xxf73 以及带绿色标记的部件_asm6 和_asm7；在"设置"面板中取消勾选"无运动副固定连杆"，在"名称"文本框中输入"32qt01"。

③ 单击"确定"按钮，完成连杆 32qt01 的创建，如图 8-36（a）所示。

④ 在装配导航器中将其他部件隐藏，仅显示"_asm3×7"中的"xxf72"和"xxf73"以及"_asm6×28"和"_asm7×28"，采用与创建连杆 32qt01 相同的方法，以图 8-36（b）中标注的顺序为_asm3 中没有特殊颜色标记的零件 xxf72 和 xxf73 以及部件_asm6 和_asm7 构成的组件，依次创建连杆 33qt02、34qt03、35qt04、36qt05、37qt06、38qt07、39qt08、40qt09、41qt10、42qt11、43qt12、44qt13 和 45qt14。

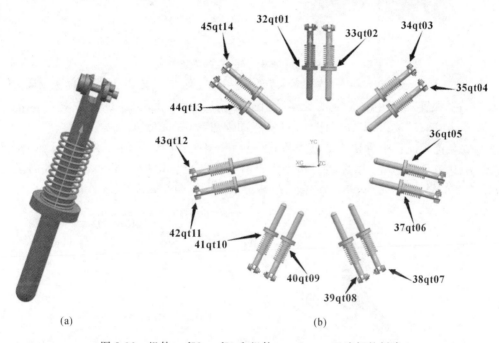

图 8-36　组件 xxf72、xxf73 和组件_asm6、_asm7 连杆的创建

（10）为组件_asm5、_asm6、和_asm7 创建连杆。

① 单击菜单中的"插入"→"链接"，弹出"连杆"对话框。

② 在"连杆"对话框中，单击"连杆对象"面板中的"选择对象"按钮，然后选择蓝色标记的组件_asm5、_asm6 和_asm7，在"设置"面板中取消勾选"无运动副固定连杆"；在"名称"文本框中输入"46qy01"。

③ 单击"确定"按钮，完成连杆 46qy01 的创建，如图 8-37（a）所示。

在装配导航器中将其他部件隐藏，仅显示_asm5×14、_asm6×28 和_asm7×28。采用与连杆 06qy01 相同的方法，将图 8-37（b）中标注的顺序为没有特殊颜色标记的组件_asm5、_asm6 和_asm7 构成的组件，依次创建连杆 47qy02、48qy03、49qy04、50qy05、51qy06、52qy07、53qy08、54qy09、55qy10、56qy11、57qy12、58qy13 和 59qy14。

（11）为组件 xxf76 创建连杆。

① 单击"菜单"→"插入"→"链接"，弹出"连杆"对话框。

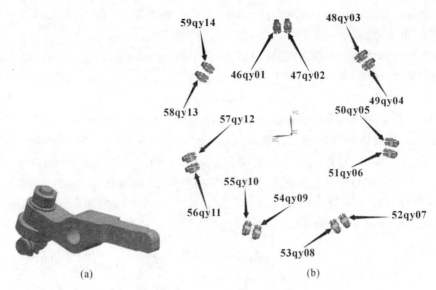

图 8-37　连杆 46qy01 的创建

　　② 在"连杆"对话框中,单击"连杆对象"面板中的"选择对象"按钮,然后选择灰色标记的零件 xxf76;在"设置"面板中取消勾选"无运动副固定连杆";在"名称"文本框中输入"60xxf7601"。

　　③ 单击"确定"按钮,完成连杆 60xxf7601 的创建,如图 8-38(a)所示。

　　④ 在装配导航器中将其他部件隐藏,仅显示"xxf76×7"。采用与创建连杆 60xxf7601 相同的方法,按图 8-38(b)中标注的顺序为没有特殊颜色标记的零件 xxf76 依次创建连杆 61xxf7602、62xxf7603、63xxf7604、64xxf7605、65xxf7606 和 66xxf7607。

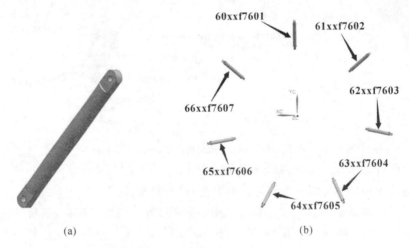

图 8-38　组件 xxf76 的连杆的创建

　　(12) 为组件 xxf80 创建连杆。

　　① 单击"菜单"→"插入"→"链接",弹出"连杆"对话框。

　　② 在"连杆"对话框中,单击"连杆对象"面板中的"选择对象"按钮,然后选择蓝绿色标记的组件 xxf80;在"设置"面板中取消勾选"无运动副固定连杆";在"名称"文本框中输入"67xxf8001"。

　　③ 单击"确定"按钮,完成连杆 67xxf8001 的创建,如图 8-39(a)所示。

　　④ 在装配导航器中将其他部件隐藏,仅显示"xxf80×7"。采用与创建连杆 67xxf8001

相同的方法,按图 8-39(b)中标注的顺序为没有特殊颜色标记的部件 xxf80 依次创建连杆 68xxf8002、69xxf8003、70xxf8004、71xxf8005、72xxf8006 和 73xxf8007。

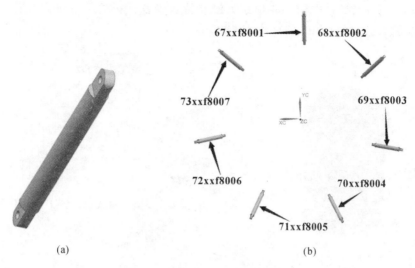

(a)　　　　　　　　　　　　　　　(b)

图 8-39　组件 xxf80 的连杆的创建

(13) 为组件 xxf16 创建连杆。

① 单击菜单中的"插入"→"链接",弹出"连杆"对话框。

② 在"连杆"对话框中,单击"连杆对象"面板下的"选择对象"按钮,然后选择绿色标记的部件 xxf96;在"设置"面板中取消勾选"无运动副固定连杆";在"名称"文本框中输入"74xxf96"。

③ 单击"确定"按钮,完成连杆 74xxf96 的创建,如图 8-40 所示。

(14) 为组件 xxf97 创建连杆。

① 单击菜单中的"插入"→"链接",弹出"连杆"对话框。

② 在"连杆"对话框中,单击"连杆对象"面板下的"选择对象"按钮,然后选择蓝色标记的部件 xxf97;在"设置"面板中取消勾选"无运动副固定连杆",在"名称"文本框中输入"75xxf97"。

③ 单击"确定"按钮,完成连杆 75xxf97 的创建,如图 8-41 所示。

图 8-40　连杆 74xxf96 的创建　　　　　图 8-41　连杆 75xxf97 的创建

(15) 为组件 xxf14 创建连杆。

① 单击"菜单"→"插入"→"链接",弹出"连杆"对话框。

② 在"连杆"对话框中,单击"连杆对象"面板下的"选择对象"按钮,然后选择红色标记的部件"xxf14";在"设置"面板中勾选"无运动副固定连杆";在"名称"文本框中输入"76ht01"。

③ 单击"确定"按钮,完成 76ht01 连杆的创建,如图 8-42 所示。

④ 在装配导航器中将其他部件隐藏,仅显示部件"xxf14×7"。采用与创建连杆 76ht01 相同的方法,按图 8-42(a)中标注的顺序为没有特殊颜色标记的部件 xxf14 依次创建连杆 77ht02、78ht03、79ht04、80ht05、81ht06 和 82ht07。

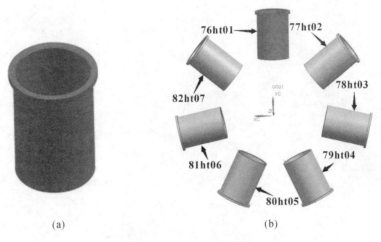

(a)　　　　　　　　　　　　　　　(b)

图 8-42　76ht01 连杆的创建

(16) 创建连杆 02zz 与 01gd 之间的运动副。

① 单击菜单中的"插入"→"运动副",弹出"运动副"对话框,如图 8-43 所示。

② 在"类型"下拉列表中选择"旋转副";在"操作"面板中连杆选择"02zz";"指定原点"栏选择"圆弧中心/椭圆中心/球心"拾取器并选择图 8-44 中指定的边,"方向类型"栏选择"矢量","指定矢量"栏选择"ZC";在"基本件"面板中勾选"啮合连杆",连杆选择"01gd","指定原点"栏选择"圆弧中心/椭圆中心/球心"拾取器并选择图 8-44 中指定的边,"方向类型"栏选择"矢量","指定矢量"栏选择"ZC";在"名称"文本框中输入"01_02-01zd"。

③ 单击"确定"按钮,完成连杆 02zz 与 01gd 之间运动副的创建。

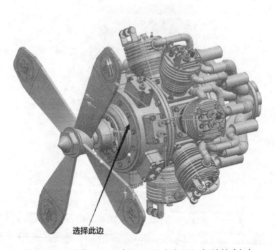

图 8-43　"运动副"对话框设置　　　　　图 8-44　连杆 02zz 与 01gd 之间运动副的创建

(17) 创建连杆 02zz 与 04gp 之间的运动副。

① 单击"菜单"→"插入"→"运动副",弹出"运动副"对话框。

② 在"类型"下拉列表中选择"旋转副";在操作面板中,连杆选择"02zz","指定原点"栏选择"圆弧中心/椭圆中心/球心"拾取器并选择图 8-45 中指定的边,"方向类型"栏选择"矢量","指定矢量"选择"ZC";在"基本件"面板中,勾选"啮合连杆",连杆选择"04gp","指定原点"栏选择"圆弧中心/椭圆中心/球心"拾取器并选择图 8-45 中指定的边,"方向类型"栏选择"矢量","指定矢量"选择"ZC";在"名称"对话框中输入"02_02-04zd"。

③ 单击"确定"按钮,完成连杆 02zz 与 04gp 之间运动副的创建。

(18) 分别创建连杆 05h102、06h103、07h104、08h105、09h106、10h107 与 04gp 之间的运动副。

① 单击"菜单"→"插入"→"运动副",弹出"运动副"对话框。

② 在"类型"下拉列表中选择"旋转副";在"操作"面板中,连杆选择"05hl02","指定原点"栏选择"圆弧中心/椭圆中心/球心"拾取器并选择图 8-46 中指定的边,"方向类型"栏选择"矢量","指定矢量"选择"面/平面法向"拾取器并选择图 8-46 中指定的面;在"基本件"面板中,勾选"啮合连杆",连杆选择"04gp","指定原点"栏选择"圆弧中心/椭圆中心/球心"拾取器并选择图 8-46 中指定的边,在"方向类型"栏中选择"矢量","指定矢量"栏选择"面/平面法向"拾取器并选择图 8-46 中指定的面;在"名称"文本框中输入"03_05-04zd"。

③ 单击"确定"按钮,完成连杆 05hl02 与 04gp 之间运动副的创建。

④ 采用与创建运动副 03_05_04zd 相同的方法,分别创建连杆 06hl03、07hl04、08hl05、09hl06 和 10hl07 与 04gp 之间的运动副,并将其名称分别设置为 04_06-04zd、05_07-04zd、06_08-04zd、07_09-04zd 和 08_10-04zd。

图 8-45　连杆 02zz 与 04gp 之间运动副的创建　　　图 8-46　连杆 05hl02 与 04gp 之间运动副的创建

(19) 创建连杆 11hs01 与 04gp 之间的运动副。

① 单击"菜单"→"插入"→"运动副",弹出"运动副"对话框。

② 在"类型"下拉列表中选择"旋转副";在"操作"面板中,连杆选择"11hs01","指定原点"栏选择"圆弧中心/椭圆中心/球心"拾取器并选择图 8-47 中指定的边,"方向类型"栏选择"矢量","指定矢量"栏选择"面/平面法向"拾取器并选择图 8-47 中指定的面;在"基本件"

面板中勾选"啮合连杆",连杆选择"04gp","指定原点"栏选择"圆弧中心/椭圆中心/球心"拾取器并选择图 8-47 中指定的边,"方向类型"栏选择"矢量","指定矢量"栏选择"面/平面法向"拾取器并选择图 8-47 中指定的面;在名称文本框中输入"09_11-04zd"。

③ 单击"确定"按钮,完成连杆 11hs01 与 04gp 之间运动副的创建。

(20) 分别创建连杆 12hs02 与 05h102、连杆 14hs03 与 06h103、连杆 14hs04 与 07104、连杆 15hs05 与 08h105、连杆 16hs06 与 09h106、连杆 17hs07 与 10h107 之间的运动副。

① 单击"菜单"→"插入"→"运动副",弹出"运动副"对话框。

② 在"类型"下拉列表中选择"旋转副";在"操作面板中,连杆选择"12hs02","指定原点"栏选择"圆弧中心/椭圆中心/球心"拾取器并选择图 8-48 中指定的边,"方向类型"栏选择"矢量","指定矢量"栏选择"面/平面法向"拾取器,选择图 8-48 中指定的面;在"基本件"面板中勾选"啮合连杆",选择"05hl02","指定原点"栏选择"圆弧中心/椭圆中心/球心"拾取器并选择图 8-48 中指定的边,"方向类型"栏选择"矢量","指定矢量"栏选择"面/平面法向"拾取器并选择图 8-48 中指定的面;在"名称"文本框中输入 10_12-05zd"。

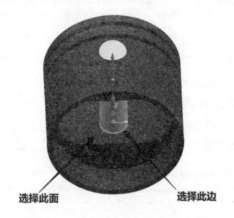

选择此面　　　　　　选择此边

图 8-47　连杆 11hs01 与 04gp 之间
运动副的创建

选择此面　　　　　　选择此边

图 8-48　连杆 12hs02 与 05hl02 之间
运动副的创建

③ 单击"确定"按钮,完成连杆 12hs02 与 05hl02 之间运动副的创建。

④ 与创建连杆 12hs02 与 05h102 之间运动副相同的方法,分别在连杆 13hs03 与 06hl03、连杆 14hs04 与 07h104、连杆 15hs05 与 08h105、连杆 16hs06 与 09h106 和连杆 17hs07 与 10hl07 之间创建运动副,并将其名称分别设置为 11_13-06zd、12_14-07zd、13_15-08zd、14_16-09zd 和 15_17-10zd。

(21) 分别创建连杆 11h5d 与 76ht01、连杆 12h02 与 77ht02、连杆 13hs03 与 78ht03、连杆 14hs04 与 79ht04、连杆 15hs05 与 80ht05、连杆 16hs06 与 81ht06、连杆 17hs07 与 82ht07 之间的运动副。

① 单击"菜单"→"插入"→"运动副",弹出"运动副"对话框。

② 在"类型"下拉列表中选择"滑块";在"操作"面板中连杆选择"11hs01","指定原点"栏选择"圆弧中心/椭圆中心/球心"拾取器并选择图 8-49 中指定的边,"方向类型"栏选择"矢量","指定矢量"栏选择"自动判断"拾取器并选择图 8-49 中指定的基准轴;在"基本件"面板中勾选"啮合连杆",连杆选择"76ht01","指定原点"栏选择"圆弧中心/椭圆中心/球心"拾取器并选择图 8-49 中指定的边,"方向类型"栏选择"矢量","指定矢量"栏选择"自动判断"拾取器,选择图 8-49 中指定的基准轴;在"名称"文本框中输入"16_11-76hd"。

③ 单击"确定"按钮,完成连杆 11hs01 与 76ht01 之间运动副的创建。

④ 与创建连杆 11hs01 与 76ht01 之间运动副相同的方法,分别在连杆 12hs02 与 77ht02、连杆 13hs03 与 78ht03、连杆 13hs04 与 79ht04、连杆 14hs04 与 80ht05、连杆 15hs06 与 81ht06、连杆 16hs07 与 82ht07 之间创建运动副,并得其名称分别设置为 17_12-77hd、18_13-78hd、19_14-79hd、20_15-80hd、21_16-81hd 和 22_17-82hd。

(22) 创建连杆 74xxf96 的运动副。

① 单击"菜单"→"插入"→"运动副",弹出"运动副"对话框。

② 在"类型"下拉列表中选择"旋转副";在"操作"面板中,连杆选择"74xxf96","指定原点"栏选择"圆弧中心/椭圆中心/球心"拾取器并选择图 8-50 中指定的边,"方向类型"栏选择"矢量","指定矢量"栏选择"-ZC";在"基本件"面板中取消勾选"啮合连杆";在"名称"文本框中输入"23_74zd"。

③ 单击"确定"按钮,完成连杆 74xxf96 运动副的创建。

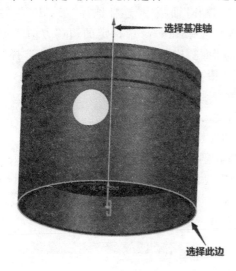
选择基准轴
选择此边

选择此边

图 8-49　连杆 11hs01 与 76ht01 之间运动副的创建　　图 8-50　连杆 74xxf96 运动副的创建

(23) 创建连杆 75xxf97 的运动副。

① 单击"菜单"→"插入"→"运动副",弹出"运动副"对话框。

② 在"类型"下拉列表中选择"旋转副";在"操作"面板中连杆选择"75xxf97";"指定原点"栏选择"圆弧中心/椭圆中心/球心"拾取器并选择图 8-51 中指定的边,"方向类型"栏选择"矢量","指定矢量"栏选择"ZC",在"基本件"面板中取消勾选"啮合连杆";在"名称"文本框中输入"24_75zd"。

③ 单击"确定"按钮,完成连杆 75xxf97 运动副的创建。

(24) 创建连杆 03cp 的运动副。

① 单击"菜单"→"插入"→"运动副",弹出"运动副"对话框。

② 在"类型"下拉列表中选择"旋转副";在"操作"面板中,连杆选择"03cp";"指定原点"栏选择"圆弧中心/椭圆中心/球心"拾取器选择图 8-52 中指定的边,"方向类型"栏选择"矢量","指定矢量"栏选择"ZC";在"基本件"面板中取消勾选"啮合连杆";在"名称"文本框中输入"25_03zd"。

③ 单击"确定"按钮,完成连杆 03cp 运动副的创建。

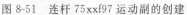

图 8-51　连杆 75xxf97 运动副的创建　　　　　图 8-52　连杆 03cp 运动副的创建

（25）创建连杆 75xxf97 与 02zz 之间的运动副。

① 单击"菜单"→"插入"→"运动副"，弹出"运动副"对话框。

② 在"类型"下拉列表中选择"固定副"；在"操作"面板中，连杆选择"75xxf97"，"指定原点"栏选择"圆弧中心/椭圆中心/球心"拾取器并选择图 8-53 中指定的边，"方向类型"栏选择"矢量"，"指定矢量"栏选择"ZC"；在"基本件"面板中勾选"啮合连杆"，连杆选择"02zz"，"指定原点"栏选择"圆弧中心/椭圆中心/球心"拾取器并选择图 8-53 中指定的边，"方向类型"栏选择"矢量"，"指定矢量"栏选择"ZC"；在"名称"文本框中输入"26_75-02hd"。

③ 单击"确定"按钮，完成连杆 75xxf97 与 02zz 之间运动副的创建。

（26）创建连杆 75xxf97 与 74xxf96 之间的齿轮副。

① 单击"菜单"→"插入"→"传动副"→"齿轮副"，弹出"齿轮副"对话框，如图 8-54 所示。

② 第一个运动副选择"24_75zd"，第二个运动副选择"23_74zd"，接触点由系统自动生成。在"比率"文本框中输入"1"，在"名称"文本框中输入"27_75-74clf"。

③ 单击"确定"按钮，完成连杆 75xxf97 与 74xxf96 之间齿轮副的创建。

图 8-53　连杆 75xxf97 与 02zz 之间运动副的创建　　　图 8-54　"齿轮副"对话框设置

（27）创建组件 xxf96 与 xxf35 之间的 3D 接触。

① 单击"菜单"→"插入"→"连接器"→"3D 接触"，弹出"3D 接触"对话框，如图 8-55 所示。

② 在"操作"面板中单击"选择体"按钮，选择组件 xxf96；在"基本件"面板中单击"选择体"按钮，选择组件 xxf35；其余参数如图 8-55 所示。最后在"名称"文本框中输入"28_74-

03sdjc"。

③ 单击"确定"按钮,完成组件 xxf96 与 xxf35 之间 3D 接触的创建。

(28) 分别创建连杆 32qt01、33qt02、34qt03、35qt04、36qt05、37qt06、38qt07、39qt08、40qt09、41qt10、42qt11、43qt12、44qt13、45qt15 与连杆 01gd 之间的运动副。

① 单击"菜单"→"插入"→"运动副",弹出"运动副"对话框。

② 在"类型"下拉列表中选择"滑块";在"操作"面板中,连杆选择"32qt01","指定原点"栏选择"圆弧中心/椭圆中心/球心"拾取器并选择图 8-56 中指定的边,"方向类型"栏选择"矢量","指定矢量"栏选择"自动判断"拾取器并选择图 8-56 中指定的基准轴;在"基本件"面板中勾选"啮合连杆",连杆选择"01gd","指定原点"栏选择"圆弧中心/椭圆中心/球心"拾取器并选择图 8-56 中指定的边,"方向类型"栏选择"矢量","指定矢量"栏选择"自动判断"拾取器并选择图 8-56 中指定的基准轴;在"名称"文本框中输入"29_32-01hd"。

③ 单击"确定"按钮,完成连杆 32qt01 与 01gd 之间运动副的创建。

④ 采用与创建连杆 32qt01 与 01gd 之间运动副相同的方法,分别在连杆 33qt02、34qt03、35qt04、36qt05、37qt06、38qt07、39qt08、40qt09、41qt10、42qt11、43qt12、44qt13 和 45qt14 与连杆 01gd 之间创建运动副,并将其名称分别设置为 30_33-01hd、31_34-01hd、32_35-01hd、33_36-01hd、34_37-01hd、35_38-01hd、36_39-01hd、37_40-01hd、38_41-01hd、39_42-01hd、40_43-01hd、41_44-01hd 和 42_45-01hd。

图 8-55　"3D 接触"对话框设置

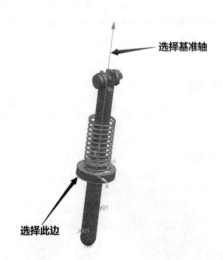

图 8-56　连杆 32qt01 与 01gd 之间
运动副的创建

(29) 分别创建连杆 60xxf7601 与 32qt01、连杆 61xxf7602 与 34qt03、连杆 62xxf7603 与 36qt04、连杆 63xxf7604 与 38qt05、连杆 64xxf7605 与 40qt09、连杆 65xxf7606 与 42qt11、连杆 66xxf7607 与 44qt13 之间的运动副。

① 单击"菜单"→"插入"→"运动副",弹出"运动副"对话框。

② 在"类型"下拉列表中选择"旋转副";在"操作"面板中,连杆选择"60xxf7601","指定原点"栏选择"圆弧中心/椭圆中心/球心"拾取器并选择图 8-57 中指定的边,"方向类型"栏选择"矢量","指定矢量"栏选择"面/平面法向"拾取器并选择图 8-57 中指定的面;在"基本件"面板中勾选"啮合连杆",连杆选择"32qt01","指定原点"栏选择"圆弧中心/椭圆中心/球心"拾取器并选择图 8-57 中指定的边,"方向类型"栏选择"矢量","指定矢量"栏选择"面/平面法向"拾取器并选择图 8-57 中指定的面;在"名称"文本框中输入"43_60-32zd"。

③ 单击"确定"按钮,完成连杆 60xxf7601 与 32qt01 之间运动副的创建。

④ 采用与创建连杆 60xxf7601 与 32qt01 之间运动副相同的方法,分别在连杆 61xxf7602 与 34qt03、连杆 62xxf7603 与 36qt05、连杆 63xxf7604 与 38qt07、连杆 64xxf7605 与 40qt09、连杆 65xxf7606 与 42qt11、连杆 66xxf7607 与 44qt13 之间创建运动副,并将其名称分别设置为 44_61-34zd、45_62-36zd、46_63-38zd、47_64-40zd、48_65-42zd 和 49_66-44zd。

(30) 分别创建连杆 67xxf8001 与 33qt02、连杆 68xxf8002 与 35qt04、连杆 69xxf8003 与 37qt06、连杆 70xxf8004 与 39qt08、连杆 71xxf8005 与 41qt10、连杆 72xxf8006 与 43qt12、连杆 73xxf8007 与 45qt14 之间的运动副。

① 单击"菜单"→"插入"→"运动副",弹出"运动副"对话框。

② 在"类型"面板中选择"旋转副";在"操作"面板中,连杆选择"67xxf8001","指定原点"选择"圆弧中心/椭圆中心/球心"拾取器并选择图 8-58 中指示的边,"方向类型"栏选择"矢量","指定矢量"栏选择"面/平面法向"拾取器并选择图 8-58 中指定的面;在"基本件"面板中勾选"啮合连杆",连杆选择"33qt02","指定原点"栏选择"圆弧中心/椭圆中心/球心"拾取器并选择图 8-58 中指定的边,"方向类型"栏选择"矢量","指定矢量"栏选择"面/平面法向"拾取器并选择图 8-58 中指定的面;在"名称"文本框中输入"50_67-33zd"。

③ 单击"确定"按钮,完成连杆 67xxf8001 与 33qt02 之间运动副的创建。

④ 采用与创建连杆 67xxf8001 与 33qt02 之间运动副相同的方法,分别在连杆 68xxf8002 与 35qt04、连杆 69xxf8003 与 37qt06、连杆 70xxf8004 与 39qt08、连杆 71xxf8005 与 41qt10、连杆 72xxf8006 与 43qt12、连杆 73xxf8007 与 45qt14 之间创建运动副,并将其名称分别设置为 51_68-35zd、52_69-37zd、53_70-39zd、54_71-41zd、55_72-43zd 和 56_73-45zd。

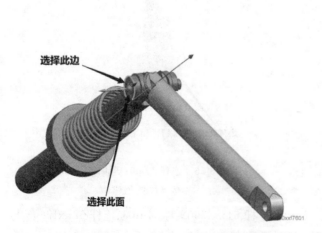

图 8-57　连杆 60xxf7601 与 32qt01 之间运动副的创建

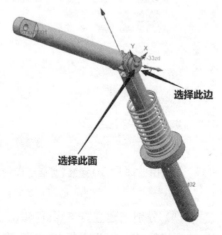

图 8-58　连杆 67xxf8001 与 32qt02 之间
运动副的创建

（31）创建连杆 46qy01 与 60xxf7601、连杆 48qy03 与 61xxf2602、连杆 50qy05 与 62xxf7603、连杆 52qy07 与 63xxf7604、连杆 54qy09 与 64xxf7605、连杆 56qy11 与 65xxf7606、连杆 58qy13 与 66xxf7607 之间的运动副。

① 单击"菜单"→"插入"→"运动副"，弹出"运动副"对话框。

② 在"类型"下拉列表中选择"旋转副"；在"操作"面板中，连杆选择"46qy01"，"指定原点"栏选择"圆弧中心/椭圆中心/球心"拾取器并选择图 8-59 中指定的边，"方向类型"栏选择"矢量"，"指定矢量"栏选择"面/平面法向"拾取器并选择图 8-59 中指定的面；在"基本件"面板中勾选"啮合连杆"，连杆选择"60xxf7601"，"指定原点"栏选择"圆弧中心/椭圆中心/球心"拾取器并选择图 8-59 中指定的边，"方向类型"栏选择"矢量"，"指定矢量"栏选择"面/平面法向"拾取器并

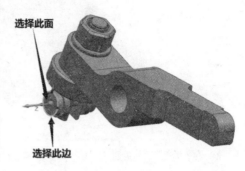

图 8-59　连杆 64qy01 与 60xxf7601 之间运动副的创建

选择图 8-59 中指定的面；在"名称"文本框输入 57_46-60zd"。

③ 单击"确定"按钮，完成连杆 46qy01 与 60xxf7601 之间运动副的创建。

④ 采用与创建连杆 46qy01 与 60xxf7601 之间运动副相同的方法，分别为连杆 48qy03 与 61xxf7602、连杆 50qy05 与 62xxf7603、连杆 52qy07 与 63xxf7604、连杆 54qy09 与 64xxf7605、连杆 56qy11 与 65xxf7606、连杆 58qy13 与 66xxf7607 之间创建运动副，并将其名称分别设置为 58_48-61zd、59_50-62zd、60_52-63zd、61_54-64zd、62_56-65zd 和 63_58-66zd。

（32）分别创建连杆 47qy02 与 67xxf8001、连杆 49qy04 与 68xxf8002、连杆 51qy05 与 69xxf8003、连杆 53qy08 与 70xxf8004、连杆 55qy08 与 71xxf8005、连杆 57qy10 与 72xxf8006 之间的运动副。

① 单击"菜单"→"插入"→"运动副"，弹出"运动副"对话框。

② 在"类型"下拉列表中选择"旋转副"，在"操作"面板中，连杆选择"47qy02"，"指定原点"栏选择"圆弧中心/椭圆中心/球心"拾取器并选择图 8-60 中指定的边，"方向类型"栏选择"矢量"，"指定矢量"栏选择"面/平面法向"拾取器并选择图 8-60 中指定的面，在"基本件"面板中，勾选"啮合连杆"，连杆选择"67xxf8001"，"指定原点"栏选择"圆弧中心/椭圆中心/球心"拾取器并选择图 8-60 中指定的边，"方向类型"栏选择"矢量"，"指定矢量"栏选择"面/平面法向"拾取器并选择图 8-60 中指定的面；在"名称"文本框中输入"64_47-67zd"。

③ 单击"确定"按钮，完成连杆 47qy02 与 67xxf8001 之间运动副的创建。

④ 采用与创建连杆 47qy02 与 67xxf8001 之间的运动副相同的方法，分别在连杆 49qy04 与 68xxf8002、连杆 51qy06 与 69xxf8003、连杆 53qy08 与 70xxf8004、连杆 55qy10 与 71xxf8005、连杆 57qy12 与 72xxf8006、连杆 59qy14 与 74xxf8008 之间创建运动副，并将其名称分别设置为 65_49-67zd、66_51-69zd、67_53-70zd、68_55-71zd、69_57-72zd 和 70_59-73zd。

（33）分别创建连杆 46qy01、47qy02、48qy03、49qy04、50qy05、51qy06、52qy07、53qy08、54qy09、55qy10、56qy11、57qy12、58qy13、59qy14 与连杆 01gd 之间的运动副。

① 单击菜单中的"插入"→"运动副"，弹出"运动副"对话框。

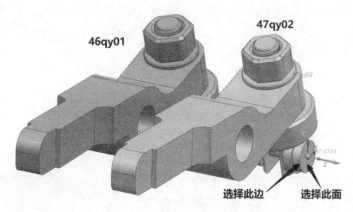

图 8-60　连杆 47qy02 与 67xxf8001 之间运动副的创建

② 在"类型"下拉列表中选择"旋转副";在"操作"面板中,连杆选择"46qy01","指定原点"栏选择"圆弧中心/椭圆中心/球心"拾取器并选择图 8-61 中指定的边,"方向类型"栏选择"矢量","指定矢量"栏选择"面/平面法向"拾取器并选择图 8-61 中指定的面;在"基本件"面板中勾选"啮合连杆",选择"01gd","指定原点"栏选择"圆弧中心/椭圆中心/球心"拾取器并选择图 8-61 中指定的边,"方向类型"栏选择"矢量","指定矢量"栏选择"面/平面法向"拾取器并选择图 8-61 中指定的面;在"名称"文本框中输入"71_46-01zd"。

③ 单击"确定"按钮,完成连杆 46qy01 与 01gd 之间运动副的创建。

④ 与创建连杆 46qy01 与 01gd 之间运动副相同的方法,分别在连杆 47qy02、48qy03、49qy04、50qy05、51qy06、52qy07、53qy08、54qy09、55qy10、56qy11、57qy12、58qy13 和 59qy14 与 01gd 之间创建运动副,并将其名称分别设置为 72_47-01zd、73_48-01zd、74_49-01zd、75_50-01zd、76_51-01zd、77_52-01zd、78_53-01zd、79_54-01zd、80_55-01zd、81_56-01zd、82_57-01zd、83_58-01zd 和 84_59-01zd。

（34）分别创建连杆 18qm01、19qm02、20qm03、21qm04、22qm05、23qm06、24qm07、25qm08、26qm09、27qm10、28qm11、29qm12、30qm13、31qm14 与连杆 01gd 之间的运动副。

① 单击菜单中的"插入"→"运动副",弹出"运动副"对话框。

② 在"类型"下拉列表中选择"滑块";在"操作"面板中,连杆选择"18qm01","指定原点"栏选择"圆弧中心/椭圆中心/球心"拾取器并选择图 8-62 中指定的边,"方向类型"栏选择"矢量","指定矢量"栏选择"自动判断"拾取器并选择图 8-62 中指定的基准轴;在"基本件"面板中勾选"啮合连杆",连杆选择"01gd","指定原点"栏选择"圆弧中心/椭圆中心/球心"拾取器并选择图 8-62 中指定的边;"方向类型"栏选择"矢量","指定矢量"栏选择"自动判断"拾取器并选择图 8-62 中指定的基准轴;在"名称"文本框中输入"29_32-01hd"。

③ 单击"确定"按钮,完成连杆 18qm01 与 01gd 之间运动副的创建。

④ 与创建连杆 18qm01 与 01gd 之间运动副相同的方法,分别在连杆 19qm02、20qm03、21qm04、22qm05、23qm06、24qm07、25qm08、26qm09、27qm10、28qm11、29qm12、30qm13 和 31qm14 与连杆 01gd 之间创建运动副,并将其名称分别设置为 86_19-01hd、87_20-01hd、88_21-01hd、89_22-01hd、90_23-01hd、91_24-01hd、92_25-01hd、93_26-01hd、94_27-01hd、95_28-01hd、96_29-01hd、97_30-01hd 和 98_31-01hd。

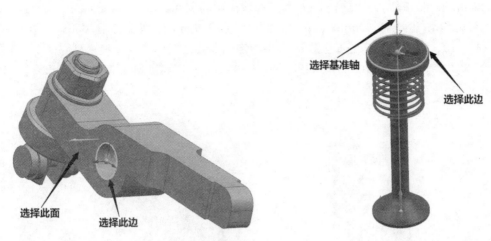

图 8-61 连杆 46qy01 与 01gd 之间运动副的创建   图 8-62 连杆 18qm01 与 01gd 之间运动副的创建

（35）创建连杆 32qt01、34qt03、36qt05、38qt07、40qt09、42qt11 和 44qt3 的点在线上副。

① 单击菜单中的"插入"→"约束"→"点在线上副"命令，弹出"点在线上副"对话框。如图 8-63 所示。

② 在"点"面板中，单击连杆按钮选择"32qt01"，利用"自动判断"拾取器选择图 8-66 中指定的点；在"曲线"面板中，单击"选择曲线"按钮，选择图 8-64 中指定的曲线（在组件 xxf37 无颜色标记的面中）；在"名称"文本框中输入"99_32-03dzx"。

③ 单击"确定"按钮，完成连杆 32qt01 点在线上副的创建。

④ 采用与创建连杆 32qt01 的点在线上副相同的方法，分别在连杆 34qt03、36qt05、38qt07、40qt09、42qt11 和 44qt13 与图 8-64 中指定的曲线之间创建点在线上副，并将其名称分别设置为 100_34-03dzx、101_36-03dzx、102_38-03dzx、103_40-03dzx、104_42-03dzx 和 105_44-03dzx。

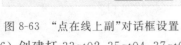
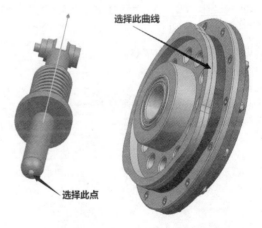

图 8-63 "点在线上副"对话框设置   图 8-64 连杆 32qt01 点在线上副的创建

（36）创建杆 33qt02、35qt04、37qt06、39qt08、41qt10、43qt12 和 45qt14 的点在线上副。

① 单击菜单中的"插入"→"约束"→"点在线上副"，弹出"点在线上副"对话框。

② 在"点"面板中，单击"选择连杆"按钮，选择"33qt02"，利用"自动判断"拾取器选择图 8-65 中指定的点；在"曲线"面板中，单击"曲线"按钮，选择图 8-65 中指定的曲线（在组件 xxf37 蓝色标记的面中），在"名称"文本框中输入"106_33-03dzx"。

③ 单击"确定"按钮，完成连杆 33qt02 点在线上副的创建。

④ 采用与创建连杆 33qt02 点在线上副相同的方法，分别在连杆 35qt04、37qt06、39qt08、41qt10、43qt12 和 45qt14 与图 8-65 中指定的曲线之间创建点在线上副，并将其名称分别设置为 107_35-03dzx、108_37-03dzx、109_39-03dzx、110_41-03dzx、111_43-03dzx 和 112_45-03dzx。

图 8-65　连杆 33qt02 点在线上副的创建

（37）创建连杆 18qm01 等的点在面上副。

① 单击"菜单"→"插入"→"约束"→"点在面上副"，弹出"曲面上的点"对话框，如图8-66所示。

② 在"点"面板中，单击"选择连杆"按钮，选择"18qm01"，利用"自动判断"拾取器选择图8-67 中指定的点；在"面"面板中，单击"选择面"按钮，选择图 8-87 中指定的面（在部件 xxf63中），在"名称"文本框中输入"113_18-46dzm"。

③ 单击"确定"按钮，完成连杆 18qm01 点在面上副的创建。

④ 采用与创建连杆 18qm01 点在面上副相同的方法，分别在连杆 19qm02、20qm03、21qm04、22qm05、23qm06、24qm07、25qm08、26qm09、27qm10、28qm11、29qm12、30qm13 和 31qm14 与图 8-92 中指定的面之间创建点在面上副，并将其名称分别设置为 114_19-47dzm、115_20-48dzm、116_21-49dzm、117_22-50dzm、118_23-51dzm、119_24-52dzm、120_25-53dzm、121_26-54dzm、122_27-55dzm、123_28-56dzm、124_29-57dzm、125_30-58dzm 和 126_31-59dzm。

图 8-66　"点在面上副"对话框设置　　　　　图 8-67　连杆 18qm01 点在面上副的创建

（38）运动副驱动设置。

① 单击"菜单"→"插入"→"驱动体"，弹出"驱动"对话框，如图 8-68 所示。

② 在"驱动类型"下拉列表中选择"运动副驱动";"驱动对象"选择运动副 01_02-01zd; 在"驱动"面板中,"旋转"栏选择"多项式"模式,"初位移"值设置为"0","初速度"值设置为"120","加速度"值设置为"20","加加速度"值设置为"0";在"设置"面板的"名称"文本框中输入"01_01qd"。

(39) 常规驱动设置。

① 单击菜单中的"插入"→"驱动体"命令,弹出"解算方案"对话框,如图 8-69 所示。

② 在"解算方法选项"面板中,"解算方案类型"栏选择"常规驱动","分析类型"栏选择"运动学/动力学","时间"值设置为"10","步数"值设置为 500,取消勾选"包含静态分析",勾选"按'确定'进行求解";在"重力"面板的"名称"文本框中输入"Solution_1";其余选项保持默认设置。

图 8-68　"驱动"对话框设置　　　　　图 8-69　"解算方案"对话框设置

(40) 进行动画设置并导出动画。

① 单击菜单中的"分析"→"运动"→"动画",弹出"动画"对话框,如图 8-70 所示。

② "滑动模式"栏选择"时间(秒)","动画延时"便设置为"0","播放模式"选择"循环播放"。单击"播放"按钮,观看动画;单击"导出至电影"按钮,导出动画视频。

还可以在"结果"选项卡的"动画"组中,单击"播放"按钮,观看动画;在"动画采样率"的下拉列表中选择播放速度,单击"导出至电影"按钮,导出动画视频。如图 8-71 所示。

图 8-70　"动画"对话框设置　　　　　图 8-71　"动画"组功能命令

（41）查看连杆 11hs01、18qm01 和 19qm02 的绝对位移幅值曲线图。

在运动导航器中单击"11hs01"（见图 8-72(a)），展开"XY 结果视图"，双击"绝对"→"位移"→"幅值"，选择视图窗口，此时会在视图窗口显示连杆 11hs01 的位移幅值曲线图，如图 8-72(b)所示。

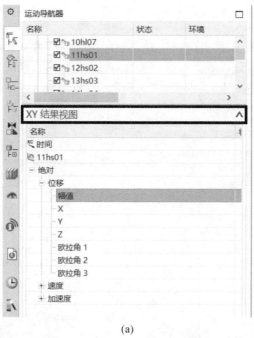

(a)

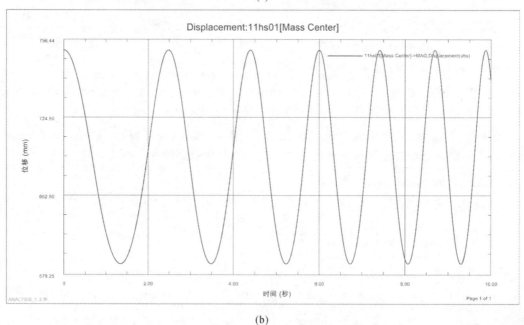

(b)

图 8-72　显示连杆 11hs01 的位移幅值曲线图操作

在运动导航器中单击"18qm01"，展开"XY 结果视图"，双击"绝对"→"位移"→"幅值"，选择视图窗口，此时会在视图窗口显示连杆 18qm01 的位移幅值曲线图，如图8-73所示。

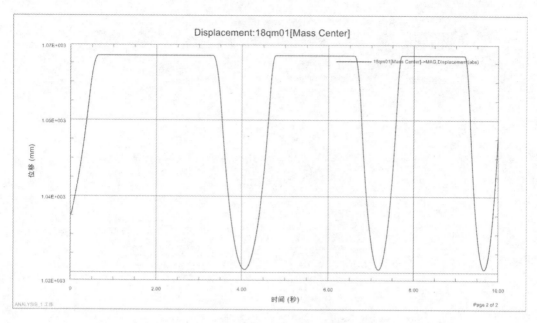

图 8-73 显示连杆 18qm01 的位移幅值曲线图

在运动导航器中单击"19qm02",展开"XY 结果视图",双击"绝对"→"位移"→"幅值",选择视图窗口,此时会在视图窗口显示连杆 19qm02 的位移幅值曲线图,如图 8-74 所示。

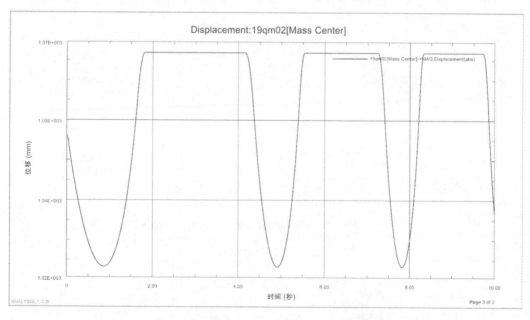

图 8-74 显示连杆 19qm02 的位移幅值曲线图

还可以在 UG NX 11.0 主界面的"结果"选项卡的"布局组"中将视图布局切换至"三个相等视图",将连杆 11hs01、18qm01 和 19qm02 的绝对位移幅值曲线图分别添加到这三个视图中,从而可以更直观地看出这三个连杆之间的关系,如图 8-75 所示。切换至"单视图"布局,单击"返回到模型"并选择视图窗口,返回运动仿真环境。用户可以选择其他对象的曲线图。

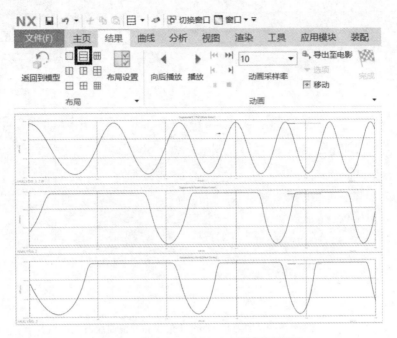

图 8-75　创建与显示"三个相等视图"操作

第 9 章　同 步 建 模

同步建模

利用同步建模功能可以在不考虑模型如何创建以及参数修改后模型特征会失败的情况下轻松修改该模型。UG NX 11.0 的同步建模技术在参数化建模以及在历史记录建模的基础上前进了一大步,它使得技术人员可以按照自己的想法对产品进行修改约束,同时也可以对产品的几何条件进行实时检查。

进入 UG NX 11.0 主操作界面,可以清晰地在"主页"选项卡中看到"同步建模"工具栏,如图 9-1 所示。

图 9-1　功能区

也可以单击"文件"→"首选项"→"用户界面"→"布局",在"用户界面环境"面板中勾选"经典工具条"(注意:初次安装完 UG NX 11.0 后,"用户界面首选项"对话框中无"经典工具条"选项,其处于隐藏状态,需要在"我的电脑"→"属性"中增加系统变量,变量名为 UGII_DISPLAT－DEBUG,变量值为 1)就进入 UG NX 8.5 之前的经典界面(本章就利用 UG NX 8.5 经典界面做介绍)。此时"同步建模"命令就在"插入"下拉菜单中。

在介绍"同步建模"命令的使用前,首先介绍一下参数化建模以无参数建模的区别,以利于后续学习。

参数化建模就是特征建模,如利用"孔"、"拉伸"、"抽壳"、"边倒圆"等命令绘制图元时,在部件导航器中会相应显示出"孔"、"拉伸"、"抽壳"、"边倒圆"等特征,如图 9-2 所示;无参数化建模则是独立于特征建模,对应所绘制图元在部件导航器中会显示一个一个的体,如图 9-3 所示。体是独立于历史建模记录之外的。在参数化建模中,可以利用历史建模记录改变"孔"、"拉伸"、"抽壳"、"边倒圆"等命令的参数来对产品进行修改;而在无参数化建模中,当我们想要对一个产品的某一部分进行修改时多运用同步建模方法。

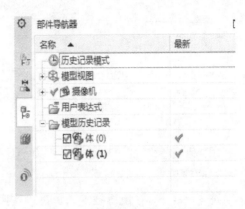

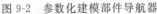

图 9-2　参数化建模部件导航器　　　　　　　图 9-3　无参数化建模部件导航器

9.1　移　动　面

利用"移动面"命令,可以通过多种方法来对面进行移动。如图 9-4 所示,移动面可以采用"距离"、"角度"、"径向距离"、"点到点"等多种方法。通过"移动面"命令可以轻松在无参数或者不改变历史参数的情况下对特征进行移动。

图 9-4　"移动面"对话框

"移动面"常用变换方法为"径向距离"、"角度"、"点到点"、"将轴与矢量对齐"等。下面简单介绍一下"移动面"的使用方法。

首先打开本章配套资源"素材"文件夹中的文件"集水块.prt"（见图 9-5），在系统主操作界面单击"主页"选项卡"同步建模"组中的"移动面"按钮 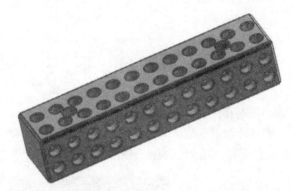，打开"移动面"对话框，如图 9-4 所示。如图 9-6 所示，选择红色孔特征面，在"移动面"对话框的"变换"面板的运动下拉列表中选择"距离"，"距离"值设置为 21 mm。单击"确定"按钮，完成移动面操作。对红色孔特征面进行移动操作。

图 9-7 所示就是利用"移动面"命令中的"距离"移动方法所产生的效果。

图 9-5　"集水块.prt"文件

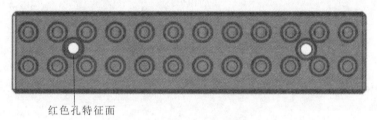

红色孔特征面

图 9-6　移动面前

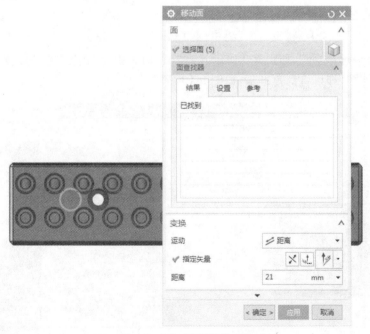

图 9-7　"移动面"操作

采用"距离"移动、"将轴与矢量对齐"移动方法时移动面均需选取矢量即移动方向。在采用"角度"移动方法时需选取固定矢量,如绕某一点或某一轴旋转一定角度时,就需选取点和矢量。当然,如果知道所移动点的位置时,只需使用点到点的移动方法就可以完成面的移动。

"移动面"命令既可以用于对有参数的面进行移动操作,也可以用于对无参数的面进行移动操作。对有参数的面进行移动操作时,若在前期对面的参数进行修改,后期的移动面会根据相应修改而发生变化。

9.2　删　除　面

"删除面"命令用于移除现有体上的面或多个面。如果选择了多个面,那么它们必须属于同一个实体。所选择的面必须是在没有参数化的实体上,如果存在参数则系统会提示将移除参数。

"删除面"命令多用于删除特征或面,如孔、倒角面等。图 9-8 所示为"删除面"对话框。

图 9-8　"删除面"对话框

下面简单介绍一下"删除面"命令的应用方法。选择图 9-9 所示的模型作为示例,对其白色倒角面进行删除操作。

单击"主页"选项卡"同步建模"组中的"删除面"按钮,打开"删除面"对话框。在"类型"下拉列表中选择"面",如图 9-9 所示。在"面"面板中,单击"选择面",选中白色倒角面。单击"确定"按钮,即可将倒角删除,如图 9-10 所示。

图 9-9　"删除面"操作　　　　　　　　　　　　图 9-10　删除面后

9.3　替　换　面

利用"替换面" 命令可以用一个面或多个面来替换一个面或多个面。替换面通常来自于不同的体,但也有可能是来自于同一个体。使用此命令可以方便地使两平面一致,使体可以自动识别并重新生成。

"替换面"是指把一个面偏置到与另一个已有的面重合。"替换面"命令是 UG 建模中非常常用的命令,也是在无参数操作中很有用的命令。

下面简单介绍"替换面"命令的应用方法。打开图 9-5 所示的集水块模型,如图9-11所示,对黄色面(模型上表面)进行替换。

图 9-11　集水块模型

在"主页"选项卡"同步建模"组中单击"替换面"按钮,打开"替换面"对话框,如图 9-12所示。在"原始面"面板中单击"选择面"按钮,在模型中选择黄色圆角面为原始面;在"替换面"面板中再次单击"选择面"按钮,选择模型为替换面,如图9-13所示。

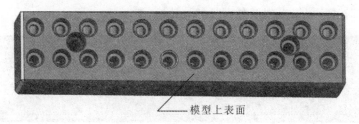

图 9-12　"替换面"对话框

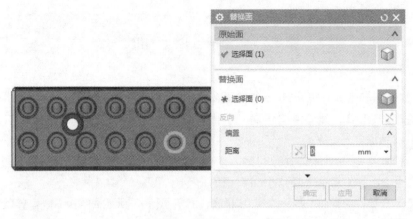

图 9-13　"替换面"操作

单击"确定"按钮,可以发现黄色面已经被替换,如图 9-14 所示。

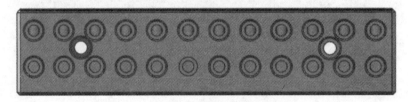

图 9-14　替换后的效果

9.4　偏置区域

利用"偏置区域"命令可以使一组面偏离当前位置,并使相邻圆角面自动调节以与面相适应。

下面简单介绍一下"偏置区域"的使用方法。此次对集水块模型的青色面进行偏置操作。

在工具栏中单击"偏置区域"按钮,打开"偏置区域"对话框,如图 9-15 所示。先在"面"面板中单击"选择面"按钮,在集水块模型中选中青色面,然后对偏置距离进行设置,即在"偏置"文本框内输入"10",如图 9-16 所示。

单击"确定"按钮,会发现模型四周的倒角跟随面的偏置而进行了自动调整,如图 9-17 所示。

图 9-15　"偏置区域"对话框

图 9-16　"偏置面"操作　　　　　　　　　　图 9-17　偏置后

9.5　调整圆角大小

　　"调整圆角大小"命令用于改变圆角面的半径,而不考虑它们的特征历史记录。

　　需要注意的是,所选择的圆角面必须是通过圆角命令创建的,如果系统无法辨别曲面是圆角,将调整失败。改变圆角大小不能改变实体的拓扑结构,也就是不能多面或少面,且半径必须大于 0,否则将调整失败。

　　下面简单介绍一下"调整圆角大小"命令的使用方法。

　　打开图 9-5 所示的集水块模型,对蓝色圆角面进行处理。点击"调整圆角大小"按钮,打开"调整圆角大小"对话框,单击"选择圆角面",在集水块模型中选择蓝色圆角面,可以看到蓝色圆角面的圆角半径原本为 5 mm,如图 9-18 所示,将其修改为 6 mm,单击"确定"按钮。调整圆角半径后的效果如图 9-19 所示。

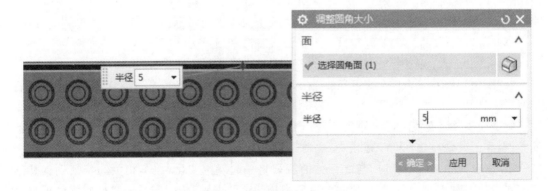

图 9-18　"调整圆角大小"操作

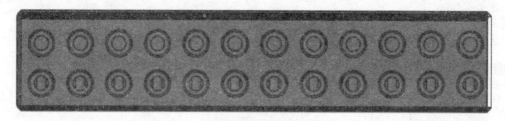

图 9-19　调整圆角后的效果

9.6　调整面的大小

"调整面的大小"命令用于更改圆柱面或球面的直径、锥面的半角，以及重新创建相邻圆角面。

利用"调整面的大小"命令可以更改一组圆柱面或球面的直径，使它们具有相同的直径；同时也可以更改一组锥面，使它们具有相同的半角；也可以更改任意参数，重新创建相连圆角面。

鉴于"调整面的大小"命令不常运用到，在此就不多做介绍。

9.7　约　束　面

"约束面"命令用于根据另一个面的约束几何体来变换选定面，从而移动这些面。用此选项可以编辑有特征历史记录或没有特征历史记录的模型。

"约束面"和"草图"中的约束很像，只是"草图"中约束的都是点和线，而"约束面"中的约束针对的是面。"约束面"功能提供的约束方式有"设为共面"、"设为共轴"、"设为相切"、"设为对称"等。

（1）设为共面：移动面，从而使其与另一个面或基准平面共面。

（2）设为共轴：将一个面与另一个面或基准轴设为共轴。

（3）设为相切：将一个面与另一个面或基准平面设为相切。

（4）设为对称：将一个面与另一个面设为关于对称平面对称。

（5）设为平行：将一个平面与另一个平面或基准平面设为平行。

（6）设为垂直：将一个平面与另一个平面或基准平面设为垂直。

"约束面"和"草图"中的约束很像，在此不做过多介绍，有想进一步学习的，可以自行学习。

同步建模技术是交互式三维实体建模方式，融合了参数化、基于历史记录的顺序建模的优势，摒弃了其缺点。在同步建模中，去除了顺序建模中基于历史的概念，所有的特征都在同一层，修改其中某一特征时，与之相关的特征将一起发生变化，而不相关的特征则保持不变。同步技术真正的核心，在于尺寸约束和拓扑约束的求解，从而高效地实现对零件模型和装配模型的设计变更，真正实现参数化设计。

同步建模则大多是在已经有的特征的基础上对零件进行修改，或者对导入的其他用三维建模软件建立的模型进行特征的修改，侧重的是直接编辑。

【综合案例】

案例 9-1：面盖定位块同步建模

面盖定位块模型如图 9-20 所示。

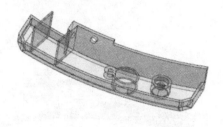
(a) 原模型

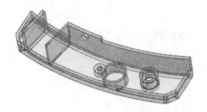
(b) 设计后模型

图 9-20　面盖定位块模型

本案例介绍面盖定位块同步建模设计过程，主要需应用"偏置区域"、"删除面"、"替换面"、"调整倒斜角大小"、"调整圆角大小"等命令。

面盖定位块模型同步建模设计步骤如下。

（1）打开本章配套资源"素材"文件夹中的"面盖定位块　原模型.prt"文件。

（2）单击"主页"选项卡中"同步建模"组的"偏置区域"按钮，打开"偏置区域"对话框，如图 9-21(a)所示。选择图示要偏置的面，在"距离"文本框中输入"1"，单击"确定"按钮，完成面偏置操作，如图 9-21(b)所示。

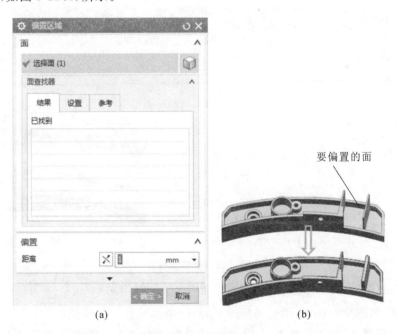

图 9-21　面偏置操作

（3）单击"主页"选项卡中"同步建模"组的"删除面"按钮，打开"删除面"对话框，如图 9-22(a)所示。选择图示要删除的孔内表面，删除面后的效果如图 9-22(b)所示。

（4）单击"主页"选项卡中"同步建模"组的"替换面"按钮，打开"替换面"对话框，如图 9-23(a)所示。选择要替换掉的面，完成面的替换，如图 9-23(b)所示。

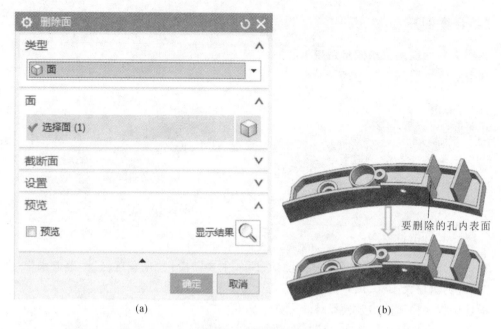

(a)　　　　　　　　　　　　　　　(b)

图 9-22　删除面操作

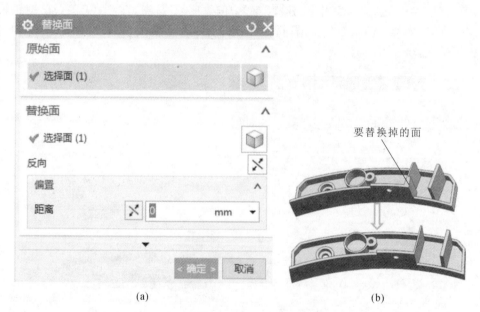

(a)　　　　　　　　　　　　　　　(b)

图 9-23　替换面操作

　　(5) 在"主页"选项卡"同步建模"组中单击"调整倒斜角大小"按钮，打开"调整倒斜角大小"对话框，如图 9-24(a)所示。选择图 9-24(b)所示的面，在"横截面"下拉列表中选择"对称偏置"，在"偏置 1"文本框中输入"1.5"，对斜角进行调整。调整后的效果如图 9-24(b)所示。

　　(6) 在"主页"选项卡"同步建模"组中单击"调整圆角大小"按钮，打开"调整圆角大小"对话框，如图 9-25(a)所示。选择图 9-25(b)所示的圆角面，在"半径"文本框中输入"0.8"，对圆角进行调整，调整后的效果如图 9-25(b)所示。

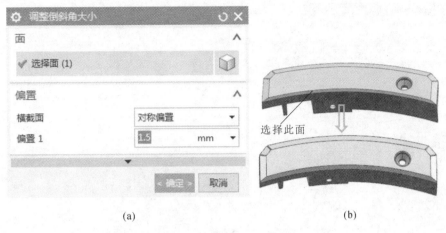

图 9-24　调整倒斜角大小操作

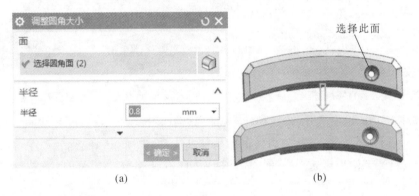

图 9-25　调整圆角大小操作

案例 9-2：书架模型设计

书架模型与模型树如图 9-26 所示。

本案例介绍了书架同步建模设计过程，主要应用了"设为垂直"、"移动面"、"偏置区域"、"删除面"等命令。

书架模型同步建模设计步骤如下：

（1）打开本章配套资源"素材"文件夹中的文件"书架.prt"。

（2）单击"主页"选项卡"同步建模"组中的"设为垂直"按钮 ，打开"设为垂直"对话框，如图 9-27 所示。按照图 9-27 所示选择运动面和固定面。单击"确定"按钮，完成将图示两面设为垂直面的操作，如图 9-28 所示。

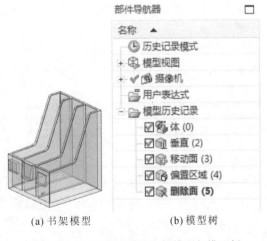

(a) 书架模型　　　　　(b) 模型树

图 9-26　设计完成后的书架模型与模型树

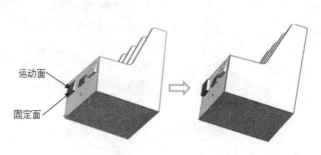

　图 9-27　"设为垂直"对话框　　　　　　　图 9-28　将两面设为垂直前后效果对比图

（3）单击"主页"选项卡"同步建模"组中的"移动面"按钮 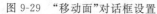，打开"移动面"对话框，如图 9-29 所示。选取图 9-30 所示孔的内表面作为移动面。"移动面"对话框中，在"指定矢量"下拉列表中选择"XC"作为移动变换的方向，将"距离"值设置为 76。单击"确定"按钮，完成孔面的移动操作，如图 9-30 所示。

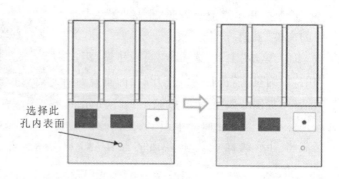

　　图 9-29　"移动面"对话框设置　　　　　　　图 9-30　孔面移动后效果

（4）单击"主页"选项卡"同步建模"组中的"偏置区域"按钮 ，打开"偏置区域"对话框，如图 9-31 所示。选择图 9-32 所示面作为要偏置的面。将"距离"值设置为 5，其他参数采用默认设置。单击"确定"按钮,完成偏置区域操作,如图 9-32 所示。

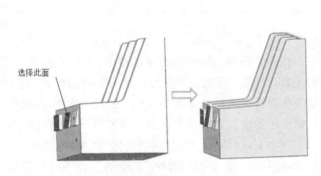

图 9-31　"偏置区域"对话框设置　　　　　　　　图 9-32　进行偏置区域操作后效果

　　(5)单击"主页"选项卡"同步建模"组中的"删除面"按钮，打开"删除面"对话框,如图 9-33 所示。选择要删除的孔特征的孔壁与孔底面,如图 9-34 所示。单击"确定"按钮,完成删除面去除孔的操作,如图 9-35 所示。

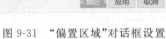

图 9-33　"删除面"对话框设置

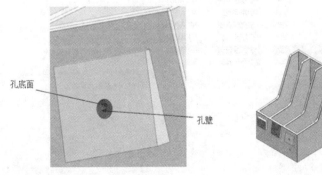

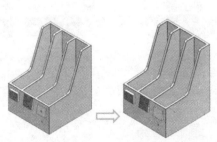

图 9-34　被选择的两个面　　　　　　　图 9-35　去除孔面后效果

第 10 章　工程图设计

　　在产品研发、设计、检测等过程中，不同阶段都需要用到工程图。工程图可看作一种交流工具。UG 工程图是产品设计之后要付诸生产、现场加工制造时使用的图纸。UG 工程图是表达设计要求的重要途径。UG 工程图功能非常强大，我们熟练掌握 UG NX 软件后会发现它出图的速度和效果是其他三维软件所不能相媲美的。

　　利用 UG NX 11.0 提供的"制图"模块，可以通过 3D 模型或装配部件生成符合行业标准的工程图样。在"制图"模块中创建的工程图样和模型可完全关联，对模型所做的驱动更改都可以在相应图样中自动体现。

10.1　进入"制图"环境

　　在"建模"或者"装配"环境下，单击"文件"→"新建"，弹出"新建"对话框，如图 10-1 所示。

图 10-1　"新建"对话框

　　在"新建"对话框中切换到"图纸"选项卡。在"模板"列表框的"过滤器"区域的"关系"下拉列表中选择一个选项,并设定单位,如选择"引用现有部件"或"全部"。在"新文件名"面板中指定文件名和存储路径。在"模板"列表框中选择所需要的图纸模板,如点选"A4-装配 无视图"。单击"名称"后边的"要创建图纸部件"按钮,弹出"选择主模型部件"对话框。可在"选择部件"面板的"文件名"列表中选择要加载的部件,若没有符合要求的部件,可通过单击"打开"按钮来选择部件,所选择的部件将出现在加载部件列表中。然后单击"确定"按钮,回到"新建"对话框。再次单击"确定"按钮,可加载指定图纸模板(图 10-2 为加载的默认图纸模板),进入"制图"应用模块并自动启动"视图创建向导"对话框,如图 10-3 所示。

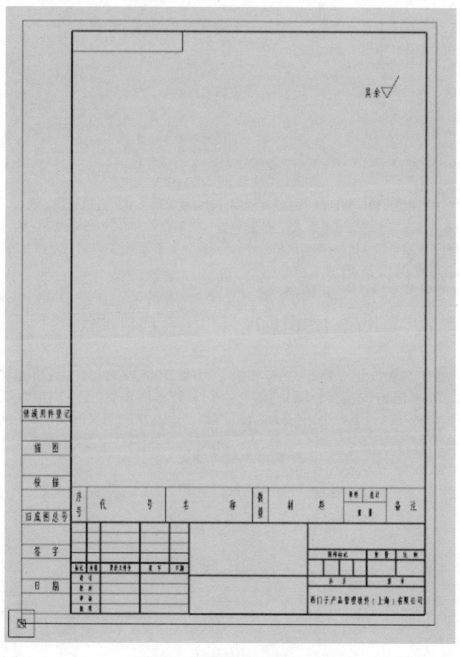

图 10-2　系统默认图纸模板

图 10-3　"视图创建向导"对话框

　　按照"视图创建向导"对话框与提示栏要求,可完成需要二维工程图创建。此时,需要用户按照要求定义基于模型的图纸工作流程,设置视图创建的方向、布局等内容。当然,有时候我们为了使制图标准化,提高制图的效率,还可以预先设置制图标准,制定相关的首选项以满足特定的工程图制图要求。

10.2　制图标准与相关首选项设置

　　在"制图"环境中创建工程图样之前,要先设置好制图标准,有必要时还需修改制图首选项设置,满足特定设计环境要求,做到标准化。在"制图"环境下,在上边框条中单击"菜单"右侧下三角号,选择"工具"→"制图标准",打开"加载制图标准"对话框,如图 10-4 所示。

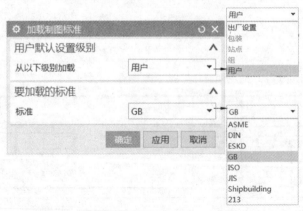

图 10-4　"加载制图标准"对话框

　　在"标准"下拉列表中选择"GB"，单击"确定"按钮，完成标准的加载。单击"文件"→"实用工具"→"用户默认设置"，弹出"用户默认设置"对话框，如图 10-5 所示。

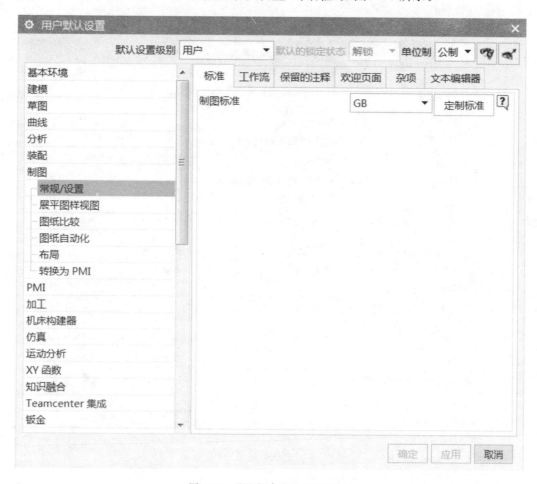

图 10-5　"用户默认设置"对话框

　　在"用户默认设置"对话框左侧，单击"制图"→"常规/设置"，可进行"标准"、"工作流"、"保留的注释"等相应信息设置，如设置"文本编辑器"中字体的高度、宽度等信息。也可以对"展平图样视图"、"图纸比较"、"图纸自动化"等项进行设置。

　　进行以上设置后将激活"确定"与"应用"按钮，此时单击"确定"按钮，将弹出"用户默认设置"对话框，当然也可以不做修改，采用默认设置。

　　单击"确定"按钮，使"用户默认设置"对话框中设置的功能在重新启动 NX 会话后启动。

　　通过单击"文件"→"首选项"→"制图"，或点选"菜单"右侧下三角号，再选择"首选项"→"制图"，可打开"制图首选项"对话框，如图 10-6 所示。

　　"制图首选项"对话框中"基于模型"面板的"始终启动"下拉列表中有三个选项：视图创建向导、基本视图、无视图。

　　可在"继承"面板中指定设置源，并在对话框左侧节点列表中选择要设置的类别，然后在对话框右侧设置相应内容。如在"设置源"下拉列表中点选"首选项"，在对话框左侧列表中选择"表"节点下的"零件明细表"，可进行"增长方式"(向上、向下)的设置，以及"自动更新"、"更新时排序"的设置，还可进行"标注"中"符号"选项的选择。单击"确定"按钮即完成设置。

图 10-6　"制图首选项"对话框

首选项设置将影响当前文件和以后添加的视图。

10.3　图纸创建与管理

创建二维工程图,首先要选择图纸,并可以对图纸进行编辑与管理。

10.3.1　新建图纸页

在制图环境中,单击功能区中"应用模块"→"制图"→"新建图纸页",或者单击"菜单"→"插入"→"图纸页",打开"图纸页"对话框,如图 10-7 所示。

在"大小"面板下提供了"使用模板"、"标准尺寸"、"定制尺寸"三个选项。

(1)使用模板:用于从列表框中选择 UG NX 11.0 提供的一种制图模板。

(2)标准尺寸:选择此项后,下方将出现"大小"、"比例"等设置项,如图 10-8 所示。"大小"下拉列表中提供了多种图纸的标准尺寸样式。在"比例"下拉列表中可选择绘图比例,或者选择"定制比例",自行定制需要的比例。也可以进行图纸页名称(可新建也可默认为 UG NX 自动新建的默认名称)、修订脚本、单位、投影方式等的设置或指定。投影方式即第一角投影方式或第三角投影方式。在第一角投影方式下右视图是实体模型从左侧向右侧投影获得的,符合我们国家的制图标准,欧美等国家采用的为第三角投影方式。

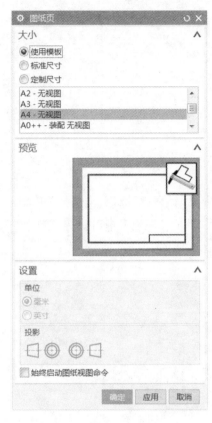

图 10-7　"图纸页"对话框

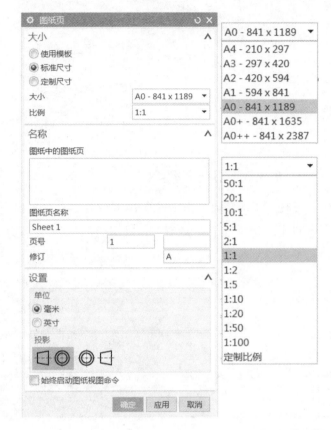

图 10-8　使用"标准尺寸"

(3) 定制尺寸:选择此项,可以进行图纸高度、长度等信息的定制。

定制完图纸页后,单击"图纸页"对话框中的"确定"或者"应用"按钮,就完成了图纸页的创建。

10.3.2　图纸页打开/切换

对于同一实体模型,如果采用不同的投影方法、不同的图纸规格和视图比例,建立了多张二维工程图,当要编辑其中的一张工程图时,首先要将二维工程图在绘图工作区中打开。

点击系统主界面左侧资源条中"部件导航器"命令图标 🗂 ,弹出"部件导航器"界面,如图 10-9 所示。

在"图纸"节点下有"图纸页'Sheet1'"、"图纸页'Sheet2'"和"图纸页'Sheet3'"等子节点,表示该模型文件当前有 3 张图纸。图纸页"Sheet2"注释为"工作的-活动",表示该图纸当前处于激活状态,也即工作状态,且在当前绘图区域显示,当前对图纸所做的绘制与编辑操作都是在图纸页"Sheet2"中进行的。若要对图纸页"Sheet1"进行绘制与编辑等操作,只需要在"图纸页'Sheet1'"上双击,将其激活即可;也可在"图纸页'Sheet1'"上右击,然后在快捷菜单中选择"打开",对图纸页"Sheet1"进行绘制和编辑等工作。

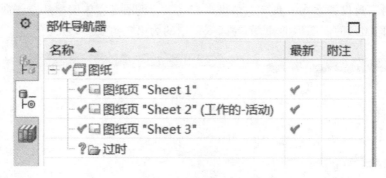

图 10-9   "部件导航器"界面

10.3.3   图纸页删除

图纸页的删除操作比较简单,可以在部件导航器中选中要删除的图纸,右击选择"删除"或点击删除按钮 ✖。或者左击视图边框,其变为高亮显示,同时出现记事即时快捷菜单,单击"删除"按钮 ✖,或者右击选择"删除",完成图纸页删除操作,如图 10-10 所示。

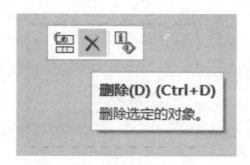

图 10-10   弹出记事即时快捷菜单

10.3.4   图纸页编辑

还需要对创建的图纸做进一步编辑时,将光标放置于图纸页边缘虚线处,边缘线高亮显示时,左击边框线,可进入"图纸页"对话框,可对图纸的图幅、比例等信息进行重新设置。编辑图纸页时还可以将光标放到图纸边缘处,在边框高亮显示时右击,在弹出的快捷选项中选择"编辑图纸页"。还可以单击"菜单"→"编辑"→"图纸页",打开"图纸页"对话框进行各项信息设置。

10.4   视图的创建与管理

创建图纸后,就需要按照模型的形状结构来考虑如何在图纸页上添加与编辑视图。生成各种投影视图是创建工程图最核心的任务,UG NX 11.0"制图"模块中提供了各种视图,如基本视图、投影视图、局部放大图等的创建与管理功能。

10.4.1　基本视图

　　UG NX 11.0中提供了八种基本视图的绘制功能：前视图、仰视图、俯视图、右视图、左视图、后视图、正等测图、正三轴测图。单击"菜单"→"插入"→"视图"→"基本"，或者在"主页"选项卡的"视图"组中单击"基本视图"按钮，弹出"基本视图"对话框，如图 10-11所示。

图 10-11　"基本视图"对话框

　　在"基本视图"对话框"视图原点"面板的"方法"下拉列表中有五个选项：自动判断、水平、竖直、垂直于直线、叠加。"比例"面板的"比例"下拉列表中有"1∶1"、"1∶2"、"2∶1"、"比率"、"表达式"等多个选项。

在"部件"面板中可选择要添加基本视图的部件。UG NX 11.0 中系统默认加载的当前工作部件为要创建基本视图的部件,若要更改创建基本视图的部件,则需要用户自行指定或者选择。

在"模型视图"面板中"要使用的模型视图"下拉列表中选择一种所需要的视图,即可绘制对应的基本视图。如果在"模型视图"面板中单击"定向视图工具"按钮 ,就可打开"定向视图工具"对话框和定向视图窗口,分别如图 10-12(a)、(b)所示。"定向视图工具"可通过对话框来定义视图法向、X 向等,从而作出定向视图。在操作过程中可以借助"定向视图"窗口来选择参照对象或者调整视角等,以便于观察视图状态。调整好视角后单击"确定"按钮。

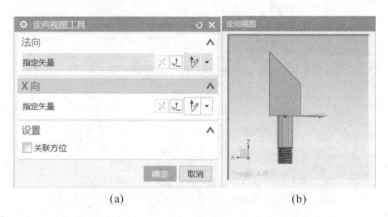

(a)　　　　　　　　　(b)

图 10-12　"定向视图工具"对话框和"定向视图"窗口

在"比例"面板的"比例"下拉菜单中,可选择需要的比例值或自行定义比例。

在"设置"面板中可以单击"设置"按钮 ,来设置"常规"、"隐藏线"、"螺纹"等视图对应参数。但一般情况下使用系统默认视图样式即可。

各种参数设置好后,按照提示栏要求"指定放置视图的位置",将光标移动到图纸中合适的放置位置后左击,即可完成基本视图的创建。

10.4.2　投影视图

创建基本视图后,就开始进行"投影视图"的创建。一般以基本视图为基准建立所需要的投影视图。基本视图创建后,将自动弹出"投影视图"对话框,如图 10-13 所示,可在对话框中进行参数设置,以进行投影视图创建。

可以按照系统默认设置,指定刚创建的基本视图为父视图,也可以单击"父视图"面板下的"选择视图"按钮,从图纸页中选择其他视图作为父视图。按照要求设置或默认各项参数后单击"确定"按钮,可完成投影视图的创建。如创建一个右视图,如图 10-14 所示。将光标放置于父视图的左侧,左击就可完成右视图的创建。

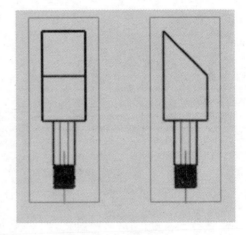

图 10-13　"投影视图"对话框　　　　　　图 10-14　创建右视图

用同样的方法完成其他投影视图，如俯视图、左视图等的创建，如图 10-15 所示。

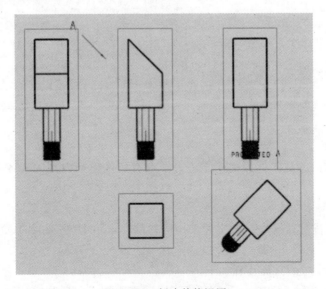

图 10-15　创建其他视图

10.4.3　局部放大图

"局部放大图"功能用于创建包含图样放大部分的视图,用来表达图样的细节结构,以及满足后续标注和注释的需要,一般用于键槽、退刀槽或者密封圈槽等零件细小结构部分的表达。在"主页"选项卡的"视图"组中单击"局部放大图"按钮 ,打开"局部放大图"对话框,如图 10-16 所示。

首先要在"局部放大图"对话框"类型"下拉列表中选择一种方式来定义局部放大图边界形状。按照对话框要求,指定好中心点和边界点(或在视图适合位置左击来确定点)。在"比例"下拉列表中选择或设置所需要的比例,在"标签"下拉列表中选择一个选项定义父项上的标签(指定父视图上放置的标签形式)。如"类型"选择"圆形","比例"选择"2∶1","标签"选择"注释"。参数设置完成后在图纸框内适合位置左击,完成局部放大图的创建,如图 10-17 所示。

图 10-16　"局部放大图"对话框

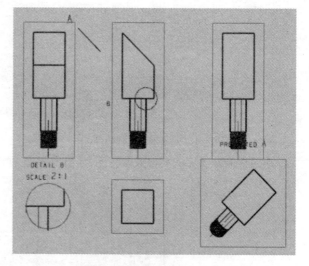

图 10-17　创建的局部放大图

10.4.4　剖视图

实体模型剖切后的视图称为剖视图。为了查看实体模型内部的孔或者腔的结构,经常采用剖视图。

1. 简单剖(全剖)

这里利用本章配套资源"素材"文件夹中的模型"_model1"(xxf15),介绍简单剖(全剖)视图的绘制方法。

绘制模型_model1 的具体步骤如下。

(1) 新建标准尺寸"A4-210×297"图纸,关掉"视图创建向导"对话框。

(2) 创建其他基础视图。为使视图清晰,可将绘图区背景颜色调整为白色。若设置"制

图"模块绘图区背景颜色为白色,则操作步骤如下:

① 单击"文件"→"首选项"→"可视化",弹出"可视化首选项"对话框,如图 10-18 所示。

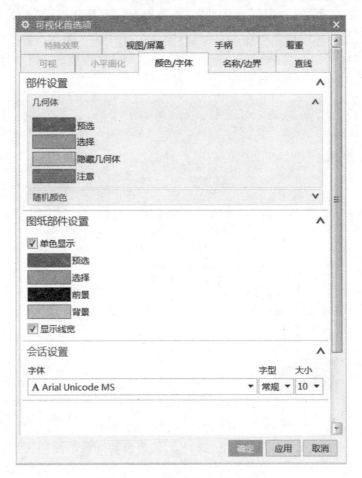

图 10-18　"可视化首选项"对话框

② 切换到"颜色/字体"选项卡,单击"图纸部件设置"面板中的"背景"按钮,打开"颜色"对话框,如图 10-19 所示。

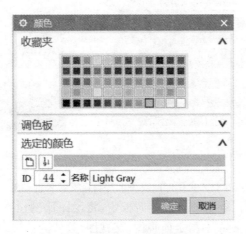

图 10-19　"颜色"对话框

③ 点选右下方白色方块,"ID"设置为"1","名称"设置为"White",单击"确定"按钮返回到"可视化首选项"对话框,再单击"确定"或"应用"按钮,完成背景色设置。

(3) 单击"主页"选项卡"视图"组中的"基本视图"按钮,打开"基本视图"对话框,在"模型视图"面板的"要使用的模型视图"下拉列表中选择"前视图"作为父视图。单击"模型视图"面板中"定向视图工具"按钮,利用"定向视图工具"调整视图状态。首先利用定向视图工具确定视图法向矢量与 X 向矢量,如图 10-20 所示。

图 10-20　利用定向视图工具确定视图法向

再按照"定向视图工具"对话框要求,选择 Y 轴为自动判断的法向矢量,选择 Z 轴为自动判断的 X 向矢量,并单击"反向"按钮 ⊠。单击"确定"按钮,返回到"基本视图"对话框。如图 10-21 所示为利用定向视图工具确定用户需要的视图方向的效果。

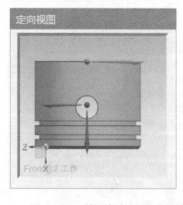

图 10-21　利用定向视图工具确定视图 X 向的效果

(4) 在"基本视图"对话框中的"比例"面板中,将绘图比例设置为 1∶5,其他参数采用默认设置。在图纸页适当位置左击指定前视图(父视图)放置的位置,再利用自动激活的"投影视图"命令,完成其他投影视图的创建,如图 10-22 所示。

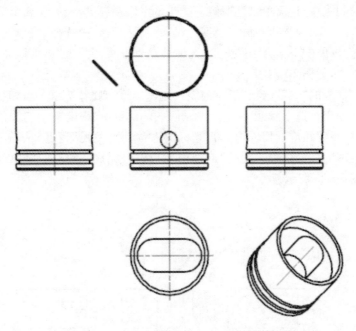

图 10-22 基本视图和其他投影视图

（5）在此基础上进行"剖视图"的创建。在"主页"选项卡的"视图"组中单击"剖视图"按钮▋▊，打开"剖视图"对话框，如图 10-23 所示。

图 10-23 "剖视图"对话框

在"剖视图"对话框"截面线"面板的"定义"下拉列表中有"动态"、"选择现有的"两个选项。"方法"下拉列表中有"简单剖/阶梯剖"、"半剖"、"旋转"、"点到点"四个选项。

在"定义"下拉列表中选择"动态"选项，"方法"下拉列表中选择"简单剖/阶梯剖"选项。在"父视图"面板中单击"选择视图"按钮，光标移动到前视图附近，边框高亮显示时，单击选择前视图为父视图，如图 10-24 所示。

在"铰链线"面板的"矢量选项"下拉列表中选择"自动判断"选项。当"截面线段"面板的"指定位置"按钮处于被选中状态时，在父视图中单击指定点来定义剖切线位置。如单击圆心，并移动光标以观察相应剖切方向。当光标向右移动到父视图右侧时，显示位置适合，可左击来指定剖视图的放置位置。关闭"剖视图"对话框，完成"简单剖/阶梯剖"剖视图（全剖视图）创建，如图 10-25 所示。

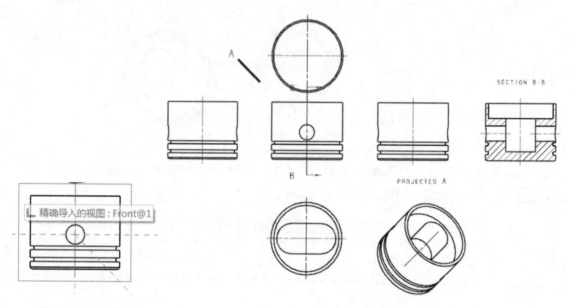

图 10-24　高亮显示　　　　　　　　图 10-25　剖视图（全剖视图）

2. 阶梯剖视图

阶梯剖是用两个或多个相互平行的剖切平面把部件剖开的方法，适用于部件内部结构的中心线排列在两个或多个相互平行的平面内的情况。

阶梯剖视图也使用"简单剖/阶梯剖"命令来绘制。在"主页"选项卡的"视图"组中单击"剖视图"按钮 ▉▉，打开"剖视图"对话框，可进行阶梯剖视图的创建。

下面以十四星型缸发动机中的 xxf63 组件为例介绍阶梯剖视图的绘制方法。

（1）打开本章配套资源"素材"文件夹中的"xxf63.pat"模型文件。模型初始状态如图 10-26 所示。单击"文件"→"新建"，创建"空白"图纸。在"主页"选项卡中点选"新建图纸页"→"新建图纸页"，打开"图纸页"对话框。创建"A4-210×297"标准尺寸图纸，比例采用 1：3 的"定制比例"。勾选"始终启动视图创建"与"基本视图命令"复选框，其他采用默认设置。

（2）单击"确定"按钮，弹出"基本视图"对话框。在"要使用的模型视图"下拉列表中选择前视图作为父视图。单击"模型视图"面板中的"定向视图工具"按钮，打开"定向视图工具"对话框，利用"定向视图工具"调整视图状态。

在"定向视图工具"对话框中，"法向"面板中的"指定矢量"选择"XC"，"X 向"面板中的"指定矢量"选择"－YC"，并且在"法向"面板与"X 向"面板中都单击按钮 ▣。单击"确定"

按钮返回"基本视图"对话框,结果如图 10-27 所示。

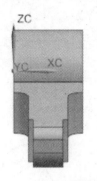

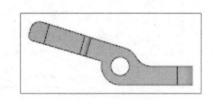

图 10-26 零件前视图状态 图 10-27 定向模型放置状态

(3) 在图纸页中移动光标,在适当位置左击,指定前视图的放置位置。随后,在自动打开的"投影视图"对话框中,按照要求创建其他投影视图,如图 10-28 所示。

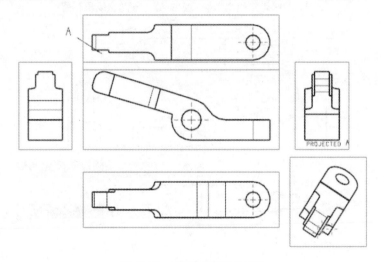

图 10-28 前视图与其他视图

(4) 在"主页"选项卡的"视图"组中单击"剖视图"按钮 ▨,打开"剖视图"对话框,进行剖视图的创建。

首先点选俯视图作为父视图。在"剖视图"对话框的"铰链线"面板中勾选"关联"复选框,在"矢量选项"下拉列表中选择"定义",在被激活的"指定矢量"下拉列表中点选"XC"。在激活的"截面线段"面板中单击"指定位置"按钮 ◈,选择俯视图中的圆心定义第一条剖切线位置,如图 10-29 所示。

然后,在"截面线段"面板中单击"指定位置"按钮,继续定义第二条剖切线段位置,如图 10-30 所示。

定义完第二条剖切线位置后,把光标放到刚刚指定的剖切线位置节点处,会出现截面线手柄,如图 10-31 所示,即当剖切线被激活后,可以看到在剖切位置和折弯位置显示出黄灰色的圆点,将光标放到某些圆点上,会显示出水平、竖直或者倾斜的箭头。按照箭头指向,当按住鼠标左键拖拽时可使圆点沿着箭头方向移动,从而改变对应的剖切点和折弯点的位置。

继续在"截面线段"面板中单击"指定位置"按钮,继续定义新剖切线段位置,并通过拖拽截面线手柄圆点,获得符合需求的截面线段。

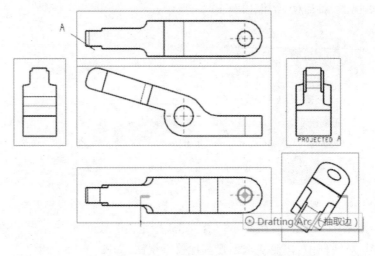

图 10-29　指定俯视图圆心定义第一条剖切线段位置

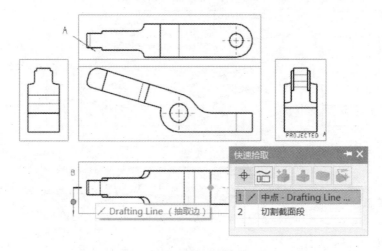

图 10-30　选择剖切线位置

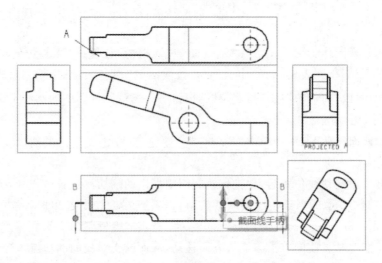

图 10-31　"截面线手柄"应用

剖切线的截面线段指定与调整完成后，可以在"剖视图"对话框的"视图原点"面板中单击"指定位置"按钮，在"指定位置"区域的"方法"下拉列表中选择"竖直"，"对齐"下拉列表中选择"对齐至视图"。在"俯视图"下方正交位置左击，作为放置视图的位置，完成阶梯剖视图的创建，如图 10-32 所示。

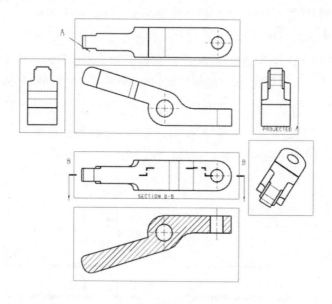

图 10-32　阶梯剖视图

当创建的阶梯剖视图不能满足设计者要求时，可以对原阶梯剖视图进行重新编辑。可以重新编辑阶梯剖视图的剖切位置、折弯位置、剖切方位和放置位置等。

在阶梯剖视图边框线上右击，选择"编辑"，或在剖切线上右击，或者双击剖切线，将弹出"剖视图"对话框，可重新修改阶梯剖视图。如要删除某个剖切部位的位置点，只需在激活"指定位置"选项情况下，在该位置点右击，点击"删除"即可，如图 10-33 所示。

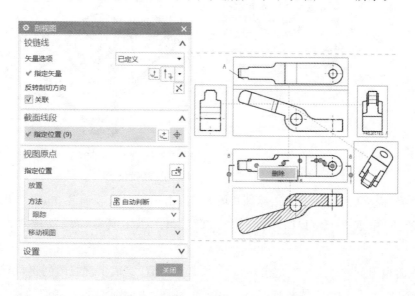

图 10-33　删除剖切位置点

打开模型"_model32"文件,创建图纸页、基本视图以及投影视图。在"基本视图"对话框"模型视图"面板"要使用的模型视图"下拉列表中选择"前视图"作为"父视图"。完成基本视图和其他投影视图的创建。

3. 半剖视图

对于具有对称特征的部件,一般会用到半剖视图。在垂直于对称平面的投影面上,以对称中心线为界,一半为常规视图,另一半为剖切视图。创建半剖视图操作与剖视图(全剖视图)类似,操作的关键是选择两个点:开始位置点和剖切结束位置点。下面以本章配套资源"素材"文件夹中"半剖视图创建.prt"模型为例,介绍半剖视图的绘制,具体操作步骤如下。

(1) 在"主页"选项卡的"视图"组中单击"剖视图"按钮 ，打开"剖视图"对话框。在"截面线"面板"方法"下拉列表中选择"半剖",进行"半剖"视图的创建。

(2) 指定俯视图中圆心点定义截面线段位置,如图10-34所示。

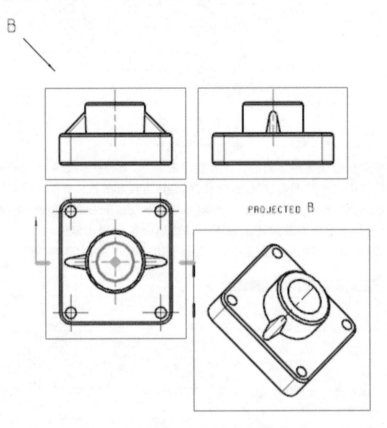

图 10-34　指定第一点定义截面线段位置

(3) 将光标移动到俯视图下边缘线中点附近,出现延时选项时左击,在弹出的快捷菜单中左击选择"中点-Drafting Line 抽取边",指定第二点定义截面线段位置,如图10-35所示。

(4) 在俯视图下方适当位置左击,指定视图放置位置,完成半剖视图创建,如图10-36所示。半剖视图不一定是将实体模型半剖所得到的视图,主要强调部分剖切的概念。在操作过程中,只要指定开始位置点和剖切结束位置点就可以完成半剖视图的创建。

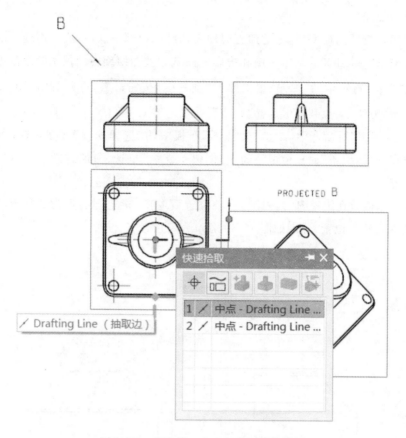

图 10-35　指定第二点定义截面线段位置

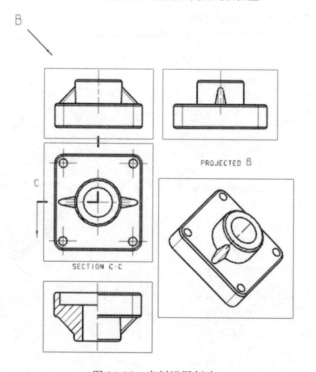

图 10-36　半剖视图创建

4. 旋转剖视图

对于有回转特征的模型,为了更加直观地表达结构内部信息,一般使用旋转剖视图。

下面在模型"_model32"基本视图和投影视图基础上介绍旋转剖视图的绘制方法。

(1) 在"主页"选项卡的"视图"组中单击"剖视图"按钮 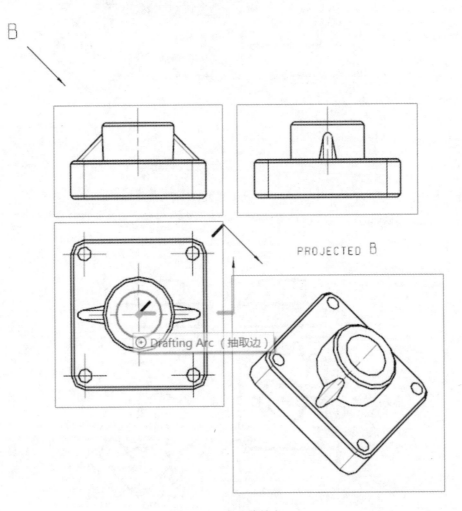,打开"剖视图"对话框。在"截面线"面板"方法"下拉列表中选择"旋转"。

(2) 在"剖视图"对话框中,单击"父视图"面板中的"选择视图"按钮,选择"俯视图"为"父视图"。在"截面线段"面板中取消勾选"创建单支线"复选框;通过默认方式"自动判断"来定义旋转点。

(3) 将光标移动到俯视图(父视图)圆心位置后左击,指定圆心点为旋转点,如图 10-37 所示。定义支线切割位置,分别如图 10-38、图 10-39 所示。

图 10-37　定义旋转点

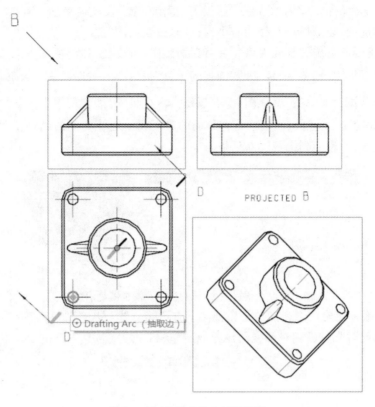

图 10-38　定义支线 1 切割位置

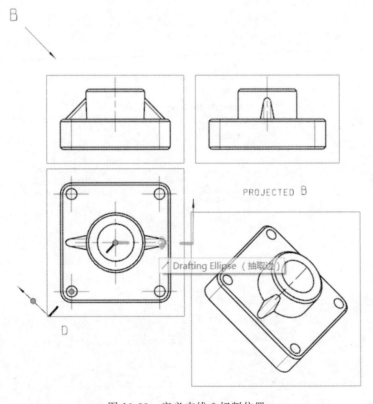

图 10-39　定义支线 2 切割位置

（4）指定支线位置后，"视图原点"面板中"指定位置"区域被激活。在"方法"下拉列表中选择"竖直"选项，在"对齐"下拉列表中选择"对齐至视图"选项。

此时，如果要预览旋转剖或者做相关背景面编辑，可以使用"剖视图工具"命令。

可单击对话框中"预览"面板下的"剖视图工具"按钮 🔍，对即将进行旋转剖的父视图进行剖切位置的预览。如单击"剖视图工具"按钮 🔍，将自动打开"剖视图工具"对话框和剖视图显示窗口，如图 10-40 所示。可进行背景面的定义或预览旋转剖的剖切位置，修改或预览后单击"确定"按钮，返回到剖视图对话框。

图 10-40　"剖视图工具"对话框及剖视图显示窗口

（5）移动鼠标使旋转剖视图位于俯视图下方适当位置，左击完成旋转剖视图的创建。

可以看到此时"剖视图"对话框的设置如图 10-41 所示。

图 10-41　旋转剖时"剖视图"对话框设置

　　视图边框对视图的显示有一定的影响,如要取消掉视图边框线,可以单击"菜单"→"首选项"→"制图",打开"制图首选项"对话框。在该对话框左侧列表中选择"视图",展开"视图"节点,单击该节点下的"工作流";在对话框右侧"边界"面板中取消勾选"显示",单击"确定"按钮完成取消视图边框线的设置。所获得的无边框显示的视图如图 10-42 所示。

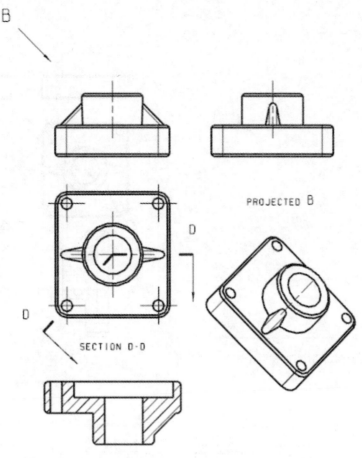

图 10-42　旋转剖视图

5. 点到点剖视图

　　一般是使用父视图中连续的一系列指定点的剖切线来创建一个展开剖视图。在"主页"选项卡的"视图"组中单击"剖视图"按钮▮▮,打开"剖视图"对话框。在"截面线"面板"方法"下拉列表中选择"点到点"(见图 10-43),可在已经创建的基本视图基础上进行展开的"点到点"视图的创建。如在"半剖视图创建.prt"模型的基本视图(见图 10-34)中,选择"父视图"为父视图,在"铰链线"面板中选择"已定义"选项,在"指定矢量"下拉列表中选择"自动判断的矢量",单击向上的 Y 轴为指定的矢量,或者选择与箭头一致的 YC 轴作为指定的矢量。在"截面线段"面板中取消勾选"创建折叠剖视图"。分别指定三个圆心作为截面线段位置,再指定放置位置获得点到点剖视图,如图 10-44 所示。

　　当不取消勾选"创建折叠剖视图"时,也可获得点到点剖视图。"截面线段"面板设置"指定位置"时,选择四个圆心点作为连接点,单击"确定"按钮完成折叠剖视图创建,所创建的点到点剖视图如图 10-45 所示。

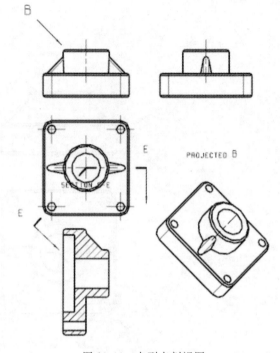

图 10-43　创建"点到点"剖视图时"剖视图"对话框设置　　　　　　图 10-44　点到点剖视图

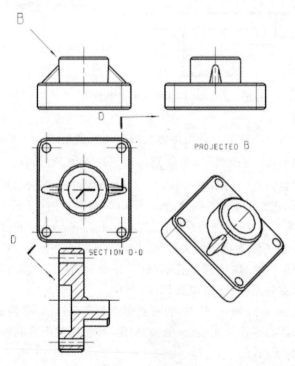

图 10-45　折叠剖视图

10.4.5 断开视图

细长杆状零件按照比例实际出图时,会造成图纸的浪费,因此对于一些长径比过大的轴类或杆类零件,一般采用断开视图的方式,把相同信息部分省略掉,最后通过标注尺寸表达零件结构。

下面以"model16.prt"工程图为例,介绍断开视图的创建方法。

(1) 打开本章配套资源"素材"文件夹中的"model16.prt"模型文件,单击"文件"→"新建",利用"新建"对话框,创建空白图纸页。按键盘上"W"键,隐藏掉工作坐标系。单击"文件"→"首选项"→"可视化",利用"可视化首选项"对话框中的"颜色/字体"列表中的"背景"按钮,把制图窗口的背景色修改为白色,单击"确定"按钮。

(2) 单击"主页"选项中的"新建图纸页"按钮,利用"图纸页"对话框,创建比例为1∶5的标准尺寸A4图纸。单击"图纸页"对话框中的"确定"按钮后,将自动弹出"视图创建向导"对话框;创建空白图纸页,背景为白色。

(3) 按照"视图创建向导"相应提示完成视图创建。单击"下一步"按钮,进入"选项"页面(见图10-46)。在"选项"面板中的"视图边界"下拉列表中选择"手动",取消勾选"自动缩放至适合窗口",在"比例"下拉列表中选择"1∶5",其他项可采用默认参数。

图 10-46 "选项"页面

(4) 单击"下一步"按钮,进入"方向"页面,在"模型视图"列表中选择"前视图",然后利用"定制的视图"工具命令,调整视图放置方位。"法向"指定矢量选择"YC","X向"指定矢量选择"ZC",使模型保持水平放置位置。

(5) 单击"确定"按钮,返回"视图创建向导"对话框;再单击"下一步"按钮,进入"布局"页面(见图10-47),选择右视图,指定放置位置,左击完成视图创建。

(6) 利用"投影视图"命令作出"正三轴测图",再单击"菜单"→"首选项"→"制图",打开"制图首选项"对话框,选择"视图"节点下的"工作流",在"边界"面板中取消勾选"显示"。单击"确定"按钮,完成取消视图边框线的设置,得到模型零件的工程图。

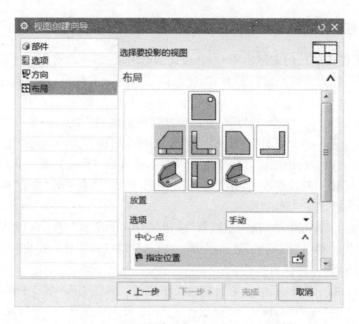

图 10-47　视图创建向导对话框"布局"选项

（7）在"主页"选项卡的"视图"组中单击"断开视图"按钮，弹出"断开视图"对话框，如图 10-48 所示。在"类型"下拉列表中选择"常规"。在激活的"主模型视图"面板中单击"选择视图"，选择所创建的工程图中的"主视图"为主模型视图。选择主模型视图后，UG NX 11.0 默认的方向矢量如图 10-49 所示。

图 10-48　"断开视图"对话框

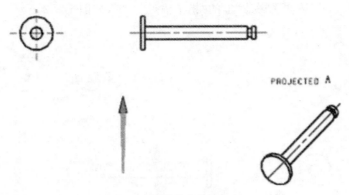

图 10-49　默认的方向矢量

　　当默认的方向矢量不满足要求时，需要在"断开视图"对话框中进行重新选择，在"指定矢量"下拉列表中选择方向矢量为"XC"，如图 10-50 所示。

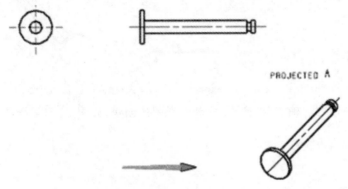

图 10-50　重新选择的方向矢量

　　(8) 在激活的"断裂线 1"面板中的"指定锚点"下拉列表中选择"曲线/边上的点"选项，将偏置值设置为"0"，然后在计划断开的位置单击模型主视图的上侧素线，如图 10-51 所示。

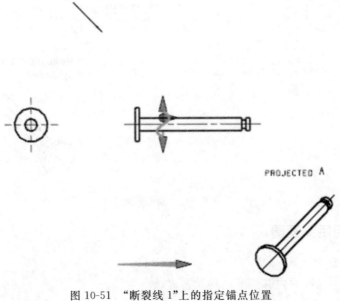

图 10-51　"断裂线 1"上的指定锚点位置

用同样的方式,指定"断裂线 2"上的"指定锚点"位置,如图 10-52 所示。

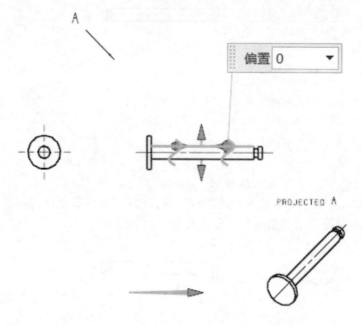

图 10-52　"断裂线 2"上的指定锚点位置

(9) 单击"应用"或"确定"按钮,完成断开视图的创建,如图 10-53 所示。

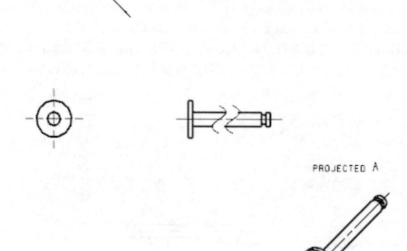

图 10-53　断开视图

10.4.6　自定义视图

1. 局部剖视图

一般用于模型局部的内部细节结构信息表达。

在 UG NX 11.0 中绘制局部剖视图,要求先绘制对应的局部剖视图边界。把光标放置于主视图边框线上,边框线高亮显示,右击边框线,在弹出的快捷菜单中选择"活动草图视图"。完成操作后,左侧部件导航器中图纸页的"Front@1"显示为"活动"。当进行剖切线绘制时,剖切线属于主视图内部的曲线。如果没有这个步骤,则绘制的曲线将与主视图相互独立,不能作为剖切线使用。

下面以"model32. prt"工程图为例介绍局部剖视图的绘制方法。

(1) 单击"菜单"→"插入"→"草图曲线"→"艺术样条",将弹出"艺术样条"对话框。在该对话框中,"类型"栏选择"通过点","参数化"栏勾选"封闭",作出如图 10-54 所示边界线。

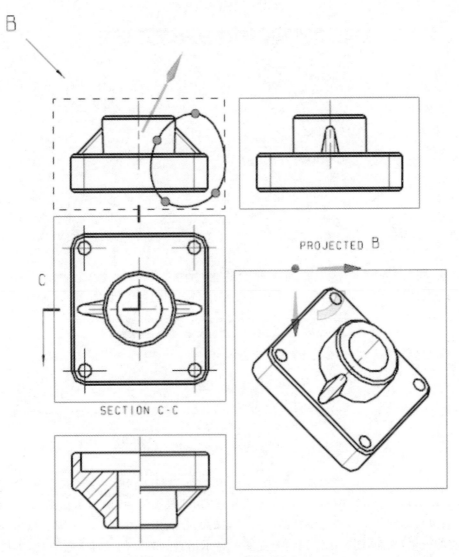

图 10-54　定义局部剖视图边界线

(2) 单击"确定"按钮后,获得局部剖视图的剖切边界线,如图 10-55 所示。

(3) 单击"菜单"→"插入"→"视图"→"局部剖",将弹出"局部剖"对话框,如图 10-56所示。

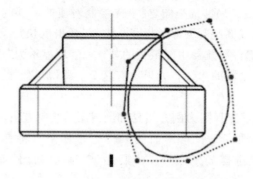

图 10-55　剖切边界线

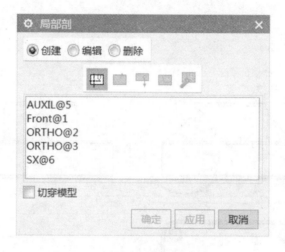

图 10-56　"局部剖"对话框

（4）点选"创建"选项，选择主视图作为要采用局部剖的视图，如图 10-57 所示。

图 10-57　确定剖切视图后的"局部剖"对话框

如要将剖切线边界内的图形切除，可以勾选"切穿模型"。按照提示栏提示"定义基点-选择对象以自动判断点"，定义俯视图中右下角的圆心点作为基点。左击圆心点后，将进入"指出拉伸矢量"界面，同时在工程图的视图中显示出自动判断的拉伸矢量方向，如图 10-58 所示。

可接受默认的矢量方向，也可以重新选择其他适合的方向作为投影方向。

（5）单击鼠标中键，表示确定矢量方向，"选择曲线"单选按钮将被自动选中，此时"局部剖"对话框显示内容如图 10-59 所示。

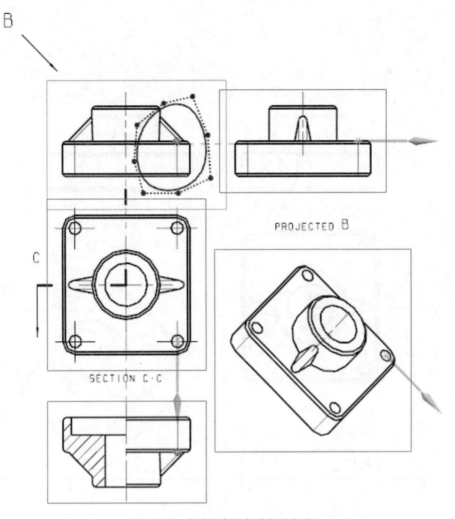

图 10-58　自动判断的拉伸矢量方向

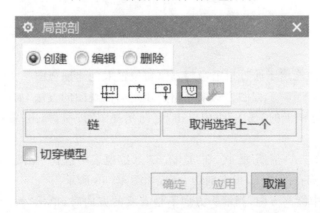

图 10-59　选择矢量方向后的"局部剖"对话框

（6）单击局部剖视图的边界线，跳转到下一个操作"修改边界曲线"。单击"应用"按钮，完成局部剖视图的创建，获得的局部剖视图如图 10-60 所示。也可利用"局部剖"对话框对所创建的局部剖视图进行编辑或删除操作。

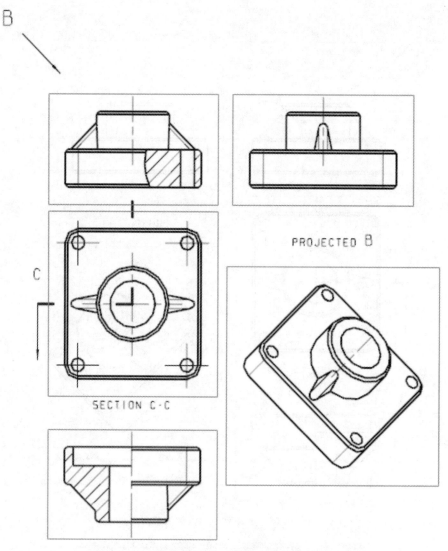

图 10-60　局部剖视图

2. 定向剖视图

"定向剖视图"功能用于通过指定切割方位和位置来创建剖视图。

下面仍以"_model13"工程图为例来介绍创建定向剖视图的方法,如图 10-61 所示。

(1) 在"主页"选项卡的"视图"组中单击"定向剖视图"按钮,弹出"截面线创建"对话框,如图 10-62 所示。

(2) 采用默认的"3D 剖切"方式,在"选择点"下拉列表中选择"曲线/边上的点"按钮,然后选择主视图中的圆孔的边线,指定剖切方向,如图 10-63 所示。

(3) 观察视图中箭头方向,当箭头方向不是需要的方向时,单击"截面线创建"对话框中的"箭头方向反向"按钮,再单击"确定"按钮,当箭头方向是所需要的方向时,直接单击"确定"按钮,打开"定向剖视图"对话框。指定箭头方向如图 10-64 所示。

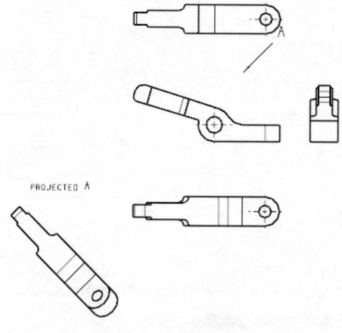

图 10-61　"_model13"工程图

图 10-62　"截面线创建"对话框

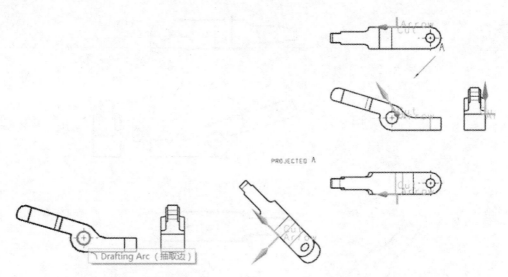

图 10-63 选择边曲线，定义剖切方向 　　图 10-64 指定箭头方向

（4）在"定向剖视图"对话框中进行中心线创建、比例标签等的显示设置，如图 10-65 所示。

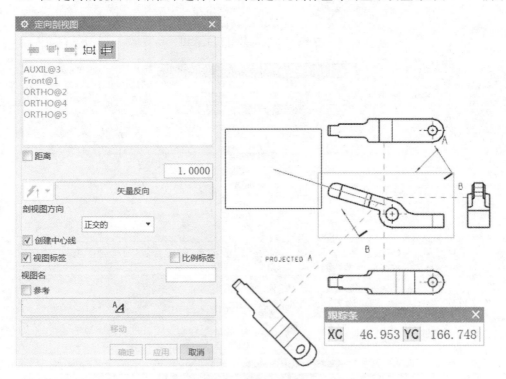

图 10-65 "定向剖视图"对话框编辑与操作

（5）单击"确定"按钮，关闭"截面线创建"对话框，完成"定向剖视图"创建，如图 10-66 所示。

　　轴测剖视图、半轴测剖视图、"展开的点和角度"剖视图创建过程与前面介绍的"局部剖视图"和"定向剖视图"的创建基本一致。

　　例如：在上例的定向剖视图等创建的视图基础上，创建半轴测剖视图。单击"菜单"→"插入"→"视图"→"半轴测剖"，弹出"轴测中的半剖"对话框，按照对话框中参数要求和提示栏提示分别选择剖切父视图，定义箭头方向、剖切方向、折弯位置、切割位置、箭头位置、放置

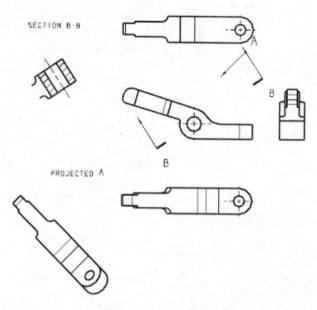

图 10-66　定向剖视图

视图的位置等,完成"半轴测剖"视图的创建。定义箭头方向和剖切方向如图 10-67 所示。

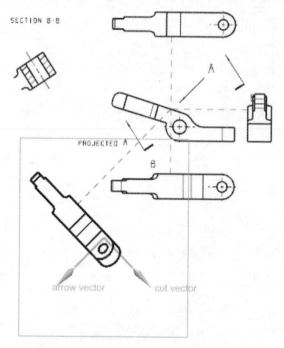

图 10-67　定义的箭头方向和剖切方向

(左下:箭头方向　　　右下:剖切方向)

　　注意:剖切方向选择面(在"矢量方向"下拉菜单中选择"自动判断的矢量")如图 10-68 所示。折弯位置选择如图 10-69 所示。切割位置如图 10-70 所示。

　　箭头位置如图 10-71 所示。最后获得的半轴测剖视图如图 10-72 所示。

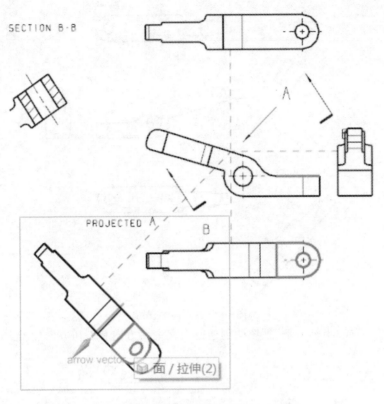

图 10-68　半轴测剖视图剖切方向

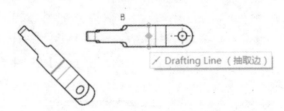

图 10-69　折弯位置（可在俯视图中选择）

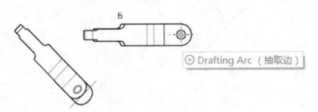

图 10-70　切割位置（可在俯视图中选择）

图 10-71　箭头位置（可在俯视图中选择）　　　　　图 10-72　半轴测剖视图

10.4.7　视图管理

在工程视图中,有时要对创建的视图进行位置、边界以及显示等信息的编辑。利用 UG NX 的视图管理功能可以进行视图样式的编辑,还可以进行视图的复制、粘贴和删除等操作。

1. 视图样式编辑

将光标放置于某一视图边框线附近,当边框线高亮显示时,双击鼠标左键,或者右击,在快捷菜单中选择"设置",将弹出"设置"对话框,如图 10-73 所示。通过对该对话框进行设置,可编辑视图样式。如选择"公共"节点下的"角度",可在设置框中进行视图角度的编辑,输入正值,视图逆时针转动,输入负值,视图顺时针转动。选择"可见线",可在设置框中进行线型、线宽的编辑。选项"着色",可在设置框中进行渲染样式和着色切割面颜色等信息的编辑。

图 10-73　"设置"对话框

2. 视图复制、粘贴与删除

可在视图边框线上右击,选择"复制"命令来复制视图,或选择"删除"命令来删除视图。复制视图后,可在图纸空白处右击,然后在弹出的快捷菜单中选择"粘贴"命令,即可创建一个视图副本。可以当前工程图中粘贴,也可以在本实体模型的另外一个图样中粘贴。"复制"、"粘贴"功能有利于视图编辑前的副本保存或者图纸间对不同视图的参考引用。视图的复制、粘贴与删除操作也可以在选中对应视图的情况下,通过单击"菜单"→"编辑",再分别选择"复制"、"粘贴"与"删除"命令来实现。

3. 视图更新

在"主页"选项卡中单击"视图"组中的"更新视图"按钮 ,或"更新视图"按钮下的下三角号,打开下拉菜单,如图 10-74 所示。

选择"移动/复制视图",也可实现视图在同一图纸或不同图纸之间的移动与复制操作。

选择"视图对齐",可实现图纸页上相关视图的对齐,可使工程图图面整洁,便于读图。

选择"视图边界",可实现视图边界的创建。注意在使用"断

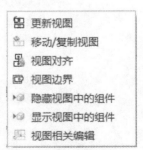

图 10-74　"更新视图"
下拉菜单

裂线/局部放大图"方式来创建视图边界时,与创建"局部剖视图"类似,也要先选择"活动草图视图"命令,激活草图,再利用草图曲线创建断裂线。

4.修改剖面线

在工程图中,当有剖面线时,可以通过修改剖面线来满足不同材质的表达要求。

在视图中要编辑的剖面线上右击,选择"编辑"命令,弹出"剖面线"对话框,可以编辑选定的剖面线。在"图样"下拉列表中有不同材质对应的剖面线形状。

注意:剖面线不同于"截面线","截面线"是指剖切线。

10.5　图纸标注

创建视图后,还需要对图样进行标注。图纸标注也是工程图创建的重要部分,是表示图样尺寸和公差等信息的重要方法。图纸标注包含尺寸标注、几何公差标注、表面粗糙度标注、标题栏制作和零件明细表以及插入中心线等内容。

10.5.1　尺寸标注

尺寸是工程图中的一个重要元素,用于标识几何要素的形状大小和方向。在 UG NX 11.0 中尺寸标注一般指引用对象关联的系统判断三维模型的尺寸。

单击"菜单"→"插入"→"尺寸",在尺寸标注快捷菜单中选择尺寸标注命令,或者在"主页"选项卡的"尺寸"组中单击尺寸标注命令,完成各种尺寸的标注。尺寸标注菜单如图 10-75 所示。

例如,单击"快速"命令,将打开"快速尺寸"对话框,如图 10-76 所示。利用"参考"面板分别选择第一个与第二个对象即可完成快速尺寸的标注。单击"快速尺寸"对话框中的"设置"按钮 ,弹出"设置"对话框,可进行快速尺寸标注相关设置。若标注后的尺寸不适合,也可用鼠标左键双击尺寸线,返回到对应的尺寸标注操作来重新进行编辑。

图 10-75　"尺寸标注"快捷菜单

图 10-76　"快速尺寸"对话框

工程图标注的尺寸与草图尺寸是有区别的,工程图中标注的尺寸不能通过双击尺寸线来修改尺寸数值,也不能通过编辑尺寸标注来实现数值的修改。工程图中尺寸标注是根据实体模型参数自动识别的。若想不修改模型而实现尺寸标注数值的修改,可以采用如下方法:单击"菜单"→"编辑"→"注释"→"文本",或者单击"主页"选项卡"注释"组中的"编辑文本"按钮 ,打开"文本"对话框(见图 10-77)。

图 10-77　展开"符号"选项的"文本"对话框

打开"文本"对话框后,点选要编辑的尺寸,将弹出"尺寸值关联"提示框,单击"确定"按钮即可。打开"文本"对话框后,单击需要修改的尺寸,在"文本输入"框内输入新的数值或添加、删减相应的"制图符号"、"形位公差符号"等。

注意:尺寸修改将使与该尺寸对应的尺寸关联和尺寸驱动失效。

10.5.2　几何公差标注

"几何公差标注"功能用于对直线度、圆柱度等形状公差和对称度、垂直度等位置公差进行标注。可以通过单击"菜单"→"插入"→"注释"→"特征控制框",或者单击"主页"选项卡"注释"选项组中的"特征控制框"按钮 ,打开"特征控制框"对话框,如图 10-78 所示。对该对话框进行设置,可以创建单行、双行或复合的特征控制框,最终创建几何公差标注。

在"特征控制框"对话框中,"框"面板的"框样式"下拉列表中有"单框"和"复合框"两个选项。

通过设置按钮也可完成文字相关设置。在"特性"下拉列表中选择一种形状公差或者位置公差,在"公差"文本框内输入公差值,如果公差带形状为圆形、圆柱形或球形,要注意点选"公差"文本框前边的倒三角号,选择对应的前缀 ϕ 或者 $S\phi$。

设置选项和数值后,一般将形位公差拖动到合适的位置,单击并按住鼠标左键不松开,拖到适合位置再释放左键,再一次单击左键,可完成几何公差的标注。

标注位置公差时,还要标注对应的参考基准。单击"菜单"→"插入"→"注释"→"基准特征符号"按钮,或者单击"主页"选项组"注释"组中的"基准特征符号"按钮 ,将弹出"基准特征符号"对话框,如图 10-79 所示。利用"基准特征符号"对话框可以创建基准特征符号。大部分几何公差的标注需要与基准特征符号标注紧密联系。

图 10-78   "特征控制框"对话框   图 10-79   "基准特征符号"对话框

注意:在"指引线"面板中的"类型"下拉列表中选择的基准类型不同,对应的"样式"选项"列表"中的选项也相应地不同。

10.5.3   表面粗糙度标注

工程图中的表面粗糙度标注是很关键的。可以创建一个表面粗糙度符号来指定表面参数,如粗糙度、模式、加工余量和波纹度等。可以根据表面粗糙度来识别不同表面的加工要求,表面粗糙度也决定了不同的加工工艺。可以通过单击"菜单"→"插入"→"注释"→"表面粗糙度符号",或者点选"主页"选项卡"注释"组中的"表面粗糙度符号"图标 √ ,打开"表面粗糙度"对话框,如图 10-80 所示。

在"设置"面板中,可以进行表面粗糙度标注采用标准、文字、层叠方式以及表面粗糙度放置的方向角度等相关信息的设置。设置相关信息后,在合适位置单击即可完成表面粗糙度的标注。

在"属性"面板中的"除料"下拉列表中选择需要的子符号选项,分别设置对应参数即可完成标注。如选择"修饰符,需要除料",在激活的"生产过程"与"加工公差"下拉列表中分别选择各种加工类型和公差与极限值的标注方式。当零件的多数表面有相同的表面粗糙度要

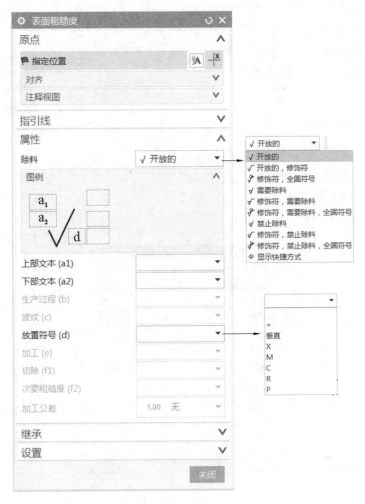

图 10-80　"表面粗糙度"对话框

求时,可以在图样的标题栏附近统一标注,并在圆括号内给出无任何其他标注的基本图形符号。

10.5.4　中心线

在工程图创建中,很多时候需要添加中心线来作为参考。单击"菜单"→"插入"→"中心线",出现子菜单(见图 10-81),在该子菜单中选择需要的项目,或者点选"主页"选项卡"注释"组中"中心标记"按钮边的倒三角号,选取对应项目,按照对话框或提示即可完成标注。

10.5.5　图像

"图像"命令可用于在图纸页上放置光栅图像(文件格式:图 10-81　"中心线"子菜单
jpg、png 或 tif)。单击"菜单"→"插入"→"图像",或者单击"主页"选项卡"注释"组中的"图像"按钮 ,将自动进入"打开图像"文件选择界面,可在该界面中添加图像。

例如:选择本章配套资源"素材"文件夹中的"系标.jpg"图像文件,单击确定"OK"按钮,将该图像文件在制图页中打开,可使用手柄编辑图像,如图 10-82 所示。调整后单击鼠标中键完成图像的插入操作。插入的图像还可以通过按住鼠标左键进行平移,选择图纸页上适合的位置放置。

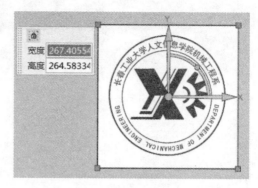

图 10-82　导入图像文件

10.5.6　文本标注

单击"菜单"→"插入"→"注释"→"注释",或者单击"主页"选项卡"注释"组中的"注释"按钮 **A**,将弹出"注释"对话框,如图 10-83 所示。

图 10-83　"注释"对话框

在"注释"对话框的"格式设置"下拉列表中选择文本格式和字体大小,也可通过单击"设置"面板中的"设置"按钮来完成文字的样式、大小等信息的设置。在"符号"子面板的"类别"下拉列表中可以选择相应的类别并插入对应的符号。在"文本输入"面板中的文本框内输入要注释的文本,通过单击鼠标左键把文本放置到工程图中适当的位置,即可完成注释。

10.5.7　标题栏制作

工程图的设计包括视图的创建、公差标注、文本注释等，还包含标题栏的制作。

标题栏一般包含制图人员、单位名称、产品名称、材料等。可点击"菜单"→"插入"→"草图曲线"或单击"菜单"→"编辑"→"草图曲线"，或采用其他相应命令，进行草图的绘制与编辑。也可以利用"主页"选项卡中的"草图"相关工具完成草图设计。草图设计后，单击"菜单"→"文件"→"完成草图"，或者单击"主页"选项卡"草图"组中的"完成草图"按钮 ，从草图环境返回制图状态。如果要重新编辑标题栏，可以双击标题栏曲线，重新进入标题栏绘制的草图环境。

10.5.8　图纸模板

大多企业有自己的绘图风格与要求，图纸一般都有特定的标题栏或者格式，并可带有企业的标志。为使工程图规划化并提高绘图的效率，可以制作图纸模板。

下面以绘制标准尺寸"A4-210×297"的图纸为例介绍图纸模板的创建方法。

1. 新建模型文件

打开软件，单击"新建"按钮，利用"新建"对话框，建立名称为"A4.prt"的模型文件。然后通过单击"应用模块"选项卡"设计"组下的"制图"按钮 ，启动"制图"应用模块。

2. 新建图纸页

单击"主页"选项卡中的"新建图纸页"按钮，将图纸规格设置为"A4-210×297"，比例设置为1:1。设置完成后单击"确定"按钮。

3. 绘制图纸边框

单击"主页"选项卡"草图"组中的"矩形"选项，通过"按2点"方式绘制矩形。

在动态坐标栏中输入"XC 10；YC 10"，按 Enter 键确定矩形的第一点，然后输入宽度值"277"、高度值"190"（国家标准规定，A4 号图纸图框线与边界线距离为 10mm），绘制矩形边框，如图 10-84 所示。

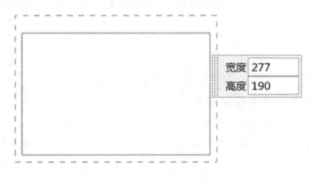

图 10-84　绘制图纸图框线

4. 绘制标题栏

利用"主页"选项卡"草图"组中的"直线"、"快速修剪"等命令，以及"主页"选项卡"尺寸"组中的"快速尺寸"等命令，绘制零件图用标题栏或者装配图用标题栏。

标题栏线宽要求：外边框线 0.7 mm，内部分隔线 0.35 mm。

线宽可以通过单击"菜单"→"编辑"→"对象显示"进行设置。也可以在需要修改宽度的图线上右击,在打开的下拉菜单中选择"编辑显示"命令来设置线宽。标题栏绘制完成后单击"完成草图"按钮,退出草图绘制环境。所绘制的零件图标题栏如图 10-85 所示。标题栏中的尺寸线可以隐藏,将光标放到尺寸线上,高亮显示时右击,在弹出的快捷菜单中选择"隐藏"即可。

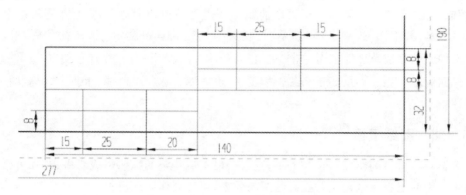

图 10-85　零件图标题栏格式

利用"草图曲线"命令,用同样方法可绘制 A3 的装配图标题栏模板(参照 GB/T 10606.1—2008《技术制图 标题栏》),如图 10-86 所示。

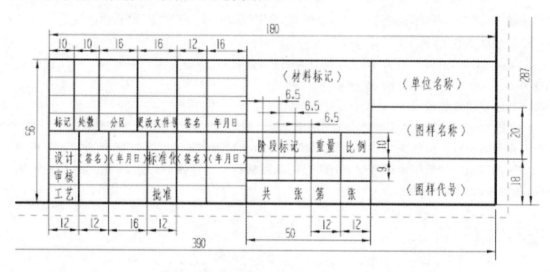

图 10-86　装配图标题栏格式与模板样式

5. 添加标题栏文本和技术要求文本

单击"菜单"→"插入"→"注释"→"注释",或者单击"主页"选项卡"注释"组中的"注释"按钮 A,弹出"注释"对话框,通过该对话框可进行标题栏文本的添加和技术要求文本的添加。

技术要求文本的添加也可借助"主页"选项卡"制图工具-GC 工具箱"中的"技术要求库"命令来完成。单击"技术要求库"按钮 ,利用打开的"技术要求"对话框完成技术要求文本的添加,如图 10-87 所示。

如在"技术要求库"中单击"未注公差"项前的"+",展开"未注公差"选项,在"一般公差按 GB/T 1804-m"文本条上双击鼠标左键,该文本将被添加到"文本输入"面板的输入框中,通过指定起始与结束点确定文本在图纸中放置的位置,单击"确定"按钮即可完成技术要求的添加。

添加文本时,还要注意添加的文字大小要合适。

图 10-87　"技术要求"对话框编辑

6.添加单位标志

单击"主页"选项卡"注释"组中的"图像"按钮 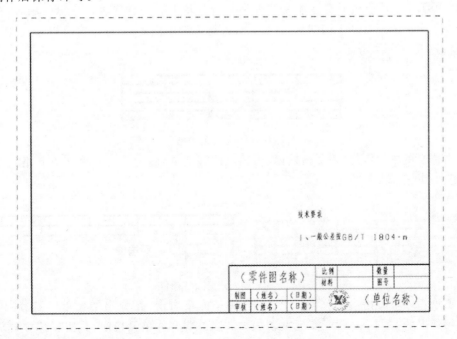，可添加图像。如将图像放到"单位名称"前方,绘制完成后的图纸页模板在"制图"环境下绘图区中的显示效果如图 10-88 所示。模版制作后保存即可。

图 10-88　绘制完成的 A4 图纸模板

7. 图纸模板调用

　　当需要调用已创建的模板时,可在进入新建图纸页(一般与所调用图纸模板规格相同)的状态下,单击"文件"→"导入"→"部件",查找到保存好的图纸模板,单击"确定"按钮完成模板的调用。还可通过双击鼠标左键对模板内容进行重新编辑。而且模板图纸可以在工程图制造过程中随时调用,与视图的创建等操作内容没有先后顺序限制。

10.6　零件明细表

　　明细栏一般配置在装配图中标题栏的上方,按自下而上的顺序填写。当标题栏上方的位置不够时,可将明细栏左折,放置于标题栏的左侧。当有两张或两张以上同一图样代号的装配图时,应将明细栏放在第一张装配图上。明细栏一般由序号、代号、名称、数量、材料(填写材料标记)、质量(单件、总计)、分区、备注等组成,也可按照实际需要增加或者减少。单击"菜单"→"插入"→"表"→"零件明细表",可进行零件明细表的创建工作。

10.7　表格注释

　　在工程图设计时,有时会用到表格。UG NX 11.0 在"主页"选项卡中提供了"表"组工具。

　　单击"菜单"→"插入"→"表"→"表格注释",弹出"表格注释"对话框,也可进行表格的创建工作。表格的对应信息设置后,将光标移动到适合的位置单击鼠标左键,确定放置位置即可。如设置"行数"、"列数"以及"列宽"分别为 5 mm、5 mm、50 mm。完成表格创建,效果如图 10-89 所示。也可以根据实际需要对表格进行重新编辑。点选表格注释区域时,在表格注释的左上角会出现移动手柄图标,按住鼠标左键拖拽手柄图标,在适合位置释放左键就可完成表格编辑。

图 10-89　创建的表格

　　双击选定的单元格,出现文本框,即可输入注释文本,确定后将完成该单元格文本的注释,如图 10-90 所示。

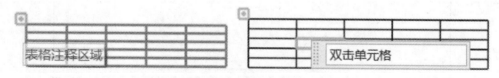

图 10-90　输入注释文本操作

　　需要重新编辑表格内的文本时,可以选中单元格右击,在弹出的菜单中选择"编辑文本",利用弹出的"文本"对话框实现重新编辑。当需要合并单元格时,只需要选中对应的几个单元格右击,在弹出菜单中选择"合并单元格"即可,如图 10-91 所示。

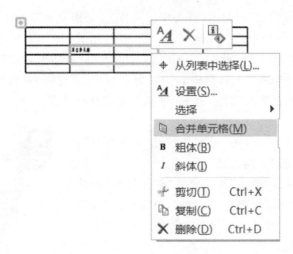

图 10-91　"合并单元格"操作

单击"表格注释"对话框"设置"面板中的"文本设置"按钮 $\mathbf{^A_A}$，也会弹出"设置"对话框，利用该对话框可进行文本、日期以及标题等的设置。

通过对插入的表格注释进行编辑处理后，也可以建立一个符合设计要求的标题栏。

【综合案例】

案例 10-1：钣金工程图

钣金工程图的创建方法与一般零件工程图的创建方法有一定区别。对于钣金件，有时只用工程图来表达其形状和尺寸不直观，还需辅之以必要的钣金展开图，以便于加工前的下料、排样和生产。

本案例介绍"光幕前安装角"钣金件工程图（见图 10-92）的创建。

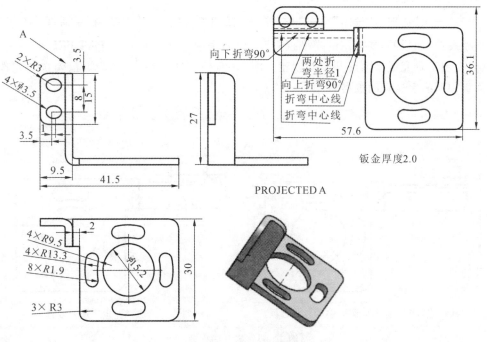

图 10-92　钣金件工程图

（1）打开本章配套资源"素材"文件夹中的文件"光幕前安装角.prt"。

（2）设置展平图样显示。

单击"菜单"→"首选项"→"钣金"，弹出"钣金首选项"对话框。切换到"展平图样显示"选项卡，勾选"上折弯中心"、"下折弯中心"和"折弯相切"复选框，并依次设置线型为单点画线、中心线和双点画线。单击"确定"按钮，完成钣金首选项设置。

（3）创建展平图样。

单击"菜单"→"插入"→"展平图样"，弹出"展平图样"对话框。选择模型上表面为"向上面"，如图 10-93 所示，其他参数采用默认设置，单击"确定"按钮完成"展平图样"操作。单击"确定"按钮后，将弹出"钣金"提示框，再次单击"确定"按钮即可。

（4）切换到工程图环境。

单击"菜单"→"应用模块"→"制图"，进入工程图环境。

（5）新建图纸页。

图 10-93　定义上表面为"向上面"

单击"新建图纸页"按钮，选择"新建图纸页"，利用"图纸页"对话框创建标准尺寸 A4 图纸，将绘图比例设置为 2:1，取消勾选"设置"面板中"始终启动视图创建"，单击"确定"按钮完成空白图纸页的创建。

（6）设置视图显示。

单击"菜单"→"首选项"→"制图"，弹出"制图首选项"对话框，展开左侧"视图"节点的"公共"子节点下的"隐藏线"。在对话框右侧，"隐藏线"栏选择"不可见"，"光顺边"栏取消勾选"显示光顺边"，"虚拟交线"栏取消勾选"显示虚拟交线"，在展平图样中取消勾选"标注"面板中所有复选框。单击"确定"按钮，完成设置。

（7）创建平面展开图样。

单击"主页"选项卡"视图"组中"基本视图"按钮，打开"基本视图"对话框。在该对话框"模型视图"面板的"要使用的模型视图"下拉列表中选择"FLAT－PATTERN＃1"，并利用定向视图工具完成平面展开图的创建。图 10-94（a）、（b）所示分别为取消勾选与勾选"标注"面板中所有复选框时的展开图。

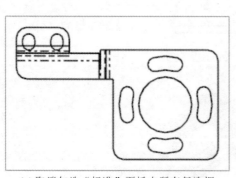
(a)取消勾选"标准"面板中所有复选框

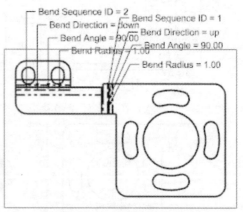
(b)勾选"标注"面板中所有复选框

图 10-94　展开图创建

（8）进行图层设置，取消视图中基准坐标系投影。

单击"视图"选项卡"可见"组中的"图层设置"按钮 ，在"图层设置"对话框的"显示"下拉列表中选择"含有对象的图层"，然后，在"图层"面板的列表中找到图层"61"，取消勾选"仅可见"项，如图 10-95 所示。单击"关闭"按钮，完成取消在工程图中显示基准坐标系投影的设置。

图 10-95 "图层设置"对话框参数修改

（9）添加主视图以及其他视图。

单击"主页"选项卡"视图"组中的"基本视图"按钮，打开"基本视图"对话框。在该对话框"模型视图"面板的"要使用的模型视图"下拉列表中选择"前视图"，选择放置位置，单击鼠标左键，完成前视图（父视图）创建。再利用弹出的"投影视图"对话框，完成俯视图、左视图以及正三轴测图的创建。在创建正三轴测图时，单击"投影视图"对话框"设置"面板中的"设置"按钮，弹出"设置"对话框。在"设置"对话框中展开"公共"列表，选择"着色"，并在"格式"面板的"渲染样式"下拉列表中选择"完全着色"。也可进行其他参数设置，设置完成后单击"确定"按钮，完成"设置"对话框的参数设定。

关闭"投影视图"对话框，完成正三轴测图的创建，如图 10-96 所示。

（10）取消视图边框线显示。

当不需要显示视图边框线时，可通过单击"菜单"→"首选项"→"视图"，在"制图首选项"

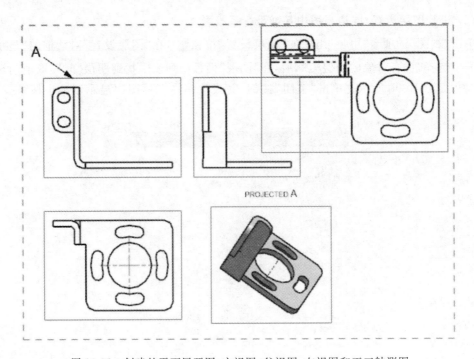

图 10-96　创建的平面展开图、主视图、父视图、左视图和正三轴测图

对话框左侧选择"视图"→"工作流"→"边界"，取消勾选"显示"。关闭对话框，完成取消视图边框线显示的设置。

（11）创建尺寸标注。

单击"主页"选项卡"尺寸"组中的"快速"按钮 ，弹出"快速尺寸"对话框。单击该对话框中"设置"面板的"设置"按钮，在弹出的"设置"对话框中展开"文本"列表，单击"文本"列表下的"单位"节点。在"小数分隔符"下拉列表中把默认的"，逗号"改选为"·周期"，关闭"设置"对话框。确保小数点为"·"符号。或在"尺寸动态设置框"中进行设置，在"参考"面板中选择第一个对象和第二个对象之后，移动鼠标，调整光标到适合位置处，将出现"尺寸动态设置框"，如图 10-97 所示。

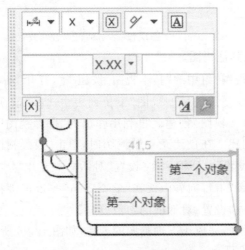

图 10-97　尺寸动态设置框

单击"快速尺寸"对话框中的"文本设置"按钮,也可完成相应设置。或在尺寸标注线上右击,对线性尺寸进行修改,再打开"设置"对话框,完成小数分隔符的设置。修改小数点符号前后的效果如图 10-98 所示。

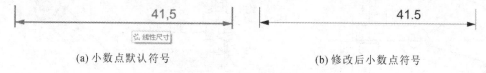

(a) 小数点默认符号　　　　　　　　　　　　　　　　(b) 修改后小数点符号

图 10-98　修改小数点符号

选择好标注参考对象,在"快速尺寸"对话框"测量"面板的"方法"下拉列表中,选择适合的尺寸方式,如"自动判断"、"角度"、"径向"等,可进行尺寸的标注。标注尺寸后的钣金件工程图如图 10-99 所示。

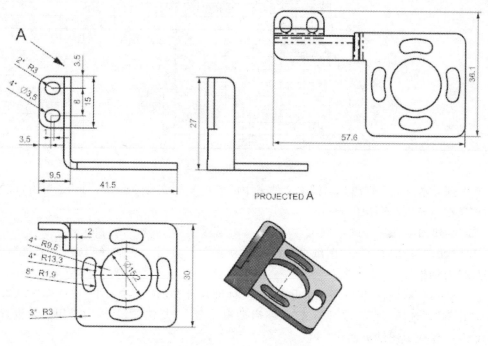

图 10-99　标注尺寸后的钣金件工程图

(12) 添加注释。

单击"主页"选项卡"注释"区域中的"注释"按钮 A,弹出"注释"对话框。在该对话框"文本输入"面板的"格式设置"文本框中输入对应的注释文字。例如输入"折弯中心线",勾选"指引线"面板中"带折线创建"复选框,在"类型"下拉列表中选择"普通",在"箭头"下拉列表中选择"填充箭头",其他参数采用默认设置,然后激活"指定位置"命令,在适当的位置单击鼠标左键,选择放置注释文本"折弯中心线"的位置。其他文字注释也采用类似办法创建,即可完成注释文本的添加,获得标注完整的钣金件工程图。

案例 10-2:装配工程图设计

在调整、检验、维修机器时都要用到装配图,装配图是生产中的重要技术文件。装配图是表达机器(部件)工作原理、各零件之间装配或连接关系的图样。

这里以图 10-100 所示十四缸星型发动机组件"_asm5"装配图为例,介绍装配工程图的设计。

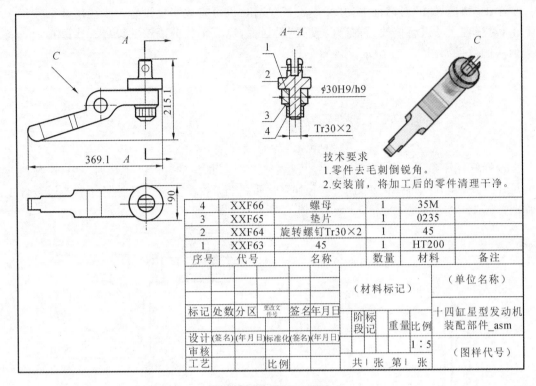

图 10-100 装配工程图

（1）打开本章配套资源"素材"中文件夹中的装配模型文件"_asm5.prt"。单击"应用模块"→"制图"，进入制图操作环境。

（2）创建图纸页。

单击"菜单"→"插入"→"图纸页"或单击"新建图纸页"按钮，选择"新建图纸页"，弹出"图纸页"对话框。

在"图纸页"对话框的"大小"面板中勾选"标准尺寸"复选框，"大小"栏选择"A3-297×420"，"比例"栏选择"1∶5"，取消勾选"始终启动视图命令"复选框，其他项采用默认设置，单击"确定"按钮完成图纸页创建。

（3）创建视图。

单击"主页"选项卡"视图"组的"基本视图"按钮，弹出"基本视图"对话框。在"要使用的模型视图"下拉列表中选择"前视图"作为父视图。在"比例"下拉列表中选择"1∶5"。单击"定向视图工具"按钮，设置定向前视图的放置方向。"法向"指定"X轴"为矢量，"X向"指定"Y轴"为矢量，视图定向前后的效果如图10-101(a)、(b)所示。单击"确定"按钮，返回到"基本视图"对话框。

单击"基本视图"对话框中的"设置"按钮，进入"设置"对话框。设置后，在图纸适当位置单击，完成基本视图的创建。

创建基本视图后，系统自动打开"投影视图"对话框，可按照需要创建俯视图、正三轴测图，然后关闭"投影视图"对话框。

在创建"正三轴测图"时，单击"投影视图"对话框的"设置"按钮，打开"设置"对话框，在该对话框的"着色"面板的"渲染样式"下拉列表中选择"完全着色"。

　　　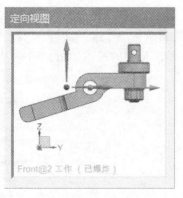

(a) 定向前　　　　　　　　　　　　　(b) 定向后

图 10-101　定向视图

　　通过"视图"选项卡中"可视化"选项组的"编辑对象显示"功能,调整"正三轴测图"着色显示的透明度为 70%。完成初步视图的创建。

　　(4) 将制图背景改为白色。

　　单击"菜单"→"首选项"→"可视化",在"可视化首选项"对话框中选择"颜色/字体"选项卡,勾选"单色显示"并单击"背景"按钮,在弹出的"颜色"对话框中选择白色,确定后完成背景色的设置。

　　(5) 添加剖视图。

　　单击"菜单"→"插入"→"视图"→"剖视图",弹出"剖视图"对话框。

　　在"剖视图"对话框的"截面线"面板中,"定义"栏选择"动态","方法"栏选择"简单剖/阶梯剖"。单击该对话框中的"设置"按钮,弹出"设置"对话框,如图 10-102 所示。在"箭头"面板的"长度"文本框中输入"4","角度"文本框中输入"15",单击"确定"按钮,返回"剖视图"对话框。

图 10-102　"设置"对话框

将光标移动到主视图中组件 xxf64 上部的孔中心位置点时单击鼠标左键,将孔中心作为截面线段位置点,再移动光标到视图右侧适合位置单击组件,放置视图。再在"制图首选项"对话框左侧目录树中单击"视图"→"工作流",在右侧"边界"面板中取消勾选"显示",隐藏掉视图边框线。创建的视图如图 10-103 所示。

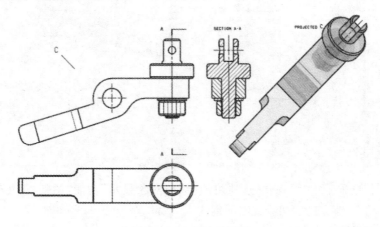

图 10-103　创建的视图

(6) 制作标题栏、图框线。

按照留装订边的图框尺寸进行图框线绘制。单击"菜单"→"插入"→"草图曲线",利用"矩形"、"直线"等命令(或主页选项卡中的"尺寸"选项组和"草图"选项组中相应命令),完成装配图用标题栏和图框线草图绘制。单击"菜单"→"编辑"→"对象显示",进行标题栏线宽设置。单击"草图"选项组中"完成草图"按钮🎏,退出草图绘制,隐藏尺寸线,完成标题栏和图框创建,如图 10-104 所示。

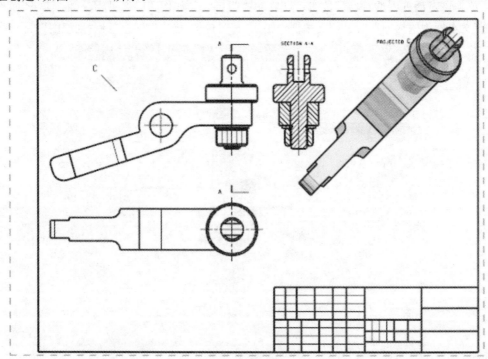

图 10-104　创建的标题栏和图框线

（7）添加明细表。

单击"菜单"→"插入"→"表"→"零件明细表"，可进行零件明细表的创建工作。在适当位置单击，放置明细表，如图 10-105 所示。

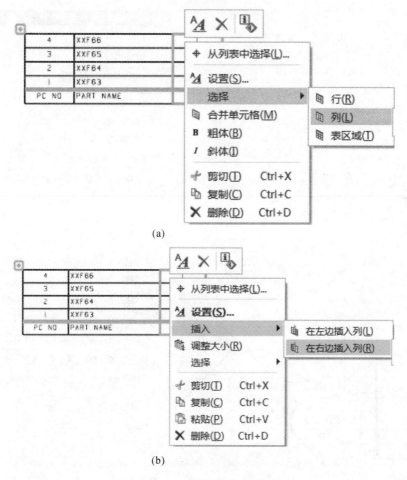

图 10-105　新创建的零件明细表

当插入的零件明细表不能满足要求时，可进行编辑。如在插入的零件明细表中，选择对应表格右击，可在表格中选择"列"，如图 10-106 所示。

图 10-106　选择明细表中的"列"

然后再一次选择"列"并右击，在弹出的下拉菜单中选择"在右边插入列"，可完成列的添加操作，如图 10-106（b）所示。完成后获得零件明细表，如图 10-107 所示。可通过按住鼠标左键拖拽的方式调整明细表位置和表的边框线位置。

4	XXF66	1		
3	XXF65	1		
2	XXF64	1		
1	XXF63	1		
PC NO	PART NAME	QTY		

图 10-107　添加零件明细表表格

（8）创建尺寸标注。

利用"主页"选项卡的"尺寸"组命令，标注必要的装配尺寸。注意"设置"对话框中"文本"面板下"附加文本"相关参数的设置与应用，如"文本间隙因子"需调整为"0"。对尺寸的前后缀，是利用弹出的尺寸动态设置框，进行对应内容的标注。利用"添加附加文本"按钮 🅰 以及"文本设置"命令，进行对应参数的选择和设置。尺寸动态设置框如图 10-108 所示，"附加文本"对话框如图 10-109 所示。

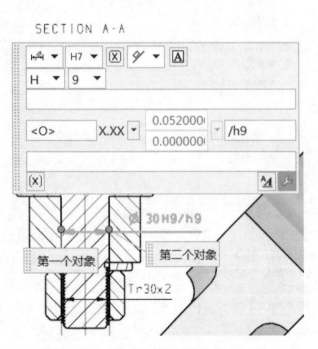

图 10-108　尺寸动态设置框参数选择和设置

图 10-109　"附加文本"设置对话框

（9）符号标注。

单击"菜单"→"插入"→"注释"→"符号标注"，利用弹出的"符号标注"对话框可进行序号标注。如标注代号为"xxf63"的零件，将序号设置为"1"，"箭头"栏选择"填充原点"。按照明细表中序号顺序,完成各个零件的符号标注。

（10）添加注释。

单击"菜单"→"插入"→"注释"→"注释",利用弹出的"注释"对话框可进行文本注释。添加标题栏、明细栏和技术要求等注释文本。注意文本格式和字号的设置。

在明细表中,选中单元格,当该单元格(或同时选择多个单元格)高亮显示时右击,在弹出的下拉列表中选择"设置",可以打开"设置"对话框进行字体格式、边界等的设置。在"设置"对话框左侧的目录树中单击"公共"→"单元格",在右侧"文本对齐"下拉列表中选择"中心",使文本在单元格中位于中心显示。

（11）完善信息。

编辑完装配图后,需要对某些信息进行检查修改。如本例中,零件明细表中添加的注释两端有多余的方括号,就要将其去掉。在部件导航器中选择"零件明细表",并在"名称"列表下的"零件明细表"中右击,弹出"设置"对话框,在"设置"对话框的"零件明细表"中取消勾选面板中的"高亮显示"复选框,获得没有方括号的明细表信息。图 10-110(a)、(b)所示分别为勾选与取消勾选"高亮显示"复选框时明细表信息显示效果。

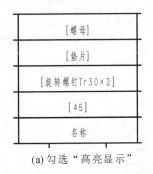 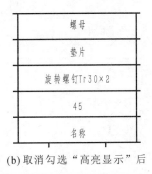

(a) 勾选"高亮显示"　　　　　　　　　　(b) 取消勾选"高亮显示"后

图 10-110　明细表信息显示效果

完善信息后,最终获得满足要求的装配工程图。

零件图与装配工程图类似,创建步骤也与前面的钣金工程图类似,对于零件工程图要利用"特征控制框"、"基准特征符号"、"表面粗糙度符号"等命令进行几何公差标注和表面粗糙度等信息的标注。

案例 10-3:零件工程图设计

以螺钉连杆为例,根据三维模型,进行 2D 工程图设计。螺钉连杆的 3D 模型与 2D 工程图分别如图 10-111(a)、(b)所示。

设计步骤如下(前面已有工程图介绍,这里不做详细介绍)。

（1）在 UG NX 11.0 中打开名为"螺钉连杆.prt"模型文件。

单击"应用模块"→"制图",启动"制图"应用模块。

（2）创建图纸页。

单击"菜单"→"插入"→"图纸页",弹出"图纸页"对话框,建立标准尺寸的 A4 图纸页。

（3）添加视图。

单击"菜单"→"插入"→"视图"→"基本",弹出"基本视图"对话框,利用"基本视图"、"投影视图"、"剖视图"功能,建立需要的视图。

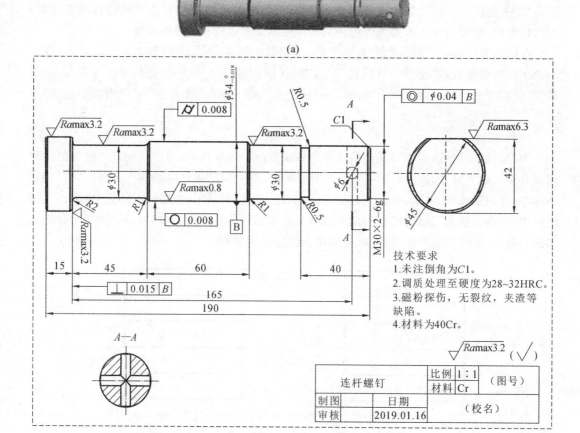

(a)

(b)

图 10-111　螺钉连杆 3D 模型与 2D 工程图

（4）添加尺寸。

利用"主页"选项卡中的"尺寸"组命令，标注必要的尺寸。注意尺寸动态设置框中"编辑附加文本"按钮 Ⓐ 和"文本设置" 按钮的应用。如尺寸"M30×2—6g"的标注步骤如下：

① 在尺寸动态设置框前缀位置输入 M，如图 10-112 所示。

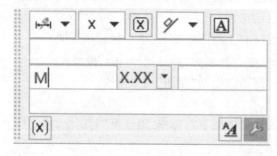

图 10-112　在尺寸动态设置框中输入前缀字母"M"

② 单击编辑"附加文本"按钮 Ⓐ，在"附加文本"对话框的"格式设置"下拉列表中设置字体及文字大小，如图 10-113 所示。

图 10-113　"附加文本"对话框设置

③ 关闭对话框，完成前缀字母"M"的设置。

④ 单击"文本设置"按钮 ，在打开的"设置"对话框左侧选中"前缀/后缀"，在对话框右侧"线性尺寸"面板的"真实长度位置"下拉列表中选择"之前"，在"文本"文本框中输入"x2"，如图 10-114 所示。关闭对话框，完成"x2"的添加。

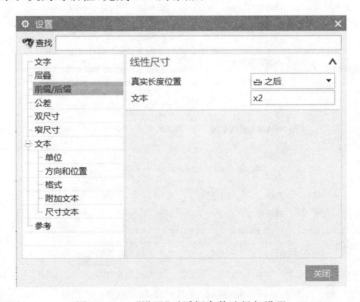

图 10-114　"设置"对话框参数选择与设置

⑤ 在尺寸动态设置框中对应位置输入"－6g",如图 10-115 所示。

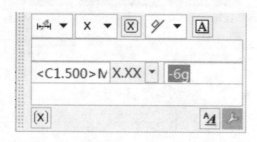

图 10-115　尺寸动态设置框

(5) 添加表面粗糙度。

在"主页"选项卡的"注释"组中单击"表面粗糙度"按钮 √,利用"表面粗糙度"对话框 (见图 10-116)完成表面粗糙度的标注。注意"表面粗糙度"对话框中"设置"按钮的应用和 "角度"栏的设置。

图 10-116　对话框设置与注出的表面粗糙度信息

（6）添加几何公差。

在"主页"选项卡的"注释"组中单击"基准特征符号"按钮 ![ ]，完成基准的标注，此处为与剖视图字母区别开，"基准字母"输入"B"。选择下边缘线，按住鼠标左键，向下拖拽，拖至合适位置后单击鼠标左键，完成基准符号和字母的标注。

在"主页"选项卡的"注释"组中单击"特征控制框"按钮 ![ ]，完成几何公差标注。

为使指引线箭头与对应的被测要素保持垂直，设置对应几何公差后，可左击将其放置到适当位置；再双击几何公差框格，在"特征控制框"对话框的"指引线"面板中勾选"带折线创建"，单击箭头位置和折弯位置，初步确定形位公差框格指引线位置，然后再一次双击框格，选择折线的位置原点（见图 10-117），按住鼠标左键，将公差框格拖拽到适当位置，单击鼠标中键完成位置调整。

图 10-117　折线的位置原点

（7）显示图形的隐藏线。

$\phi 6$ 孔的投影中没有体现出虚线，可以通过设置对话框来完成。将光标放置于视图边框线附近，当边框线高亮显示时单击鼠标右键，选择"设置"命令，弹出"设置"对话框。单击"公共"→"隐藏线"，勾选"处理隐藏线"，选择"虚线"，将线宽设置为 0.35 mm，单击"确定"按钮。

（8）修改工程图。

当工程图某些投影存在不满足设计要求的地方时，可对其进行编辑修改。本例中对左视图进行编辑。利用"主页"选项卡"尺寸"组中的"直线"命令，绘制直线；利用"编辑显示"命令将所绘直线线型设置为中心线，并对线宽进行修改。图 10-118 所示为修改前后的左视图。

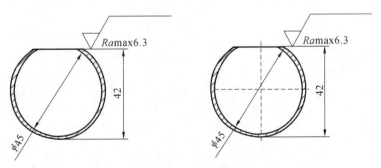

图 10-118　修改前后的左视图对比

（9）其他工作。

绘制标题栏、添加技术要求等注释文字，完成零件工程图设计。

参 考 文 献

[1] CAX 应用联盟.UG NX 11.0 中文版从入门到精通[M].北京:清华大学出版社,2017.

[2] 王海涛.UG NX 11.0 工程设计[M].北京:北京理工大学出版社,2017.

[3] 张安民.UG NX 11.0 产品设计[M].沈阳:东北大学出版社,2018.

[4] 戚耀楠.UG NX 8.0 运动仿真速成宝典[M].北京:电子工业出版社,2015.

随书附赠精彩案例

1. 卡车变速箱

卡车变速箱视频

卡车变速箱图片

模型源文件

2. 十四缸星型发动机

十四缸星型发动机视频

十四缸星型发动机图片

模型源文件

3. 折叠沙发床

折叠沙发床图片

模型源文件

4. 直列四缸发动机

直列四缸发动机视频

直列四缸发动机图片

模型源文件

二维码资源使用说明

　　本书数字资源以二维码的形式在书中呈现。读者第一次利用智能手机在微信端下扫码成功时会出现微信登录提示,授权后即进入注册页面,填写注册信息。按照提示输入手机号后点击获取手机验证码,稍等片刻收到 4 位数的验证码短信,在提示位置输入验证码成功后,重复输入两遍设置密码,选择相应专业,点击"立即注册",注册成功。(若手机已经注册,则在"注册"页面底部选择"已有账号? 立即注册",进入"账号绑定"页面,直接输入手机号和密码,提示登录成功。)接着按照提示输入学习码,需刮开教材封底防伪涂层,输入 13 位学习码(正版图书拥有的一次性使用学习码),输入正确后提示绑定成功,即可查看二维码数字资源。手机第一次登录查看资源成功,以后便可直接在微信端扫码登录,重复查看资源。